經營顧問叢書 ㉙⑦

營業部轄區管理規範工具書

黃憲仁 / 李立群 編著

憲業企管顧問有限公司 發行

《營業部轄區管理規範工具書》

序　言

本書是專爲營業部門而編輯設計，是「指導營業部如何經營轄區市場」而編寫的實用工具書。

面對殘酷的市場競爭，許多企業都在思考「如何經營轄區市場」，爲了產品鋪貨銷售順暢，為了銷售更多點，爲了一點點的陳列貨架優勢，各企業間展開激烈的肉搏戰………第一線業務主管都知道這個的重要性與困難度，因爲一切的行銷努力，都要透過這個零售商瓶頸，也更要透過第一線業務員的努力，銷售才能得以實現。或者，更精確的說法是「要藉助公司業務員，來確保轄區市場零售商銷售額的達成」。

如企業何擁有銷售的核心競爭力，來自於强大的業務力量，而業務員是否懂得如何經營轄區市場，又居於關鍵地位。作者擔任行銷顧問師十餘年，常到東南亞地區對企業實施輔導、開課培訓，深切的體會到，企業常忽視對第一線業務員加以有效、具體的督導與執行。有鑑於此，本書是作者擔任顧問師，對企業界的多年輔導經驗，書中技巧非常實務、實用，是行銷實戰的智慧心得，希望讀者看完本書後，能夠提升貴公司營業部門行動力，這將是我們最大的欣慰！

2014 年 3 月

《營業部轄區管理規範工具書》

目　錄

1 贏在區域市場

區域市場實際上是現代行銷學細分市場的一個概念，或者說是一種細分顧客群理論。區域之間在地理、文化、語言、風俗、宗教等方面可能存在著很大的差異，相應地，市場需求也可能會表現出很大的差異。為此，企業必須正視各區域的差異性，實事求是、因地制宜、有針對性地制定出符合區域特點的行銷戰略和戰術。

從企業的角度來看，一個區域就是一個「區域市場」。當然，區域市場也是一個相對的概念，相對於全球而言，亞洲是區域市場；相對於臺灣而言，臺北是區域市場；相對於城市而言，農村是區域市場……

1. 區域市場開發是「有計劃的市場推廣」

因為區域市場是一個相對概念，企業在市場推廣過程中處理好局部與整體的關係是很重要的。許多企業在產銷觀念上也經歷了幾次轉變：從以產定銷到以銷定產，再到強調產銷間的整合，強調銷售生產的計劃性和前瞻性。「有計劃的市場推廣」既反映了開發、生產、銷售環節的計劃性、有序性，又反映出企業自身的能動性。「有計劃」是指企業在自身實力、知名度有限的情況下，使企業市場投入資源高度集約化，成為一個統一的作戰團隊（制定量力而行的市場銷售目標，審時度勢制定市場推廣階段性計劃），以發揮最大殺傷力（攻擊力）；同時亦顯示出企業區域市場開拓的計劃性（如先易後難，先重點後一般；先集中優勢兵力高點強攻易進入的市場，奪取局部勝利，然後逐步擴大市場根據地等）。

企業要想在強手如林的市場上穩健發展，必須建立明確而穩定的區域市場。

企業可以在有限的空間內創造局部優勢，贏得較大市場佔有率，從而有效抵禦競爭攻勢，保存並壯大自己，這是企業競爭取勝的一把利器。與其在整體市場上與競爭強手短兵相接，不如在區域市場上創造優勢；與其在廣大市場範圍上佔有極小的市場佔有率，不如在某幾個區域市場內提高市場佔有率，對大企業如此，對中小企業尤為如此。

2. 區域市場開發的八大偏失

⑴企業未建立起賴以生存的根據地市場——明確而穩定的區域市場，就去拓展整體市場(如全國市場)。

市場拓展活動表現為既無明晰的思路、策略，又無具體可行的措施方法，隨意性、盲目性很強。表現在產品銷售上有兩種傾向：一是蜻蜓點水式的「遊擊戰」(那兒能銷就往那兒銷，銷多少是多少)；二是撒胡椒粉式的「全擊戰」(廣泛撒網、遍地播種，力求廣種博收)。上述急功近利、貪大求全的非理性行銷行為對企業的中長期發展都十分有害。

⑵將市場做成「夾生飯」。

「夾生飯」是指米飯做到半生不熟時卻斷了火源，具體到開拓市場上，是指企業在未做充分調研的基礎上盲目進入某個區域市場，最終因為資源限制等原因而欲進無力，欲退不能。

⑶沒有明確的目標區域市場。

是否有明確的目標區域市場是影響企業市場開發活動成敗的關鍵之一。目標區域市場選擇不當，小則勞民傷財，大則傷筋動骨，甚至血本無歸。

⑷缺乏明確的「衡量標準」和量化的「市場數據」。

信息在現代企業的經營活動中正發揮著越來越大的作用，企業的各項決策都始於信息的搜集和分析。如果在一開始就沒有制定可衡量的標準，並且沒有從數字的角度來對信息進行量化，那麼，企業的決策就會有很大的盲目性、隨機性。

⑸缺乏週密的行銷計劃、嚴格的過程管理和結果管理。

區域市場開發離不開週密的策略規劃和行動計劃，「動則雷霆萬鈞」，計劃週密才能確保行動迅速，成效顯著。此外，區域市場開發也離不開科學的管理——過程管理與結果管理，過程決定結果，結果會影響下一個過程，過程與結果是兩者環環相扣，互為因果。

許多企業在沒有作週密規劃的情況下就匆匆地走向了區域市場，結果發現處處被動，手忙腳亂；有些企業在開發過程由於對經銷商、銷售人員、貨款、終端等各個環節缺乏科學的管理而給區域市場的發展留下了隱患；有些企業則無法有效地利用結果來實施動態的過程管理——對結果的正確、全面和系統的管理檢討是準確進行過程管理的前提。

⑹區域市場之間缺少協調呼應。

區域市場往往由若干個子區域市場組成，從事區域市場開發類似於棋手對弈，高手會注意點面結合、點線結合、相互策應，低手則會顧此失彼、進攻乏力、漏洞百出。看看身邊的區域市場開發案例，成功者固然有之，但失敗者更是不可勝數。

⑺企業未能把握進入區域市場的最佳時機。

軍事上講究「天時、地利、人和」，實際上就是指要把握進軍的最佳時機，以求在最有效的時間段內以最有效的方式發起最有效的進攻。這其中的道理對企業的市場拓展活動同樣有指導意義，企業(尤其是區域主管)應密切注意外部競爭環境、顧客需求趨勢、自身實力狀況等因素，從而選擇最佳的出擊機會和出擊方式。有很多企業的市場拓展活動本身就沒有什麼計劃性，更談不上「時機」和「方式」的選擇了——條件不成熟而遇上「青蘋果」(有點苦澀)者有之；遭到始料未及的競爭反擊而進退兩難者有之；因為姍姍來遲而錯失良機者有之……

⑻企業行銷觀念陷入偏失，行銷乏術。

區域市場開發是一項技術性很強的企業經營活動，它需要正確的戰略指導和週密的行動計劃，也需要強有力的執行力量(包括人的素質)。跨國公司大多擁有非常完善的行銷管理體系和高素質的行銷團隊，並且注重以培訓等方式來持續提升員工的行銷技能，這是許多中小企業所不具備的優勢。很多國內企業是本著「試試看」的想法來進行區域市場開發的，沒有認真進行戰略規劃和戰術制定，本身也缺乏高素質的行銷團隊來制定、執行區域市場開發計劃，一旦出現挫折，很容易束手無策。

心得欄 --

2 要善用轄區地圖工具法

1. 製作銷售地圖

業務員製作並使用銷售地圖，可以使銷售活動視覺化，提高目標的明晰性。

因地區不同，有時需要地圖，有時不需要地圖。普通地圖因為是彩色的，不易閱讀，可先將其複印成黑白地圖。有了地圖，先依據各局部市場佔有率的調查資料，以區為單位，用線條劃分清楚，各銷售地區就一目了然了。還可根據市場佔有率的資料，將各地區塗上不同的顏色，例如資料最小的用藍色，最大的用紅色，其次是橙色，再者是綠色、藍色等，這樣一來即可排成一系列的色塊，便於閱讀。此外，還可根據百分比數分別用不同顏色來表示。例如，40%以上用紅色，35%用橙色，30%用黃色，25%用綠色，20%以下用藍色，把 10%以下的用白色分別標記出來。

又如銷售據點可以分別用大頭針插在地圖上。把地圖攤開貼在至少半寸厚的紙板上，默默用膠帶貼牢，把公司的據點一個個標示出來，再把顧客分成若干層，現有客戶用紅色大頭針標示，潛在顧客用黃色大頭針標示。競爭同行也可依據其性質使用綠色或藍色標示。這樣，全面的戰略位置關係便躍然於紙上。

使用銷售地圖時，可把人口、地區面積、人口密度等資料都標在上面。關於銷售地圖的內容及製作可歸納如下：

⑴銷售地圖

在黑白地圖上填上顧客層分佈情形、競爭者的據點分佈、交通不便點、重點地區的設定、訪問線路、人口、普及率、市場佔有率等內容，製成銷售地圖

⑵銷售地圖製作流程

①將五張厚紙板重疊起來。

②擺上黑白地圖。

③切除地圖週邊的厚紙板。

④用膠帶把地圖固定起來。

⑤準備大頭針。

⑥標示大頭針的顏色，使之具備相應的意義。如：紅色表示大客戶，橙色表示次要客戶，白色表示無關係的客戶，藍色表示冷淡的顧客。

⑦把大頭針剪成二公分長。

⑧把顧客的種類用大頭針插在地圖上。

⑨由「藍→白→橙→紅」的方向努力，開拓再開拓，目標是要使地圖上紅成一片。

2. 轄區銷售地圖的有效活用法

軍隊的地圖上，所有各部隊的駐紮場所，都標有記號，關於車輛的數目，也有明確的記載。而且，所有各種運輸機構間的關係，以及發生事故的車輛數，都一目了然。除了磁石裝的可以移動的記號之外，並使用不同顏色的針，表示著各項數字。

換句話說，軍事上設施對物的流通控制，全由這張地圖所指示著。

換另一個角度，在企業中營業部，往往也張掛著有關銷售地區

的地圖，可是其用途，幾乎都只限於用來指示配送貨物地區的道路，前往承銷客戶處的交通路線而已。

應該再擴大它的效用，例如把地圖張貼在一塊三尺×六尺的三夾板上，用一種寫上了東京都以至神奈川、千葉、琦山等縣特約經銷店名稱的針子，指示出各特約店的所在地，這樣就可以看著地圖，來討論銷售的戰略了。根據這樣的地圖，可以作如下的檢討：

⑴東京都內、神奈川、千葉、琦玉縣內特約經銷商的分佈情況，是否適當？

⑵現在的特約經銷商的服務地區的範圍如何？

⑶從市場佔有率來看，本公司在那個地區的勢力強那個地區弱？

⑷今後可以預測發展的是那些地區？例如東京的多摩地區、千葉縣的成田地區，是不是可與鹿島方面以及神奈川縣的厚木地區、琦玉縣的深谷地區，具體的交換情報。

⑸有否增加特約經銷商的必要性。

⑹地域的佔有率的推斷與作戰。

⑺擔任地區推銷員的業績檢討。

⑻配送貨物路徑途程的檢討。

⑼營業所與流通中心的地理位置的檢討。

⑽長期銷售戰略資料。

對於上列十項問題，眼看著一幅大大的地圖檢討時，就會有一種像坐在飛機上，從高處俯看的感覺。這樣就會感到本來只從數字與市場佔有率來作判斷，現在卻像直接接觸到了農村、都市、漁村裏的人們。在商討本公司的銷售戰略時，可以把一切事物具體地顯現在眼底，由此可以展開富有活力的自由討論，也就可能由此設計出一套出乎意料的高明方案來。

3. 地區別銷售戰略的活用

用這方法來擴大銷售計劃的，例如把全日本各地的五萬分之一的地圖，一起都買全了，然後把九州、四國以至北海道等的大型地圖，黏貼在一起，放好在寬大的會議室裏，把特約代銷商，一家家都記上去，同時把圖上地區的人口、所得、民力等等的數字，一起標明在上面，算出各區的佔有率，商討出一個擴大市場活動的戰略來。

對於重點地區，先製作出一張大地圖，把零售商的家數，詳詳細細的記上去，把已和本公司有關的零售商和還沒有代銷本公司貨品的零售商分開。然後把這地區內的批發商也寫上去，這也要把他們分成代銷與未代銷兩種，來研討這地區的零售戰略。還可以把那些從同業公會等機構中取得的，地域開發計劃等情報，也一起記載在地圖上。這樣就可以據以製作一個本公司作戰計劃。總之，對於地圖的如何活用，應加以設計，最好使每一個推銷員也能動手製作自己的市場戰略地圖來使用。

4. 汽車業務員的使用案例

某先生是一家汽車經銷商推銷成績最好的人。在問到他這方面成功的秘密時，他告訴了我下列的地圖利用的方法。

「被大家稱為一流員，實在不大好意思，現在請你看看這個。」說著他就把一本地圖遞了過來，這是一本沾滿了手汗與污垢的市街地區地圖。

在汽車分銷商裏，大致都有一本標明一戶戶住家的市街地區地圖，是供推銷員在作區域進攻時使用的。至於某先生遞給我的這一本，是他自備的。

而且，在這本地圖的每一頁上，都貼著三張白紙，把他自己訪問所得來的情報，都記在這些白紙上。

他把訪問過人家的職業、家庭的構成、地位、收入、現在是否備有汽車等等，都記載得十分詳盡，從這裏就可以看出他們的活動的歷史來。

那些不能記到地圖上來的推銷情報，另外記在一本筆記本上，加以整理分類。

這本地圖和那本筆記簿，對於我來說，真可稱為無上至寶。每到了快要陷入絕境的時候，給我鼓勵並給了我暗示的，可以說就是這本地圖。

別的同事坐在咖啡館裏打主意的時候，我是看著這本地圖想我的主意的。

如果我還是計無所出時，就到加油站去打聽，去找尋那些可能與新車的銷售有關係的線索，我總是活用我的時間來克服難關的。

雖然是一本地圖，就因為如某先生的運用得宜，可以成為推銷工作的至寶。

5. 電器公司業務單位的使用案例

某電器公司對於經銷零售商，開始了指導銷售。即使是那些家庭電器用品商，也派人駐守在店裏，等顧客上門作示範推銷。他們同時還積極展開對顧客公司與家庭等的訪問，不遺餘力地強化銷售活動。

為了要指導這些零售商，特地舉辦了一次教育訓練，作了三天的講習會，因為這並不是只在教室裏作紙上談兵式的教育，還是實地率領受訓的入作了一天實際銷售訪問。

在一家家零售商幫忙，讓他們到各家的營業地區去訪問。一面希望賣掉些東西，同時也趁此機會做做市場調查。要訪問的地區，選定了東京山之手住宅區，和淺草的商店住宅區，除了注重地區的條件以外，也注意到了訪問時的環境變化。

大約以三十人組成的這一個團隊，每一人約分配了二十戶訪問對象。使用五萬分之十的地圖，分配好地區，同時分別說明了各地區的特徵。一羣穿著某某電機公司印著某某牌彩色電視機標誌的制服的人，分散到了各自負責的地區去。

因為事先曾經用地圖作過詳細指示，在工作方面也做過交代，幾乎每一個人，都沒有即刻開始訪問，大家都不慌不忙的在該地區內繞了三個圈子，做過一番偵察以後開始行動，但是有些人顯出很害怕的樣子，推進人家大門去。不過能夠這樣進了大門去的還算是好的，更有些竟然只按了一下門鈴就溜之大吉的。

到了傍晚，在一家家庭電氣用品店裏集合，結算這一天的戰果。把分配好的家數，全部消化了的，才只二、三個人，那些最沒有出息的，一共才只訪問了兩三戶人家。

平常到各地批發商去推銷的這些人，儘管已在這方面稱得上老資格，可一要他們去從事於這種零售商的推銷時，就完全不能發揮出力量，而檢討會中都發出了意想不到的議論來。

在這次訓練中，儘管我特別說明地圖銷售戰略的必要性，以及對於指導推銷作了簡單的口頭指導，不過這些推銷員還是覺得無所適從，因此我覺得一些製造商的以至批發商的推銷員們，對於零售商的推銷活動，更應該加以體驗，這是我在這次實地訓練中，所獲得的意料不到的體驗與構想。

一個推銷人員，不論是製造商的、批發商的、或是零售商的，在推銷戰略方面，都應該儘量多多運用地圖。這樣的市場戰略，是每個推銷人員的頭腦體操，是新戰略孕育的根源。

6. 飲料業銷售員的轄區出貨管理重點

日用品廠商的銷售方式是著重「密集通路」，對於各經銷點的拜訪，配貨、受訂工作，是銷售路線的工作重點。下列為營業所「銷售路線」的管理重點：

⑴業務主管應將責任轄區內的若干經銷店，編為銷售路線若干條。除客戶有變動外，每年並應定時檢討銷售路線。

⑵業務員拜訪客戶，應瞭解產品銷售數量與庫存狀況，依實際狀況填入「客戶數據卡」的「動態欄」，將市場情報狀況迅速回報公司。

⑶業務員在拜訪商店、與客戶洽談後，應主動要求店主再訂貨，獲允許後，當場填妥「訂貨單」，安排送貨事宜。

⑷業務員拜訪客戶後，取得「訂單」，返回公司後應依據「訂貨單」，經主任簽章後，交給助理整理並鍵入電腦打出正式的「送貨單」，此送貨單再經由業務代表認可後，送由儲運人員辦理第二天出貨事宜，該「訂貨單」上應註明下列字樣例如「現金出貨」、「三聯式發票」，「二聯式發票」，以利助理憑據辦理。

⑸業務員拜訪責任轄區客戶後，填寫「工作日報表」，規定時間繳出，呈業務主任核閱，並由助理裝訂成冊，歸檔備查。

⑹當產品欲出貨時，各業務主管前一天即應將該「銷售路線」客戶卡，分發給該轄區業務員(或配貨員)，要求按照指定之路線，進行拜訪客戶或配送貨品工作；若有異動，應同時交予指示。

⑺轄區業務員於出發前夕，即應考量業務主管所交付之任務，並檢查次日所預定拜訪客戶之動態，於次日上午九點前，做好拜訪(或出貨)準備作業。

⑻轄區業務員出車作業時，應注意出車前的各項準備動作(例如貨品擺放順序、分箱作業、商品單據、廣告宣傳單、客戶資料卡等)，

並依「出車檢查表」加以落實執行。

⑼轄區業務員應依照行銷地圖所預定之路線行進，依順路方式逐一拜訪客戶，進行下列作業：商品配送、庫存商品檢查、貨架物品的補充陳列、物品翻堆、商品表面之擦拭、廣告商品上架作業、與店主商談、主動受訂作業、貨款回收、廣告印刷物的張貼或插立、產品促銷活動之講解與作業、市場情報的搜集等。

⑽客戶之退貨，應先得業務員同意，且填寫「退貨單」為之。

⑾若於訪問客戶時，客戶因產品超過有效期限或損壞等理由要求退貨，業務代表需填寫「退貨單」，並要求客戶簽章後帶回退貨品，或責成儲運人員負責辦理退貨。

⑿其他各項工作重點，依當時主管交待為之。

3 要計畫性的執行拜訪客戶

能否達成銷售額目標，和如何行動有關；而業務員的業績，又與「拜訪客戶」息息相關。成功的業務高手，都是擁有良好的拜訪客戶計劃，並且加以落實執行。

一、實施「拜訪客戶計劃表」的重要

沒有訂立「工作目標」的業務員，在日常的工作行為上，隨著日子的推移，每天心不在焉地度日，雖然較輕鬆，但到後來浪費過多的時間，造成向客戶拜訪的次數也減少，如此顧客與我們交易的時間也將越來越縮短，或者就是常去拜訪自己所喜歡的客戶，而且固定拜訪的那幾個客戶，每次去的逗留時間，愈來愈長，聊的話題從古至今，就是沒有商品的話題，如此，拜訪時的品質沒有維護，也沒有適當的準備，逗留的時間沒有節制，業績因此愈來愈低，愈來愈不可靠，反而在怪「商品沒有競爭力」「市場不景氣」！

針對此點，筆者建議應對之策是協助部屬做好「目標管理」、「計劃管理」之工作。

公司的業務人員常有「根本不做計劃別」、「聽主管指示才應付性的做計劃，或實際上沒有按照計劃進行」的缺失；同樣的一天工作，「計劃型業務員」和普通業務員的工作心態就不一樣，「只顧拼命奮鬥」和「為清楚的目標而奮鬥」，二者績效必有所不同。同樣工作一天，心中有無「訪問件數目標」、「承購目標」及「重點商品銷售」，其業績自然就差別很多。

有目標的業務員會思考如何計劃、如何執行，以達成目標，例如：「今天的訪問件數雖已達到預定目標，可是承購目標尚未達成，還需多訪問幾家才行……」、「估計每 10 個潛在客戶會成為 1 個交易客戶，因此，平時手中就要保持一定數目的潛在客戶」、「這個月上級業績要求是 80 萬元，因此在月底前至少完成 80 萬，月中完成 50 萬，本月 10 日前完成 25 萬，目前距離 10 日尚有 7 天，我再來要作的工作計劃有……」等。

營業活動亦同，可以月為單位，擬訂行動計劃，再向其挑戰，也可以每週為單位擬訂行動計劃，更可以分開上午下午而擬訂每日的行動計劃。所以，主管要協助部屬訂立目標，要令部屬先擁有「目標意識」去進行，第一步是加強指導部屬的目標意識，其次才是協助建立「拜訪客戶計劃」的工作。

業務人員的工作重點就是拜訪客戶，常會在訪問時遭受挫折，碰釘子，導致信心大失，幹勁全無。事實上「勤訪問，不怕苦」，是各行各業業務員的成功秘訣。

根據日本某機構之調查，例如汽車、縫紉機、人壽保險及事務器材等行業，對顧客訪問次數的統計表(如下表)：

由此表顯示得知，訪問成功的例子，並不是輕而易舉的事，汽車業每六十家才成交一家，縫紉機每十三家成交一家，人壽保險為十八家成交一家，事務器材則為五十四家成交一家，只要推銷員不氣餒，不怕困難，一而再，再而三，總會有成交的機會。

因為在每天工作時間內，實際上的訪問工作僅佔很少的時間，所以事前準備的，健全與否，直接影響了訪問的成功，因此排定「拜訪計劃」，推銷工具與推銷詞句，都應有妥善的計劃。

表 3-1　顧客訪問次數的統計表

訪問情況	汽車	縫紉機	人壽保險	事務器材
每人每月訪問數	234	399	147	390
平均每天訪問數	9	15	5.6	15
開發新顧客訪問數	55	84	36	29
平均每天新戶數	2	3	1.4	1
一天實際工作時數	7	7	7.2	5.4
一天實際訪問時數	3.18	3.35	3.5	2.45
訪問訂貨件數	4	31	8.5	6.5
成功率	1/60	1/13	1/18	1/45

二、將客戶分級的重點管理

所謂「重點管理」，又稱為「柏拉圖分析法」，主要是區分為三大類：A 類、B 類與 C 類，分別加以管制。假設在臺北地區之客戶或(經銷商)共 20 家，其銷售業績，經過按「銷售額高低」加以排列後，再來是利用「柏拉圖分析法」，加以重點管理，可看出「A 級顧客」「B 級顧客」「C 顧客」，按「ABC 等級」加以「重點管理」。

三、「拜訪客戶計劃表」的編訂方法

業務人員的目標管理，其工作可概分為：企業營運目標的分攤、主管對業務人員的目標跟催、業務人員的落實執行目標工作。要落實目標工作，必須先將「業務員行動」予以計劃性執行，而主管要協助部屬事先編訂每月的「拜訪計劃表」，其編訂方法如下：

1. 首先確定當月內可能拜訪客戶的日期。扣除假日、節日、商品展售日、銷售參觀日、開會及其它已決定日期的工作日，所剩下的就是該月之內能拜訪客的日子。

2. 根據轄區內客戶性質、銷售業績、重要程度等，依「ABC 重點管理法」，分別寫下對每一客戶/經銷店該月預定拜訪次數。

首先將經銷商品分為 A 級、B 級、C 級，各等級經銷商預計擬每月拜訪次數分別為 4 次、3 次、1 次，假設每次拜訪活動的面對面洽談時間是 20 分、60 分不等，如此，可計算出總拜訪次數，總拜訪洽談時間，再加上「閒談的寬裕時間」為「預計所花費的拜訪時間」，它的計算方式如下：

⑴每天的總勤務時間應該正常，以 8 小時為宜。

⑵實際商談時間比率應以全天之 45%為目標。

表 3-2 拜訪客戶計劃時間計算表

項目＼顧客等級		A	B	C	合計
計算步驟	店數1	8家	18家	24家	50家
	訪問次數2	每月4次	每月3次	每月1次	
	商談時間3	60分	30分	20分	
	每月訪問總次數 4＝1×2	32次	54次	24次	110回
每月商談時間總計 5＝3×4		1920	1620	480分	4020
實現預想商談時間6		………………			4752
商談閒暇時間 7＝6－5		………………			732分

⑶訪問次數可以月為單位，並以星期六為內部事務調整日，因此每位推銷員，每週出外工作共有 5 天。

⑷實現預想商談時間：1 天 8 小時×0.45×22 天＝4752 分

⑸實現商談時間

3. 以週為單位加以規劃拜訪客戶之計劃日期。

在作業上，要以週為單位加以規劃，預先排定拜訪客戶的日期，當然，在實務上，可能因中途的銷售進展狀況，而變更預計拜訪行動，等一週過後，充分檢討其行動內容，再考慮下週應以那些客戶為重點，而擬訂計劃。當業務人員無法在預定的日期拜訪時，就必須在另外日期加以完成。就算拜訪客戶的日期有偏差，而當初的每個月拜訪不同客戶的目標次數，也絕對要達成，不可隨意減少拜訪的次數。

四、「每月拜訪計劃表」的使用

業務員安排「每月拜訪計劃表」，是為達成銷售目標，落實「計劃一執行一檢討」，在實務上，成功的「訪問計劃表」，在使用上應具有下列原則：

1. 必須調整心態，體會出是為自己而使用此「計劃表」

業務員本身必須認為有助於自己而加以使用、活用，亦即，此表格是為「自己」而製作，它是用來自我管理之表格，絕非因為主管的吩咐而不得不記錄。在心態上，要有強烈的認知「我缺乏此表就無法改善工作」。

2. 在使用上，必須是簡明方便

將行動內容以記號表示，以便能一覽即知，能看出自己整個月的行動內容，檢討起來非常方便。因此，公司內可統一決定不同記號所表示的內容。譬如，洽談為○，回收貨款為△，送貨為×……。必須留意，若使用太多記號，會變得難以分辨，還是必須控制在最少的限度。

3. 在運用上，要與「客戶管理」相結合

既然是達成每月銷售目標的預定訪問，對於進貨可能性較大的客戶，拜訪次數也較多，進貨少之客戶，如何培育成為大客戶。不僅如此，由於銷售是持續行為，對於新開發客戶對象的拜訪，也是絕對不可缺乏。

4. 在計劃上，「每月拜訪計劃表」必須是可行的

不管你具有如何強烈的沖勁，若由最初就設定不可能實行的行動目標，由於「不可能達成的目標」，勢必會影響到你的實際執行意願，到最後，結果變成「真的無法達成」目標。

5. 在執行上，必須產生出「紀錄、反省、檢討的結果」

必須記錄、反省、檢討行動的結果。譬如：「一個月內總拜訪的客戶數」、「不同客戶的拜訪次數」、「拜訪的日期間隔」、「為何不能照計劃進行拜訪」、「是否有遺漏」、「是否只拜訪自己較方便前往的客戶（對於不方便前往的客戶敬而遠之）」等等；筆者提醒你一個成功法則：「不檢討、不下班」、「不計劃、不上班」，除了月底的檢討，更要注重「中間進度」的檢討。例如主管應督導業務員做好「每天進度檢查」：

①是否按照原定進度，完成拜訪客戶工作？（若沒有，業務員應思考如何補足？）

②是否完成今天的銷售目標？（是否瞭解今天的銷售目標，包括何種產品多少數量呢？如果實績不足，如何補足差異？）

③是否協助經銷店陳列店面呢？（有產品翻堆否？陳列夠不夠？說明書與 POP 有否張貼？）

④是否有備妥與經銷商接洽的話題？

⑤今天，我給經銷商的形象如何？（有何需要改善之處）

6. 業務員的工作重點在於「具體拜訪客戶」

業務員為拜訪而花費的時間，有其必要性。外出拜訪，真正有貢獻的是與客戶晤面的那段推銷時間，至於「交通時間」、「塞車、浪費時間」、「等待時間」、「用餐時間」、「回程交通時間」、「寫報告時間」等是副屬品，故主管要督促部屬的「拜訪計劃」，還要協助借著調整

工作與事先準備，來增加「有效訪問時間」，例如：

- 減少閒聊時間
- 減少交通時間
- 減少等待時間
- 減少處理事務時間
- 爭取拜訪機會
- 延長訪問時間
- 加強開拓客戶的時間

7. 執行期間，若有差異，必須修正，利用中間進度的檢討，以導正行動的軌道

若只是隔月反省、檢討整個月內的銷售活動之結果，根本毫無意義。因為，這時一切銷售活動已經結束了。業務員都應記錄每天行動的結果。能在每個月內每天反省、檢討，並且修正下次行動，不只績效高，自己也會保持充沛的鬥志。

五、主管要協助落實拜訪工作的執行

針對業務員的每月「拜訪計劃」，主管在心態上應「督促」部屬編排「每月拜訪計劃表」，在業務上應「協助」部屬完成拜訪計劃表，並於執行結束時加以「檢討」改善。

1. 督促業務員安排「每月訪問計劃表」

為達成公司營運目標，每位業務員應承擔所分配到的營業目標(例如甲產品每月推銷 20 台，乙產品每月推銷 300 台，丙產品每月推銷 50 台)，並就轄區區內每個經銷店販賣實力，分別訂定欲鋪貨多寡之目標，為實施這些目標，必須安排「每月訪問計劃表」，以落實目標管理的營運績效。

主管應督促每位業務員的訪問工作能否在正常勤務時間內執行妥當，必須就業務員的工作加以適度的安排，並編成「每月訪問計劃表」。

2. 要協助業務員完成「拜訪客戶計劃表」

主管要瞭解業務員的工作狀況，協助解決困難，檢討實績與目標的差距，以便按進度完成每週或每月目標。

⑴輔導業務員確實擬訂每月訪問計劃表。

⑵按客戶重要程度與主管階級，擬定計劃陪同業務員拜訪客戶。

⑶督促業務員每日出發前一天，填寫「行動預定表」，並準備拜訪紀念品、業務相談話題、拜訪目標。

⑷當天拜訪結束，應填寫「訪問狀況表」、「顧客調查表」等。

⑸定時與業務員檢討實際執行與目標之差距，並協助突破困難點。

⑹根據「計劃月報表」、「實際日報表」編制出「銷售效率月報表」。根據「銷售效率月報表」評估銷售效率，並給予適當獎懲。

3. 主管要重點式的陪同業務員拜訪其客戶

業務員的「每月拜訪計劃表」，編制完成後，必須落實執行，並檢討得失，修正錯誤。在落實執行上，業務主管扮演著重要角色。

業務員負責在其轄區內的各個客戶，各級主管不只要督促業務員的拜訪戶；對於該業務員的重要客戶、大客戶、難纏客戶，均要抽時間與業務員一起拜訪該客戶。

表 3-3 每月拜訪頻率表

項目／級別	營業人員		組長	課長	經理	總經理
	訪問	電話				
A級	每月1次	每月2、3次	每月1次	1～2月1次	半年1次	1年1次
B級	每月2次	每月1～2次	1～2月1次	2～3月1次	6～12月1次	有必要性時
C級	每月1次	每月1次	有必要時	有必要時		
D級	有順路時每月1次	每月1次				

4. 主管要檢討業務員的拜訪行動績效，並加以改善

每月(或每週)的行動執行結束，必須針對計劃的效果進行檢討，例如「藉銷售分析以指出缺點何處」、「調整拜訪方式」、「減少或增加在客戶處的逗留時間」等。例如，業務員王君負責台南地區銷售路線，此路線有經銷店 100 家，其銷售額與訪問次數如下：

表 3-4 客戶別拜訪次數表

客戶／等級	客戶數	銷售額所佔百分比	訪問次數	訪問次數百分比	面談次數	獲得訂單次數
A	8	20%	24	8.66%	12	4
B	27	35%	80	28.88%	60	35
C	59	40%	120	43.32%	97	40
D	26	5%	53	19.14%	35	12
小計	100	100%	277	100%	204	91

分析以上資料，A 級客戶共 9 家，而銷售額高達 20%，訪問次數只佔總訪問次數的 8.66%：拜訪 D 級客戶的比率達 19.14%，銷售額卻只有 5%，不合乎效率管理原則，應加強 A 級客戶的訪問計劃。在

277 個訪問次數中，僅有 204 獲得面談，顯示事前接洽工作不夠充分，且其中僅 91 次獲得訂單，與年度業務目標相比較，表示應加強努力程度，與改善推銷技巧。另外每個月 25 個工作天要進行 277 次訪問，平均每天訪問 11.08 個客戶，工作壓力吃重，故進行工作盤點，調整營業範圍，將訪問計劃改為：

表 3-5 客戶別拜訪次數表

客戶 等級	訪問次數	客戶數	平均每月每戶訪問的次數	訪問次數百分比	銷售額所佔百分比
A	42	8	5.25	16.8%	20%
B	95	27	3.25	38%	35%
C	100	39	2.56	40%	40%
D	13	26	0.5	5.2%	5%
小計	250	100	2.5	100%	100%

心得欄 ------------------------------

 業務員要勤於拜訪轄區客戶

擁有銷售管道，就是商場贏家；而掌握終端零售店，就是市場的贏家！

銷售管道非常重要，而處於最終端的零售店，更加具有關鍵地位。業務員要勤於經營轄區市場，就是要掌握目標市場、終端零售店。

一、不同的終端零售店都有其特點

根據不同的劃分標準，主要將零售店分為以下類型超級終端零售店和傳統終端。

根據規模的大小和商圈運作能力的強弱，我們將終端分為超級終端零售店和傳統終端零售店。超級終端零售店是指那些營業面積和營業額達到一定規模的大型超市、商場、購物中心等購物場所，如沃爾瑪等等。傳統終端零售店的規模往往較小，如便民店、專賣店、小超市、步行街及其他店鋪等。

業務員要針對產品特性而對零售店進行拜訪推銷。

表 4-1 不同類型的終端零售店及其特點

終端類型	特點	適銷產品	受限因素
大賣場	冷藏條件完善，適宜家庭和團購	各類保鮮和常溫產品	門檻較高
連鎖超市	冷藏條件一般，但分佈廣泛	以常溫產品利樂磚為主	保鮮產品有障礙
便利店	新興業態 24 小時經營	保鮮產品 利樂枕、百利包、酸奶類產品	陳列排面很小 靠自然流量 促銷很難開展
食雜店	傳統業態 便利，但沒有冷櫃	乾貨為主	銷量小 價格高
批發市場	傳統管道 分銷主導	常溫產品	發達地區逐漸萎縮
酒店、餐飲店	新興管道 具有高溢價能力	屋頂包 塑瓶	門檻較高 一次性投入大
流動街頭散攤	早晚出現 以當地品牌為主	保鮮奶 乳飲料、杯酸	氣候影響大 操作不規範
煙攤、水攤	較為固定	乳飲料	量很小、價格高
乳品專賣店	區域品牌主導 具有排他性	各類乳製品 保鮮類銷量大	投入成本大
送奶上戶——郵政、報紙、訂奶、	直接到消費者 銷量穩獲利大	保鮮類產品	需冷藏車配送
蛋糕店	新興管道	保鮮和常溫	流量小
學生奶	特殊管道	保鮮產品	對質量要求高 社會敏感度高
特通——航空、鐵路、團購	特殊管道	常溫產品	進入不易
娛樂場所	新興管道	常溫產品	流量小
電子商務	新興管道潛力大	保鮮、常溫品	

表 4-2 常見的零售終端及特徵

專業商店	產品線窄，花色品種多。比如，服飾商店、運動用品商店、書店和花店。
百貨商店	規模大；商品豐富，能提供多條產品線；商品附加值高；服務項目多。
超級市場	營業面積大；客流量大；品種豐富，低成本，可滿足家庭主婦一次購足需求；自動服務；明碼標價，集中付款。
便利商店	商品相對較少，位於住宅區附近，營業時間長，規模小，品種少；見縫插針，靈活；與老百姓日常生活聯繫最為密切，主要經營日雜用品。
折扣商店	出售標準商品，價格低於一般商店，毛利較低，銷售量大。真正的折扣商店用低價定期地銷售其商品，提供最流行的全國性品牌。
專賣店	經營某一產品線或某一品牌；產品線單一，但花色品種較為齊全，個性化服務；位於商業中心區；以專和精為定位目標；品牌經營。
連鎖店	統一採購、統一售價、統一銷售策略、統一形象、統一宣傳、集中配送；資料匯總查詢等。
倉儲商店	庫存銷售合一；不經過中間環節，從廠家直接進貨；大批量；講究品牌；店堂佈置簡捷；實行會員制自動服務；低成本運營；以經營消耗性、通用性商品為主。
步行街	只允許步行者通過的商業街區，由步行通道和林立兩旁的商店組成；鬆散經營；商品豐富；追求文化、情調，集購物、休閒、旅遊於一體。

二、確定您拜訪零售商的目的

1. 第一次拜訪客戶的目的

· 引起客戶的興趣

· 建立人際關係

· 瞭解客戶目前的現狀

· 提供一些產品資料

· 介紹自己的公司

· 要求同意進行更進一步的調查工作，以製作建議書

· 要求客戶參觀展示

當然，若是您銷售的商品不是一個系統產品，您也許可以要求提供報價及要求訂購。

每位業務員都必須盡可能地增加和準客戶面對面的接觸時間，並且確認您接觸、商談的對象是正確的推銷對象，否則您這次拜訪所耗費的時間都是不具生產力的。

2. 在出訪前應研究客戶的業務狀況

· 服務對象

· 以往定貨狀況

· 營運狀況

· 需求概況

· 資信調查

3. 在出訪前應研究客戶的個人資料

· 姓名、家庭狀況

· 嗜好

· 職位與其他部門關係
· 時間規律

4. 終端業務員應該隨身攜帶的銷售工具

· 產品目錄；
· 已締結並投入交易的客戶名錄；
· 圖片及公司畫冊；
· 地圖；
· 名片；
· 客戶檔案；
· 計算器；
· 筆記用具；
· 最新價格表；
· 帶有公司標識的訪禮品；
· 空白「訂單」、「拜訪記錄表」等銷售表格。

三、確定拜訪目標後，檢查你的工作

每天，你的第一步就是檢查你當天的行動計劃，如這計劃未經預先制定好，則應花一點時間來制定你的日程和目標。

首先，要建立區域地圖，明確區域範圍和拜訪路線。其次，完成必要的書面準備工作(如定貨單)。然後，檢查終端定貨及送達情況。再後，利用《每日訪問報告》，確定每日訪問的目標。

· 建立路線表。
· 每日拜訪終端客戶數，普通終端每日不得少於 50 家，特殊通路或旺鋪不得少於 10 家，超級終端不得少於 2 家。

・確定你的訪問目的(所要求的訪問數目)。

・正確使用 2：8 法則，明確重點終端的拜訪計劃：旺點、繁華商業區、熱銷商店、校園小店、風景點等。

・對每一個終端，確定你的目標銷售數量。

・明確各類終端的不同拜訪特點。

・對每一終端的庫存、銷售管道順暢程度、貨架陳列、POP 張貼的改進計劃。

確定並準備所需的銷售和售點促銷材料(如計算器、廣告紙、裁紙刀、覆蓋計劃、終端資料、訂單、每日訪問報告等)。最後，出發去拜訪轄區經銷店、客戶。

在進入商店前，覆查一下你的計劃和目的。翻閱訪問本，對一些關鍵的資訊如買主的姓名、終端的需求、限制以及機會等等，加深一下記憶。

四、業務員的拜訪步驟

1. 事前計劃

(1)明確拜訪目的

本次拜訪是收貨款、理貨、商店 POP 的維護、向商店老闆宣傳銷售政策以及加強感情等。

(2)設計拜訪路線

根據當地零售店分佈和交通線路設計這次拜訪的路線，先拜訪那家店，每間店停留的時間是多少，要把每次拜訪線路寫下來，作為工作記錄。

(3)攜帶資料

就是客戶和當地市場的一些基本資料，包括：零售店資料表、市場容量分佈表、競爭對手情況表、市場動態記錄表，及攜帶一些有關活動的 POP、禮品等。

(4)要瞭解到店老闆的工作規律

若店老闆的空閒時間可能在 9：00～9：30 這個區間，或者是下午 5：00～6：00 的這個區間，則在這些時段才去拜訪。其他的時間可能被進貨、內部管理、閒雜人、銷售等事情佔滿。

2. 掌握政策

業務員要掌握銷售政策和促銷政策。新的促銷活動用什麼方式，什麼時候開始。現在促銷活動進行到什麼階段，禮品什麼時候到，到多少，分配的原則是什麼。這樣才能和老闆溝通的時候引起老闆的注意。

3. 觀察店面

錯誤的做法是：業務員一到零售店，就找老闆「談業務」。

業務員應經常觀察店面，可以瞭解到自己和競爭對手的情況，掌握第一手市場信息的業務員要做零售店的顧客，觀察店面往往能幫店老闆發現問題，提出建議，解決問題，從而贏得老闆的信任。業務員在零售店之間傳遞經驗的時候，就是當地銷量擴大的時候。

4. 解決問題

業務員要協助零售店解決問題，包括：零售店在促銷活動中遇到的問題；促銷的禮品是否能及時到位；售後服務的情況；銷售的壓力在什麼時方；需要什麼方面的培訓和支援。

5. 催促訂貨

讓零售店主要銷售你的產品，而銷量是穩定而持續上升的。

要讓零售店老闆和你的理念趨於一致，讓零售店店員主要推銷你的產品。

6. 現場培訓

銷量的大小，就是你在店老闆頭腦中佔地方的大小，店員常傾向於銷售自己最熟悉的產品，賣自己最喜歡的產品，因此，業務員要培訓並影響零售店的態度。

主要培訓的內容有：產品知識；經營理念；促銷活動的操作辦法；介紹其他店的銷售技巧等等。

7. 做好記錄

業務員一天要拜訪 15～40 家店，不可能把每一次的談話和觀察到的東西、商業資訊等都記在自己的腦子裏面，因此要做好記錄，對簡單的問題儘量現場解決，現場解決的問題越多，在零售店老闆心目中的威信就越高。

在記錄問題的時候要貫徹 5W1H 的原則，要記住：什麼事情；什麼時候；和誰有關；在那裏發生的；為什麼這樣；零售店老闆建議怎樣解決。

8. 售後跟蹤

跟蹤是戰勝客戶拒絕的最重要方法。

有一個著名的生意方程式：由生人變熟人，由熟人變關係，由關係變生意。

美國專業營銷人員協會和國家銷售執行協會對銷售的跟蹤工作進行的統計資料：

2%的銷售是在第一次接洽後完成；3%的銷售是在第一次跟蹤後完成；5%的銷售是在第二次跟蹤後完成；10%的銷售是在第三次跟蹤後完成；80%的銷售是在第四至十一次跟蹤後完成。

幾乎形成鮮明對比的是，在日常工作中，90%的銷售人員在跟蹤一次後，就不再進行第二次、第三次跟蹤。2%的銷售人員會堅持到第四次跟蹤。

五、銷售介紹

為了確保你的零售店主聽你的「說服性推銷演示」，要創造出一種氣氛，使他心理上處於一種接收的狀態。要求做到的幾點技巧：

1. 以有禮貌的態度走近買主。

2. 讚揚終端對商店有了任何值得注意的改善和提高，或商店裏辦了一個很出色陳列，一定要加以評論，表示讚賞，而且要做到這些讚揚是誠摯的。

3. 要保持終端注意力不被分散。只要可能，談話應當在儲藏室或在辦公室中進行，以避開商店裏的干擾，從而不會分散注意力，如果買主正在和他的一位顧客談話，或正在清點現款，則不要打擾他。

4. 簡要介紹本公司產品與競爭品相比較的優勢和特點，重點介紹你想推銷的產品。

六、商店檢查

在進入商店時，向商店人員問好。讓店主知道，你打算看一下本公司的產品。

1. 檢查銷售情況。記下貨架上你的品牌及規格的銷售情況，注意那些品牌和規格商店沒有存貨。

2. 檢查貨架擺設。按照公司的零售標準，評估本公司產品貨架上的位置、空間和排列情況。

3. 檢查定價。將商店售價與本公司零售價相對照，維護正常的價格秩序。

4. 檢查售點促銷情況。觀察商店的售點促銷活動和陳列，找出可以用來建立與本公司產品可能有邏輯聯繫的售點促銷機會。留意更多的陳列位置和張貼宣傳畫的位置。

5. 檢查競爭情況。記下競爭對手產品在貨架上所佔的空間；要警惕競爭性陳列或任何特殊的競爭活動。

6. 檢查存貨和脫銷情況。檢查存貨時，要尋找倉庫是否有存貨但貨架上已銷光的產品，如發現有，你就必須安排把它放在貨架上，或者自己親自來放。如果零售店主瞭解到你準確地記錄了他的實際庫存量，你建議他訂貨的時候，他對這一建議的信心會大大增強。

七、完成訂單

在檢查商店的基礎上，對終端零售店的銷售、庫存等有了完整的瞭解，結合來拜訪商店的初始目標，經過調整，定出新的最後計劃報給店主，並要求簽字認可。

八、記錄和報告

1. 在離開商店前，你應當記錄下這次訪問的細節。

2. 再訪問，要寫入下次拜訪的目的、經銷商新資料等。

3. 在《每日訪問報告》上對照你的目標記錄下所獲得的結果。

5 業務日報表是要自我管理

健全的「業務日報表」管理，對業務員而言，可作為自我管理的工具，把所遭遇之問題，尋求主管的支持；對業務主管而言，可作為銷售管理工具之一，對業務目標做銷售效率分析、進行評估與改正。

一、業務員要填寫業務日報表的原因

企業透過「業務日報表」，可獲得下列功能：

⑴經由銷售日報表，業務部門能夠有效地搜集市場的情報。

⑵可以有組織地搜集競爭者的情報。

⑶可以把客戶調查的情報送給業務部門。

⑷對於主管而言，可以用來作為推銷員活動管理的一部分。

⑸推銷員本身可以把自己在商談技術上的問題在業務日報表中提出，主管可以據以作為指導的依據。

⑹可以對目標達成度進行評估。

⑺可以作為銷售效率分析的數據，也可作為銷售統計之用。

⑻可以作為自我管理的工具。

二、「業務日報表」的分析檢討

如何有計劃、有效率的使用每一個工作天，是業務部達成銷售目標的重要基礎。

如何利用「日報表」對時間運用的分析呢？業務日報表的「時間運用欄」，在左邊縱列欄為各種動作狀況，如「內部行政事務」「交通」「等待」「商談」「報價」「收款」「休息吃飯」等欄位，最上排的橫列欄為各種時間狀況，將上班時間內(上午 8：00 至下午 6：30)，以每隔 10 分為一格單位，將實際的時間耗費狀況，每隔 10 分鐘為單位，加以註記在日報表上。

公司內部的行政庶務準備工作，從 8 點起用掉 30 分鐘的時間，拜訪第一個客戶時，在交通上使用了 15 分鐘，在商談時間上用了 30 分鐘，然後花了 15 分鐘才到達另外一個客戶處，目的是收款，拖了 30 分鐘。收款後，花了 15 分鐘商談。接著花 15 分鐘的交通時間到另一個客戶處訪問，用 45 分鐘完成估價的工作。又花 15 分鐘到另一個目的地，以 45 分鐘時間完成商談。在 12 點 15 分休息吃中飯，又花了 30 分。接著拜訪另一個對象，交通 15 分鐘，到了該處等 30 分鐘沒有任何結果。然後，啟程找另一家客戶，花費 45 分鐘時間。

1. 瞭解時間的實際耗用狀況

業務員(或主管)如何利用「時間分析」呢？把整天的行動記入表格後，可以得到當天一天的時間運用實態，亦即訪問準備 30 分鐘，銷售事務 15 分鐘、交通時間二小時 45 分鐘、等待時間 1 小時 15 分、商談時間 2 小時 45 分、估價時間 45 分、收款 30 分、聯絡 30 分，休息午飯時間 30 分鐘，即是「業務員的時間運用統計表」。每個月將這些時間加以統計，即可得銷售效率檢討表或是銷售效率月報表。

將這些時間相加，即可得知當天的銷售效率，而將每個月的「業務日報表」逐次相累加，即可得知一個月內的銷售效率。

2. 檢討耗用時間的效率

業務主管可透過當面溝通方式與「業務日報表」方式，來瞭解業務員的工作情形，深入分析「業務日報表」的時間使用，可檢討出如何改善業務績效。例如：

⑴將業務員一天內從事相同性質的工作時間，加以累計。

⑵扣除其他時間後，瞭解業務員真正使用於「推銷」的有效時間，到底有多少？

⑶設定具體的改善對策。

一般而言，業務員在一天的執勤時間內(8 小時或更長)，真正進行對推銷有獲益的工作時間，只有 20～30%而已！

表 5-1 時間消耗統計表

業種／內容	日常消耗品推銷員	耐久消耗品推銷員
商談時間	4.0小時(42%)	3.9小時(43%)
交通時間	2.6小時(27%)	2.5小時(28%)
準備時間	3.0小時(31%)	2.6小時(29%)
值勤時間合計	9.6小時(100%)	9.0小時(100%)

瞭解到「推銷精髓」只有 20%～30%時間，因此，再來就是如何設定改善對策，以減少所浪費時間，增加「推銷精髓」時間。例如可依表 15 為原則調整工作方式：

· 減少閒聊時間
· 減少交通時間
· 減少等待時間
· 減少處理事務時間
· 爭取拜訪機會
· 延長訪問時間
· 加強開拓客戶的時間

表 5-2 時間消耗統計表

內容＼國別	日本	美國
商談時間	25%	41%
交通時間	19	34
準備時間	1	5
會議及準備	55	20
合計	100 （9小時29分）	100 （9小時29分）

3.客戶處的滯留時間

瞭解業務的時間運用後，要設法增加拜訪客戶的時間與次數，然則，在客戶處滯留時間的評估，也要注意是否有業務員在單一地點滯留太長之問題。

分析業務員在客戶處洽談時間長短，若過短，必須設法講求技巧，以便延長滯留時間。

反之，若透過分析，明顯看出業務員在客戶處逗留時間太長，（此情形相當普遍，尤其是習慣性的常滯留在某一店內），亦應檢討缺失，設法將「逗留時間」減短至標準時間以內。一般認為，業務員的成績與每天總訪問時間及訪問店數成正比，如果在同一位顧客身上花過長的時間，卻不能保證使業績正向成長。

三、透過「業務日報表」的改進

依客戶等級而區分 A、B、C 級，加以重點管理，是主管對部屬的督導任務之一，視客戶重要性，督促業務員要「增加拜訪次數」或「減少拜訪次數」。

有句俗語「遠親不如近鄰」，在銷售的意義是「與客戶多接近」、「保持交往的密集度」，是相當重要的。成功的業務員，他的訪問次數，都是多於「這個銷售團隊」的平均值，各行各業，都必須拜訪多次後，才獲致客戶的良好反應；因此，業務主管在核閱「業務日報表」後，發覺部屬有拜訪次數不足之地方，要督促業務員勤拜訪。

表 5-3 不同行業別拜訪次數表

行業別	每個成交客戶的平均訪問次數
汽 車	10次以上
人壽保險	3～6次
化妝品	3～4次

成功的業務員，除了不隨意浪費時間，勤於拜訪客戶，增加拜訪次數，也利用各科輔助方法來加強對客戶的「關心」，例如經常在手提箱中放有明信片、信封、信紙、郵票等，以便於在初次訪問，或再訪時的前三日內寄出信函給欲拜訪之顧客，有時在旅館、車上，甚至也在飛機上書寫。將信函視為自己的分身，用信函來繼續訪問，增進與顧客間的友誼。

對「重要客戶」的勤於拜訪，相對而言，對於「次要客戶」則要檢討是否過度拜訪；而決定有否「減少拜訪次數」，則可利用「客戶訪問次數的標準規範」。

企業可先沿用經驗法則，針對「A 級」客戶、「B 級」客戶、「C 級」客戶研判出銷售反應(或利潤反應)，例如 A 類客戶，每年訪問二十四次，B 類客戶，每年訪問 12 次，而 C 類客戶每年訪問 6 次。但這些訪問的次數只是企業的粗略估計。最大的問題是顧客的銷售反應對訪問之數的關係。假若每年訪問 24 次和訪問 12 次其銷售量或利潤都是一樣，訪問 12 次的效率便較訪問 24 次為高，因為企業可節省銷售費用和拜訪時間。

表 5-4　訪問次數與客戶利潤之相關

每年訪問次數 現金純利潤	6	12	24
A類客戶	10000	30000	30000
B類客戶	20000	20000	20000
C類客戶	30000	30000	60000

參照上表，例如銷售員每年每一類客戶訪問 12 次，則由以上三類客戶獲得之利潤為 30000 元＋20000＋30000 元＝80000 元

若對 A 類客戶訪問 12 次，B 類客戶訪問 6 次，而 C 類客戶訪問 24 次，則利潤為：30000 元＋20000 元＋60000 元＝110000 元

上表亦顯示 B 類客戶的利潤反應與訪問次數無關，故只需訪問 6 次便足夠。C 類客戶則須訪問較多的次數才有較佳的利潤反應。因此要決定客戶的訪問次數，必須準確求出客戶的銷售反應，此點，大多數企業均採用經驗法則來判斷。

因此，業務主管對於轄區的市場訊息要深入瞭解，而且對於「業務日報表」內的「客戶拜訪次數」分析，要用心看，檢討後可採取對策：

1. 為妥善運用有限時間，以提高業績，按 ABC 客戶分級管理後，再評估客戶營業額、規模、協力程度、未來潛力等，決定拜訪頻率。

2.「重要客戶」發覺訪問次數太少，應立刻加強拜訪，並且強化拜訪的品質，評估每次「拜訪目標」是否有順利達成。

3.「次級客戶」若有過度拜訪之現象，例如「與經銷商熟識，常去串門子，聊天」等現象，必須適度減少拜訪次數。

4. 為延伸拜訪頻率，可使用親自拜訪、電話拜訪、信函拜訪、電報拜訪等各種方式，加強親近程度。

6 業務員如何安排拜訪時間

一、拜訪時間的分析

業務員的時間管理可分為：直接回報時間、業務投入時間、行政組織時間及無效時間。要通過重點管理原則(即 20%與 80%法則)加以合理運用。

透過時間分析，來決定你工作時間的方法。

1. 直接回報時間

所花費的時間，可產生立即可見的成果。例如：宣傳陳列；計劃一種推銷方案；完成商店檢查；解決一家商店的脫銷問題等。

2. 投入時間

從事的活動能在將來某時支援或轉換成可見的推銷成果所用的時間。例如：對你在商店裏遇到的問題獻策獻計；參加培訓和發展有關推銷交流技能的實習班；開發一種能用於多家商店情況的陳列方法等。

3. 組織時間

用於從事各項活動保持你的業務最有效和正確運作所用的時間。例如：完成每天和每週記錄；更新客戶卡；分析你走訪計劃和路線；組織材料等。

4. 無效時間

用於從事不屬於直接有回報那些活動的業務時間。

對業務員而言，所有都適合前三種類型時間的活動，對經營、推銷產品來說，都是重要的，如何分配這幾類時間是一個重要的挑戰。

5. 時間管理

⑴足夠的「有直接回報」時間，以投入目前的重要目標，主要優先事項和 ADSPMR 結果。

⑵足夠的「投入時間」。為增加你自己的和其他人的；為將來的有直接回報計劃和發展策略；為贏得越來越多的客戶；為尋找和發現還沒有在為大問題的小問題。

⑶足夠的「組織時間」，管理好現有的、可用的推銷資訊，使你的走訪和路線盡可能有效，有效而經濟地利用公司給予你手中的材料和資源。

⑷「無效時間」一旦發現，就把它減到最低程度。

二、業務員每日的走訪時間

業務員大部份工作時間都花在對轄區內零售商店的走訪上，在每天走訪商店時，都可運用一些節省時間的戰術。

1. 決定走訪某些客戶的最佳時間(例如：你知道的商店經理最有

空的時間)，同時，決不要預設在一天或一週內，有部份時間你不能進行任何零售商店走訪，例如：假日的前一天或後一天，早上 9 點以前，星期五等。記住，走訪某些客戶的「最佳時間」都可能有變化，定期修改這些記錄，通知你的主管經理，以便能對你的路線作相應的修改。

2. 要有足夠的靈活性，以便在需要的地方能迅速修改你每天的訪問計劃。你的經理提出了一個特殊要求，走訪時間比計劃的長或短以及其他暫時的干擾，都是在生活中不可避免的實際情況。

3. 保持與你辦公室的定期聯繫，以便得到你的主管人員的指示。

4. 尋求減少你走訪的旅途時間，保持正確的走訪順序，同時，避免走回頭路或延誤。

5. 盡可能把你的走訪之間的間隔(例如：旅途、住、食等時間)安排得與商店經理的正常午餐時間一致。

6. 避免在若干成功的或不成功的走訪之後急於「中止」。

7. 任何時候，只要可行，與零售店主、經理預先約定，事先用電話確定，在你計劃到那裏時，你需要見的人要有空。最起碼要讓商店經理知道，你什麼時候到，你有增加推銷的想法要與他討論。落實他什麼時候會有空，儘量減少耗時的回頭路。

8. 對每次和各次走訪要有充分的準備。

9. 有效的利用任何等待時間，如果你不得不等待會見某一商店經理或其他決策人，要有效的利用等待的時間。

例如：

——再次審查你的推銷方案。

——利用這一時間再深入瞭解該商店(例如：他們的經常情況，查看競爭者的各項行動及價格；落實特殊的現有陳列和其他的促銷活動）。

10.保持最少量的閒聊。大多數情況下，話家常對「打破僵局」是有幫助的，但不要拿類似體育比賽長時間的閒聊來浪費你的或商店經理的時間。

三、拜訪路線設計的原則

1. 拜訪終端的區域路線設計如1區、2區、3區……不要連在一起，否則業務員很可能會在一天內把連在一起的兩個區的工作任務完成。如果一天完成兩天的工作量，第二天就很可能就會偷懶在家休息，而不去市場走動。

圖 6-1 配送點的物流距離設計

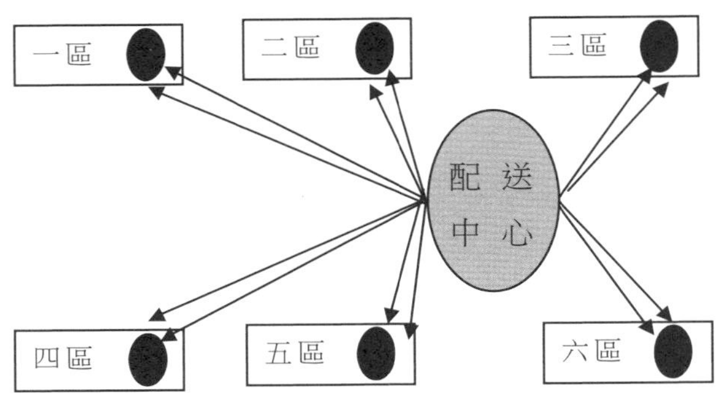

2. 業務員拜訪終端的路線應從最遠點開始，向中心（公司、辦事處或配送中心）方向做，即由遠到近，而不是順向（由近到遠）行銷。這樣做可以使業務員越往後走，就越有信心。因為業務員最終是要回公司或辦事處的，由遠到近，這可以使業務員越往後，離家越近，工作鬥志越高。否則情況就會相反，因為由近到遠，業務員就要跑兩次最遠點到公司或辦事處的距離，所以當業務員做到後面的急著回家或回公司等等，就會在拜訪進行到一半路程時候掉頭往回走，而不去後面幾家較遠的終端拜訪。

圖 6-2　正確的拜訪路線

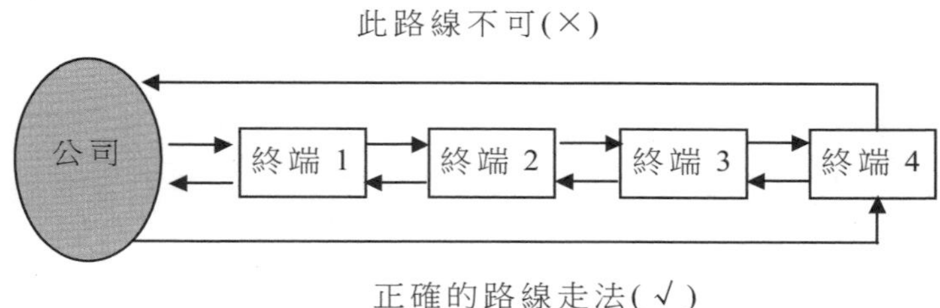

7 業務員拜訪客戶的技巧

一、業務員要獲得客戶的好感

當您對一個人有好感時，您一定會以好意回應他，如此雙方的會談就會如沐春風。那些因素會影響到第一次會面印象的好壞呢？終端業務員該把握住那些方面呢？下面將逐一說明，使您更能贏得客戶的好感。

1. 先入為主的暗示效果

塑造專業終端業務員的可信賴印象是讓客戶產生好感的一種方式。專業終端業務員的形象在實效見面前就可營造，例如實效會面前電話定約表現出的專業電話接近的技巧；電話定下的約定日期若間隔三天以上，可先寄出推銷信函，也可以先寄上一份公司簡介，讓客戶瞭解您的公司，這些做法都能讓客戶感受您的專業。

2. 注意客戶的「情緒」

初次面對客戶時，若感到客戶的情緒正處於低潮，注意力無法集中時，您最好能體諒客戶的心境，相機另約下次會面的時間後，迅速禮貌地告退。

3. 給客戶良好的外觀印象

人的外觀也會給人以暗示的效果，因此，您要儘量使自己的外觀給初次會面的客戶一個好印象。

4. 要記住並常說出客戶的名字

名字的魅力非常奇妙，每個人都希望別人重視自己。重視別人的名字，就如同看重他一樣。傳說中有這麼一位聰明的堡主，由於想要整修他的城堡以迎接貴客臨門，但由於當時的物資相當匱乏，聰明的堡主想出了一個好辦法：他頒發了指令，凡是能提供對整修城堡有用的東西的人，就把他的名字刻在城堡入口的圓柱磐石上。指令頒佈不久，大樹、花卉、怪石……等都有人絡繹不絕地捐出。

業務員在面對客戶時若能經常流利、不斷地以尊重的方式稱呼客戶的名字，客戶對您的好感也將愈來愈濃。

專業的業務員會密切注意，客戶的名字有沒有被報章雜誌報導，若是您帶著有報導客戶名字的剪報一同拜訪您初次見面的客戶，客戶能不被您感動嗎？能不對您心懷好感嗎？

5. 讓您的客戶有優越感

每個人都有虛榮心，滿足其虛榮心的最好方法就是讓對方產生優越感。其中最有效的方法是對於他引以為傲的事情加以讚美。若是客戶講究穿著，您可向他請教如何搭配衣服；若客戶是知名公司的員工，您可表示羨慕他能在這麼好的公司上班。

6. 替客戶解決問題

您在與客戶見面時，若是能先知道客戶面臨著那些問題，有那些因素困擾著他，然後以關切的態度站在客戶的立場上表達您對客戶的關心，讓客戶能感覺到您願意與他共同解決問題，他必定會立刻對你產生好感。

7. 自己需保持快樂開朗

8. 利用小贈品贏得準客戶的好感

小贈品的價值不高，卻能發揮很大的效力，不管拿到贈品的客戶喜歡與否，相信每個人受到別人尊重時，內心的好感必然會油然而生。

以上八種方法都能使您的準客戶對您產生好感，若您能把這八種方法當作您立身處事的方式，使其成為一種自然的習慣，相信您在那裏都會成為一位受歡迎的人物。

這八種方法是由尊重、體諒、使別人快樂三個出發點引申出來的，您只要能從這三個出發點思考問題，相信您能發現更多讓別人對您產生好感的途徑。

二、業務員要善用傾聽技巧

引起注意→產生興趣→產生聯想→激起慾望→比較產品→下決心購買，是客戶購買心理的七個階段。

引起客戶的注意處於第一個階段。我們在這裏介紹引起客戶注意的五種方法。

⑴別出心裁的名片。

⑵請教客戶的意見。

人的大腦儲存著無數的資訊，絕大多數的資訊平常您不會想到，也不會使用到，可是當別人問您某個問題時，您的思想就會立刻集中在這個問題上，相關的資訊、想法也會突然湧入腦際，您也會集中注意力思索及表達您對問題的看法。

請教意見是吸引客戶注意的一個很好的方法，特別是您能找出一些與業務相關的一些問題。當客戶表達看法時，您不但能引起客戶的注意，同時也瞭解客戶的想法，另一方面您也滿足了客戶被人請教的優越感。

⑶迅速提出客戶能獲得那些重大利益。

⑷告訴客戶一些有用的資訊。

⑸指出能協助解決客戶面臨的一些問題。

1. 傾聽的作用

每個人都有發表自己見解的慾望，而傾聽成了我們對客戶的最高恭維和尊重。始終挑剔的人，甚至最激烈的批評者，常在一個認真聆聽的傾聽者面前被軟化。我們善於傾聽客戶講話的另一個好處就是，我們可以更多地瞭解客戶的資訊以及他的真實想法和潛意識。要想推銷成功，「聽」就要佔整個銷售過程的 70%，而「說」只佔 30%。

2. 積極的傾聽

人們通常都只聽到自己喜歡聽的，或依照自己認為的方式去解釋聽到的事情，這通常未必是對方真正的意思，因而人在「聽」的時候通常只能獲得 25%的真意。

來看看卡爾· 魯傑司的「積極的傾聽」的三個原則：

⑴站在對方的立場上來傾聽。每個人都有自己的立場及價值觀，因此，您必須站在對方的立場上，不要用自己的價格觀去指責或評判

對方的想法，要與對方保持共同理解的態度。

⑵要能確認自己所理解的就是對方所講的。您必須有重點覆述對方講過的內容，以便確認自己理解的意思和對方所要表達的意思一致，如「您剛才所講的意思是不是指……」、「我不知道我聽得對不對，您的意思是……」等等。

⑶要以誠懇、專注的態度傾聽對方的話語。

3. 傾聽的技巧

業務員傾聽客戶談話時，最常出現的毛病是只擺出傾聽客戶談話的樣子，內心卻迫不及待的等待機會，想要講自己的話，完全將「傾聽」這個重要武器捨棄不用。但如果您不仔細傾聽，就聽不出客戶的意圖，聽不出客戶的期望，您的推銷就會失去方向。

您可從下面五點鍛煉您的傾聽技巧：

⑴培養積極的傾聽態度。站在客戶的立場上專注傾聽客戶的需求、目標，適時地向客戶確認您瞭解的是不是就是他所表達的。這種誠摯專注的態度能激發客戶講出更多內心的想法。

⑵讓客戶把話說完，並記下重點。「記住」是用來滿足客戶需求和客戶利益的。在讓您的客戶充分表達了他的狀況後，您能正確的滿足他的需求，就如醫生要聽了病人述說自己的病情後，才開始診斷一樣。

⑶秉持客觀、開闊的胸懷。不要心存偏見，只聽自己想聽的或是以自己的價值觀判斷客戶的想法。

⑷對客戶所說的話，不要表現防衛的態度。當客戶所說的事情可能對您的推銷造成不利時，您不要立刻駁斥，您可先請客戶針對事情進行更詳細的解釋。例如客戶說「您公司的理賠經常不乾脆」，您可請客戶更詳細的說明是什麼事情讓他有這種想法。客戶若只是聽說，

無法解釋得很清楚時，這種看法也許就不是很正確；若是客戶說得證據確鑿，您可先向客戶致歉，並解釋此事的原委。記住，在還沒有捕捉完客戶的想法前，不要和客戶討論或爭論一些細節的問題。

⑸掌握客戶真正的想法。客戶有客戶的立場，他也許不會把真正的想法告訴您，他也許會找藉口或不實的理由搪塞，或為了達到別的目的而聲東擊西，或另有隱情，不便言明。因此，您必須盡可能地聽出客戶真正的想法。

掌握客戶內心真正的想法，不是一件容易的事情，您最好在聽客戶談話時，自問下列問題：

· 客戶說的是什麼？他表達的是什麼意思？
· 他說的是一件事實？還是一個意見？
· 從他的談話中，我能知道他所希望的購買條件嗎？

4. 業務員的溝通魅力

⑴眼神與目光的交流

目光要真誠、專注、柔和地平視客戶，眼光停留在客戶的眼眉部位。千萬不要讓視線左右飄忽不定，否則會讓客戶產生不安與懷疑。因為一個不能正視別人眼睛的終端業務員常常被理解為詭詐多變，不說實話。

要學會將您的關懷和讚賞用眼神表達出來，在學會用眼神與客戶交流，使客戶從您的眼神中看到自信、真誠與熱情。

⑵微笑的魅力

微笑可以使「得者獲益，給者不損」。

微笑還可以除去兩人之間的陌生感，使雙方敞開心扉。設法逗準客戶笑，只要您能夠創造出與準客戶一起笑的場面，就突破了第一道難關，拉近了彼此間的距離。陌生感消失了，彼此的心就在某一點溝通了。

⑶真誠的讚美

真誠的讚美，於人於己都有重要意義，美國心理學家威廉· 詹姆斯說：「人類本性上最深的企圖致意是期望被讚美、欽佩和尊重。」渴望被讚美是每一個人內心的一種基本願望，而讚美對方是獲得對方好感的有效方法。

讚美別人是件好事情，但並不是一件簡單的事，若在讚美別人時，不審時度勢，不掌握一定的技巧，反而會使好事變為壞事。正確的讚美方法是：

①要真誠的讚美而不是諂媚的恭維

與諂媚的恭維不同，真誠的讚美是實事求是的、有根有據的，是真誠的、出自內心的，是為人所喜歡的。天底下好的讚美就是選擇對方最心愛的東西，最引以為自豪的東西加以稱讚。特別是稱讚那些成功人士早年的奮鬥史，因為這是他們最願回憶也最自豪的事情。

②借用第三者的口吻來讚美

比如說：「怪不得小張說您越來越漂亮了，剛開始我還不相信，這回一見可真讓我信服了」，這比說「您真是越長越漂亮了」這句話更有說服力，而且可避免輕浮、奉承之嫌。

③間接地讚美客戶

比如說對方是個年輕的女客戶，為了避免誤會與多心，您不便直接讚美她。這時，您不如讚美她的丈夫和孩子，您會發現這比讚美她本人還要令她高興。

④讚美須熱情具體

讚美別人時千萬不能漫不經心，這種缺乏熱誠的空洞的稱讚，並不能使對方高興，有時甚至會由於您的敷衍而引起反感和不滿。比如與其說「您的歌唱得不錯」，還不如說「您的歌唱得不錯，不熟悉您的人還以為您是專業歌手。」

⑤讚美要大方得體

讚美要根據不同的對象，採取不同的讚美方式和口吻。如對年輕人，語氣上可稍帶誇張；對德高望重的長者，語氣上應帶有尊重；對思維機敏的人要直截了當；對有疑慮心理的人要儘量明示，把話說透。

⑷給對方以自重感

美國著名的心理學家、哲學家詹姆斯說：「人類天性的至深本質就是渴望為人所重視。如果您要得到仇人，就表現得比對方優越吧；如果您要得到朋友，就要讓對方表現得比您優越。」真心地向客戶求教，是使客戶認為他在您心目中是個重要人物的最好辦法。既然您如此地重視他，他也不會讓您失望。

⑸有素質的敲門

敲門只需用中指和食指輕叩門板，發出「當——當當」的聲音。意思是「第一聲告訴您，我在門口請開門。第二、三聲告訴您請快點兒」。敲門的聲音不要太輕或太重，要有節奏感。

⑹握手的禮儀

握手講究四指併攏，手掌伸直，從右向左 45° 傾斜伸向對方。握手時要熱情有力。要通過握手迅速傳達出您對他的喜歡和愛戴。握手時男女有別，女士不伸手的情況下男士也可伸出手來要求握手，而且握女士手時，男士只可握其 1/4 的手指部分，以示尊重。

⑺優雅的坐姿

坐下時身體要自然收腹挺胸，背部要直，最好是只坐椅子的 1/3，而不可讓後背依靠在椅背上。男士雙腳放地時可與肩同寬，女士則要雙腳併攏向左傾斜著地。

無論男女坐下時最好都不要翹腿，即使翹腿也不可將腳尖蹺於高處上下搖擺。總之，終端業務員坐時要給客戶以謙虛穩重之感。

⑻隨時說謝謝

「謝謝」不僅僅是禮貌用語，也是溝通人們心靈的橋梁。「謝謝」這個詞似乎極為普通，但如果運用恰當，將產生無窮的魅力。

說「謝謝」時必須有誠意，發自內心，感謝的語調語氣中要含有笑意和感激之情。態度要認真、自然、直截了當，不要含糊地咕嚕一聲，更不要怕客戶要知道您在道謝而不好意思。

說「謝謝」時應有明確地稱呼，稱呼出感謝人的名字，使您的道謝專一化。如果感謝幾個人，最好一個個地向他們道謝，這樣會在每個人心裏都引起反響和共鳴。

說「謝謝」時要有一定的體態，頭部要輕輕點一點，目光要注視著您要感謝的客戶並面帶微笑，這樣在客戶心裏引起的反響會更強烈。

對道謝者來說，有機會在行動上給客戶以回報，也是需要的。這種心願，在可能時要適當表露。您可以說：「今後，能給我一個回報的機會嗎？」或「希望在適當的時候讓我為您出點力，以表示一份小小的心願。」等等。

⑼必須守時守約

一旦與客戶約定好見面時間或約定好某件事情，就一定要守時守約，恪守「寧可人負我，不可我負人」的原則。

不管是電話裏約會還是當面約會，一定要把約會的時間問清楚、說清楚、記清楚。按約定時間赴約時，要遵守一個原則，就是要提前幾分鐘到，寧可讓自己等對方也不讓對方等您。提前的意義，不僅是使自己心裏有充分準備，不至於見面時慌慌張張，而且中途如出了意外，也可以有充實的時間去處理。

遲到的歉疚會使您與對方一見面就屈居劣勢。因此，無論如何不要遲到。萬不得已，你就應先打個電話給對方說明理由，這比遲到後再道歉更容易得到對方的諒解。打電話通知遲到時，說要到的時間應比將要到達的時間多出十分鐘到二十分鐘。因為如果您路上出現堵車等情況而沒有準點到的話，對方一定會對您非常反感，這已是您一天的第三次失約了。相反如果您能提前到達十分鐘的話，對方一定會對您非常感激，認為您已經是盡全力來彌補遲到的時間了，對方就會很容易諒解您。

三、業務員要如何破冰

萬一業務員碰上對方拒人於千里之外？太厚的「冰」不是一次能破掉的，業務員要在拜訪接觸的過程中尋找機會：

1.談談店主關心的人、事、話題

店主最近的興奮點和焦慮點是什麼？是足球賽？是兒子考大學報志願？是房子拆遷？是寵物狗生病？還是隔壁新開一家店會不會搶生意？平時留意，然後準備些談話內容，找機會切入，例如「我們院子裏有條牧羊犬在寵物醫院看感冒，結果給誤診死了」「我也是剛考上大學，假期打份工」……溝通有共鳴，生意自然來，這就是所謂「先交朋友，後做生意」的含義。

2.客戶沒有好壞，只有不同，業務員要「處心積慮，因材施教」

同時面對幾百個中小終端，要做個有心人。客戶近期關心的人/

事/話題等資料要平時搜集記錄，一擊必中。

另外，不同的客戶就要用不同的溝通策略，業務員要對終端老闆的性格特點進行分類，編些暗號記在客戶卡上。

例如有的客戶愛佔小便宜就畫個銅錢，有的客戶江湖氣重就畫個酒杯，有的客戶是善心老太太就畫個笑臉。

業務員溝通過程中要「因材施教」，江湖氣足的客戶你要讓他有面子，找他得意的地方拍他馬屁，推銷時讓他感到你在向他請教、找他幫忙而不是說服他；愛佔小便宜的客戶，你注意每個促銷政策都別直接給他，讓他「佔便宜似的」才能拿走。

3.拍準馬屁

拍馬屁是精神麻醉，所有人都受用，無人倖免。

但馬屁必須拍得專業，否則反而讓人加重戒備心——無事獻殷勤，必懷鬼胎。拍客戶馬屁的核心技術在於「投其所好」——每個人都有自己的得意之處(甜點)，也有他憂心的事情(痛點)，這才是他真正需要被認同(被拍)和被安慰的地方。拍馬屁要提前找素材，業務員平時要察言觀色，暗自記錄終端老闆們的喜好。處處留心是學問，所以馬屁拍到地方，一句頂一萬句。

例如：有些老闆們以自己神通廣大、有很多關係可以拉攏自居。你就說：「大哥，憑您這麼多年的經驗和關係，您自己開個超市，做法就是跟別人不一樣，您怎麼賺得錢別人可能都看不懂，就是兄弟跟您打交道時間長也才明白一點兒。」

有的老闆自認為素質高，和週圍這些小老闆不是一路人。馬屁應當這樣拍，「這條街上敢做高檔貨的老闆也就您一個，高端新品我肯定要找您。」

有的小飯店老闆特別自豪自己就是個資深的好廚師，他開的餐館飯菜有品位，他就喜歡聽：「大哥，別人可以心裏沒底，您還沒底嗎？別家的廚子是僱的，今天幹明天走。您這裏招牌菜都是您這個金牌大廚自己做的，店位置又這麼好，菜又有特色，來您這裏的客人是衝著您的飯菜來的，不是衝著酒來的，您賣啥酒全看您推薦了。」

還有的老闆特別驕傲自己的孩子考上大學。你就可以說：「哎呀，還是您有福，有個上名牌大學的兒子呀！我那哥哥的肯定比不了。」

4.越是身份卑微的人越在乎別人對他的尊重

記錄客戶的生日、店慶、裝修、喬遷紅白喜事等「大日子」，到時候稍微表示一下，那怕是一個短信，也能讓你的客情加分。這個方法看似簡單又俗氣，但對中小終端店的老闆非常管用。記住一句話，越是身份卑微的人越在乎別人對他的尊重！

8 業務員的拜訪推銷技巧

一、找出客戶的需求

挖掘客戶最有效的方式就是詢問，您可借助有效的提問，刺激客戶的心理狀態，客戶經過詢問，就會透露其需求。

1. 狀況詢問法

日常生活中，狀況詢問用到的次數最多。例如「您目前投保了那些保險？」「您辦公室的影印機用了幾年」等。

狀況詢問的目的，是經過詢問瞭解客戶的事實狀況及可能的心理狀況。

2. 問題詢問法

「問題詢問」是您得到客戶狀況詢問後的回答時，為了探求客戶的不滿、不平、焦慮及抱怨而提出的問題，也就是探求客戶需求的詢問。經過詢問能找出客戶不滿意的地方，知道客戶有不滿之處，使業務員有計劃去發掘客戶的需求。

3. 暗示詢問法

您發覺了客戶可能的需求後，您可用暗示的詢問方式，提出對客戶不平不滿的解決方法，即稱為「暗示詢問法」。您若能熟練地交叉使用以上三種詢問的方式，經過您合理的引導及提醒，客戶將不知不覺地說出自己的需求。

專業的業務員，若無法探測出客戶的需求，將愧對「專」這個字眼。

二、展示的技巧

展示即把客戶帶至產品前，透過實物的觀看、操作，讓客戶充分的瞭解產品的外觀、操作的方法、具有的功能以及產品能給客戶帶來的利益，以達成銷售的目的，展示的机会是：

· 要求客戶同意將產品搬至客戶處展示。

· 邀請客戶至公司展示間進行展示。

· 舉辦展示會邀請客戶參加。

1. 準備您的展示講稿

展示話語分為兩種，一種是標準的展示話語，另一種是應用的展示話語。

⑴標準的展示話語

標準的展示話語是以一般的客戶為對象撰寫的展示講稿，詳細地配合產品操作要求來操作，以邏輯地陳述產品的特性及利點。

⑵應用的展示話語

應用的展示話語是針對特定客戶展示說明時採用的，它是將標準的展示話語依客戶特殊的需求增添修正而成的。

2. 展示話語的撰寫準備步驟

步驟 1：從現狀調查中瞭解客戶的問題點。

步驟 2：列出您產品的特性及優點。

步驟 3：找出客戶使用您的產品能夠改善的地方；找出客戶最期望的改善地方或最希望被滿足的需求

步驟 4：依優先順序組合特性、特點及特殊利益。

步驟 5：依優先順序證明產品能滿足客戶的特殊利益。

步驟 6：總結。

步驟 7：要求訂單

3. 展示說明的注意點

⑴增加您展示的戲劇性。

⑵讓客戶能看到、觸摸到、用到。

⑶可引用一些動人的實例。

⑷展示時要用客戶聽得懂的話語。

⑸掌握客戶的關心點，證明您能滿足他。

三、締結的技巧

1. 締結的含意

締結是推銷中的一個專門術語，狹義指推銷過程中的最後一個動作——向準客戶要求訂單，若是客戶答應了訂單並簽了和約，業務員成功的拿到訂單，稱為締結成功了。反之，若客戶拒絕了訂單，則業務代表即被拒絕了。

2. 締結的技巧

⑴利益的匯總法

這是業務代表們經常使用的技巧，特別是當您做完產品介紹時，可將整個談判中可以給客戶帶來相關利益的內容和條款進行匯總，可運用利益匯總法向關鍵人士提出訂單的要求，另外書寫建議書作結論時，也可使用這些技巧。

⑵前提條件法

前提法的使用，能給客戶一些壓力，讓客戶加速做決定，能探測出客戶的心理底線，若是客戶仍不能做正面的決定，表示客戶所期望的仍大於您目前所提供的。

⑶試問法

通常詢問法來締結有兩種方式，一為直接詢問，另一種是使用選擇式的詢問。

多數業務代表都畏懼直接向客戶開口要求訂單，他們害怕客戶會拒絕。事實上，當您能把握住前面的推銷技巧原則，以誠懇、堅定的語氣向客戶提出訂單要求時，客戶想要拒絕您，在內心裏也要經過一番掙扎才會作決定。因此，業務代表不要因畏懼拒絕而忽視了直接詢問要求訂單的威力。選擇法使用得當能讓客戶及業務代表皆大歡喜，不過在使用選擇法時，要掌握適當的時機，要在您能判斷出客戶同意購買的狀況下，使用起來才不留痕跡，否則會顯得唐突或讓客戶看出您在使用狡計。

⑷價值成本法

當業務代表的推銷能改善工作效率、增加產品或降低成本的商品或服務時，您可選擇運用成本價值法來做締結的手法，它能發揮極強的說服力。

⑸哀兵策略法

當業務代表山窮水盡，無法締結時，由於多次的拜訪和客戶多少建立了一些交情，此時，若您面對的客戶不僅在年齡上或頭銜上都比您大時，您可採用這種哀兵策略，以讓客戶說出真正的異議。您知道了真正的異議，只要能化解這個真正的異議，您的處境將有 180 度的戲劇性大轉變，訂單將唾手可得。

3. 締結的機會

您可以使用下列的步驟進行哀兵策略；

步驟 1：態度誠懇，做出請托狀。

步驟 2：感謝客戶撥出時間讓您推銷。

步驟 3：請客戶坦誠指導，自己推銷時有那錯誤。

步驟 4：客戶說了不購買的真正原因，透過詢問法來締結。有兩種方式，一為直接詢問，另一種是使用選擇式的詢問。

四、處理客戶的拒絕

一個業務員的突然來訪，由於其本身就是一位不速之客，因而遭到拒絕是理所當然的。那麼，在拒絕中有沒有真正的原因呢？心理學家做了一個這樣的調查問卷：

A. 有很充分的理由而拒絕；

B. 雖然沒有明顯的理由，但仍能隨便找一個理由拒絕；

C. 以事情很難為理由而拒絕；

D. 記不清什麼理由，只是出於條件反射加以拒絕；

E. 其他。

結果，在收回 387 份答卷中，選擇 A 的佔 18%，選擇 B、C、D 三項的加起來可達 69%。調查表明，事實上人們並不真正知道自己為什麼而拒絕，拒絕只是人們的一種條件反射和習慣而已。

1. 被拒絕時應保持良好的心態

銷售是從被拒絕開始的。銷售實際上就是初次遭到客戶拒絕後的忍耐與堅持。

那麼我們應該以什麼樣的心態來面對它呢？「任何理論在被世人認同之前，都必須作好心理準備，那就是一定會被拒絕二十次，如果你想成功就必須努力去尋找第二十一個會認同您的識貨者。」推銷中應把拒絕看成是路標，一路上數著拒絕的次數，次數越多心裏就越興奮，告訴自己達到二十次拒絕時就會有一個認同者了。

在推銷中，要讓自己習慣於在被拒絕時中找到快樂，習慣於去欣賞拒絕。心裏鼓勵自己說：「被拒絕的次數越多越意味著將有更多大成功在等著我。」在拒絕面前我們要有從容不迫的氣度和經驗，不再因遭到拒絕而灰心喪氣停止推銷。因為我們堅信，成功就隱藏在拒絕的背後。

2. 在拜訪不順利時你應該做什麼

⑴需要等待時

在漫長的等待中，與其束手待斃，不如借此機會進一步地瞭解，以便獲取意外的收穫，這也許是您瞭解客戶的一個千載難逢的機會。

⑵客戶不在時

當客戶不在或不能接待您時，您要給客戶留下商品目錄、資料樣品等宣傳資料，總之能引起客戶興趣的東西。並將寫有「未蒙會面，甚感遺憾，希望今後能夠給予關照」的名片留下來，而且還要在名片上親筆寫上下一次再來拜訪的時間，這樣有簽字的名片會給客戶留下一些特別的印象，為您下一次的拜訪打好基礎。

⑶客戶拒絕時

被客戶拒絕後，您更加要保持您的紳士風範。要微笑地跟客戶說：「不好意思，耽誤您時間了，謝謝您的接待。」並跟客戶約定下一次見面時間。如果不能確定具體日期就跟客戶說：「下一次等您有空，我再來拜訪或再來請教。」

離開時要和來時一樣恭敬有禮。關門時動作要文雅，聲音要輕，並注意在退出門外前要將正面留給客戶，以便於向客戶再次表示謝意，行禮告辭。

3. 三分鐘堅持術

⑴運用三分鐘堅持術的原因

當客戶拒絕您時不要輕易就表示放棄。您要去尋找客戶拒絕您的真正原因，看它是不是真的不可改變。然而大多數情況都並非如此。

比如有人告訴您「他工作忙，沒時間」。可您走後他依然只是打牌、聊天、看電視。所以面對客戶的「拒絕」您最好不要信以為真，只當成是客戶給您的一道「智力題」，他是考驗您，僅此而已。

無論客戶找什麼原因拒絕您，您需要做的只有一件事就是「請示對方再給您三分鐘時間」，並且告訴客戶：「三分鐘一到，如果您還不感興趣，我無話可說，到時一定會走。」

⑵三分鐘堅持術的運用方法

「三分鐘堅持術」的運用要眼、手、口、心一起配合。眼睛要真誠、堅定、渴望地注視對方，堅定、別無選擇地說出「三分鐘，只要三分鐘，三分鐘就好」。心裏要相信客戶一定會被您的真心所打動，一定會給予您這三分鐘時間。只要您能夠將這四者配合默契，再頑固的客戶也會被您的真誠所打動，給您這「三分鐘」的時間，除非他還有三分鐘就要上飛機了。

4.異議處理技巧

⑴異議的含義

異議是您在推銷過程中的任何一個舉動，客戶對您的不讚同、提出質疑或拒絕。異議的種類主要有以下幾種：

①真實的異議

面對真實的異議，您必須視狀況採取立刻處理或拖後處理的策略。

②假的異議

指客戶用藉口、敷衍的方式應付業務代表，目的是不想誠意地和業務代表會談，不想真心介入銷售的活動。客戶提出很多異議，但這些異議並不是他們真正在乎的地方。

③隱藏的異議

指客戶並不把真正的異議提出，而是提出各處真的異議和假的異議，目的是要藉此假像達成隱藏異議解決的有利環境。

⑵異議處理技巧

①忽視法

所謂「忽視法」，顧名思義，就是當客戶提出的一些反對意見，並不是真的想要獲得解決或討論時，您只需面帶笑容地同意他就好。對於一些「為反對而反對」或「只是讓客戶滿足了表達自己的看法就高人一等」的客戶的意見，您只要讓客戶滿足了表達的慾望，就可採用忽視法，迅速引開話題。

②補償法

當客戶提出的異議事實依據時，您應該承認並欣然接受，強力否認事實是不明智的舉動。但您要記得給客戶一些補償，讓他獲得心理平衡。補償法能有效地彌補您產品既存的弱點，運用範圍非常廣泛，效果也很明顯。

③太極法

太極法取自太極拳中的借力使力。太極法用在推銷上的基本做法是當客戶提出某些購買的異議時，業務代表能立即將客戶的反對意見，直接轉換成他必須購買的理由。

④詢問法

運用此方法有兩種優勢：

透過詢問，把握住客戶真正的異議點；

透過詢問，直接化解客戶的反對意見。

⑤「是的……如果……」句法的運用

在表達不同的意見時，儘量利用「是的……如果……」的句法，軟化不同意見的口語。用「是的」同意客戶部分的意見，用「如果……」表達在另外一種狀況是否比較好。

⑥**直接反駁法**

使用直接反駁技巧時，在遣詞用句方面要特別的留意，態度要誠懇、對事不對人，切勿傷害了客戶的自尊心，要讓客戶感受到您的專業與敬業。

9 與店主溝通的破冰手法

業務員初次與店主見面，不要一進門就賣貨，先用服務破冰，才有溝通機會，進而建立信任、建立客情，銷售自然水到渠成。例如你告訴他：「我不是來賣貨的，我是來服務的；我是來給你換破損的產品的；我是來送禮的……」先交朋友，不招人嫌，賣貨才有戲！

1. 第一招是用態度「破冰」

自報家門，今天來拜訪，不是來賣貨，不招人嫌。

「老闆您好，打擾一下，我是××，是××的業務員。」

「今天我來拜訪一下，看看我們的產品，有什麼問題我能幫您解決的。」(店主的心理：噢！不是來賣貨的，是來「看看」的，行啊！隨便看。)

如果老闆忙著在做事，您就不要硬插上去喋喋不休，聰明的做法是要麼幫老闆幹點活，例如老闆在搬貨，您可以幫忙搬搬貨或者說：「您先忙，我看看我的產品，不打擾您，您忙完再說。」

店老闆正在向客人推銷「可樂 350 元一箱」。業務員跑過來了，大老遠就大喊：「老闆，廠價 300 元一箱，每箱還送一瓶，您今天訂幾箱？」店老闆當時都能哭出聲來！

業務員拜訪商店時，如碰到店內有客人時，千萬別當著客人面賣貨，砸老闆飯碗，你過一會兒來也行，或者留下客戶聯繫卡，將促銷政策寫在背面遞給老闆也行，這樣成交的機會都會比當時報價高得多。

2. 第二招是廣告宣傳品「破冰」

「今天我來給您送一些宣傳品！」（注意我們是來給您送東西的，不是單純來賣貨的，關係又近了一步。）

3. 第三招是用熟人關係「破冰」

業務員初次拜訪時有些老闆不僅不搭理，甚至質問：「你們是幹什麼的？」這時可以把送貨經銷商的姓名抬出來：「老闆您的貨是不是李大哥給送的呀？」送貨商和零售店一般都關係很好，老闆一聽你和經銷商很熟，馬上就能換個態度。

4. 第四招是用詢問客訴和回訪服務品質「破冰」

「我們是來回訪服務品質的，您以前進的貨有沒有問題，送貨的服務有沒有問題，服務有問題的您告訴我，我協調經銷商進行改進。不良產品只要沒過期的，出現品質問題的您都留著，在公司政策允許的範圍內我給您調換。」

5. 第五招是用處理客訴、不良品、異常價格「破冰」

檢查貨架，在許可權之內處理客訴，例如你在店內發現了以前經銷商送的兩瓶即期產品，假設公司規定不良品、即期品可以調換，就主動提出給店主換貨，或者把即期品擺在貨架最前面，提醒店主先賣這些商品防止過期。

10 如何突破零售店的防線

業務員向零售店推銷時，我們可將零售店主拒絕的心理反應，按難易分為如下：

1. 唯唯諾諾的顧客

症狀：是對於任何事都同意的顧客，不論業務員說什麼都點頭說「是」。即使作可疑的商品介紹，此類顧客仍同意。

心理診斷：不論業務員說什麼，此類顧客內心已決定不買了，換言之，他只是為了提早結束商品的介紹，而繼續表示同意，他認為，只要隨便點頭，附和一聲「對」，則推銷員會死心而不再推銷。但內心卻害怕如果自己鬆懈，推銷員就會乘虛而入。

處方：若想讓此類顧客說「是」，即應該乾脆問，「為什麼今天不買。」利用這種截開式的質問，乘顧客疏忽大意的機會攻下。顧客會因您看穿了其心理的突然質問而驚慌，失去了辯解的餘地。

2. 硬裝內行的顧客

症狀：此類顧客認為，他對商品比業務員精通的多。他常說：「我知道，我瞭解」之類的話。

心理診斷：此類顧客不希望業務員佔優勢或強制他，不想在週圍人跟前不顯眼。雖然如此，他知道自己很難對付優秀的推銷員，因此建立「我知道」的逞強的防禦以保護自己。業務員應避免被他們認為幾乎「沒有受過有關於商品教育的愚蠢傢夥」。

處方：應該讓顧客中圈套，如果顧客開始說明商品，即不必妨礙，讓他隨心所欲。當然不能單純這樣。業務員還應有意從他的話中學習些什麼或點頭表示同意。顧客會很得意的繼續說明，但可能有時因不懂而不知所措。此時，你應說：「不錯，你對商品的優點都懂了，打算買多少呢？」顧客既然為了向週圍人表示自己了不起而自己開始說了商品，故對應如何回答而慌張。最後，他們可能否認自己開始說的話，這時候，就是你開始推銷的時機了。

3. 金牛型顧客

症狀：此類顧客可能滿身債務，但表面上仍過著豪華的生活，只要不讓他立即付款，他很可能在業務員的誘惑下，衝動性購買。

處方：應附和他，關心他的資產，極力稱讚之，打聽其成功的秘訣。假裝尊敬他，表示有意成為他的朋友。然後到了簽訂時，詢問需要幾天調撥採購商品用的那部份資金。如果這樣，他能有籌措資金的餘地，顧全了他的面子。業務員千萬別問：「你不是手邊沒有錢嗎？」即便知道沒錢，也決不可以在態度上表露出來。如此這類顧客一定中圈套。

4. 完全膽怯的顧客

症狀：此類顧客很神經質，害怕推銷員。經常瞪著眼睛尋找什麼，無法安靜的停在一個地方，他們好像經常在玩桌上的鉛筆或其他東西而不敢與業務員對視，對於家人和朋友也用很尖銳的聲音說話。

心理診斷：若業務員在場時，此類顧客就認為，會被陷於痛苦的立即或必須回答與私人有關的問題的提問，因而提心吊膽。

處方：對於此類顧客，必須親切、慎重的對待。然後細心觀察，稱讚所發現的優點。對於他們，只要稍微提到與他們工作有關的事，不要深入探聽其私人問題，應專談自己的事，使他們輕鬆。應該多與他們親密，尋找自己與他們生活上共同的地方。那樣，可以減少他們的緊張感，讓他們覺得你是朋友。這樣，對此類顧客的推銷，就變得簡單了。

5. 穩靜的思索型顧客

症狀：此類顧客穩坐在椅子上思索，完全不開口。只是不停的抽煙或遠望窗外，一句話不說。他以懷疑的眼光凝視一邊，顯出不耐煩的表情。而因他的沈靜會使業務員覺得被壓迫。

心理診斷：此種穩靜的顧客是真正思考型的人，他想注意傾聽業務員的話。他也想看清推銷員是否認真。他在分析並評價推銷員。此類顧客是知識分子居多，對商品或公司的事知道不少。他們細心，動作安穩，發言不會出差錯，會立即回答質問。屬於理智型購買者。

處方：不可疏忽大意。細心注意顧客所說的話比一切都重要。可以從他們言語的細微處看出他們在想什麼。對此類顧客推銷時，應該有禮貌、誠實且消極一點。換言之，採取柔性且保守的推銷方式，絕不可過於興奮。但是，關於商品及公司的政策應該熱忱說明，而且不妨輕鬆地談自己或家庭、工作上的問題。那樣，他會想更進一步瞭解您。結果，他自己會鬆懈提防心理，漸漸地把自己的事告訴您，這樣即打開了對付的路。對於此類顧客，業務員決不可有自卑感。你是專家，既然對自己的商品瞭解透徹，就應該有自信才好。

6. 冷淡的顧客

症狀：採取買不買都無所謂的姿態，看起來完全不介意商品優異與否或自己喜歡與否。其表情與其說不關心推銷員，毋寧說不耐煩，不懂禮貌，而且很不容易親近。

心理診斷：此類顧客不喜歡業務員介紹商品的行動。此類顧客分為兩種：一種喜歡寧靜，另一種喜歡熱鬧。他們喜歡在有利於自己的時候，按自己的想法去做事。雖然好像什麼都不在乎，事實上對於很細微的資訊也關心，注意力強。

處方：對於此類顧客，普通的商品介紹不能奏效，要設法讓他們情不自禁的想賣商品才能攻下。因此，推銷員必須煽起他的好奇心，使他突然對商品發生興趣。然後，顧客就樂於傾聽商品的介紹。如果到這個地步，業務員就可以展開最後的圍攻了。

7.「今天不買」、「只是看看而已」的顧客

症狀：此類顧客一看到業務員就「我已經決定今天什麼也不買」,「我只是看看，今天什麼也不想買」。在進入店門之前，他早就準備好了提什麼問及怎樣回答。他會輕鬆的與業務員談話。因為，他認為已經完成了心理上準備。

心理診斷：他們可能是所有顧客中最容易推銷的對象。他們雖然採取否定的態度，內心卻很明白，若此種否定的態度一旦崩潰，就會不知所措。他們對業務員的抵抗力很弱，至多可以做到在介紹商品的前半階段乾脆對業務員說「不」的程度，以後則任業務員擺佈。他們對條件好的交易不會抵抗。

處方：只要在價格上給予優等，就可以成交。他們最初採取否定的態度，猶如在表示「如果你提出好的條件，就會引起我的購買欲」。

8. 好奇心強的顧客

症狀：此類顧客沒有關於購買的任何障礙。他們只想把商品的情報帶回去。只要時間允許，他們願意聽商品的介紹。那時候，他們的態度謙恭而有禮貌。如果你開始說明了，他們就積極發問，而且，提問很恰當。

心理診斷：此類顧客只要喜歡所看到的商品，並激起了購買欲，則隨時會成交。他們是因一時而購買的典型，只要有了動機就毫不猶

豫的買。喜歡買東西，只要對業務員及商店氣氛有了好感，就一定買。

處方：商品介紹應靈活。使顧客興奮後便被你掌握了。你不妨說：「現在正是盤點的時期，故能以特別便宜的價格買到。」對於此類顧客，必須讓他覺得這是個「難得的機會」。如果有此想法，那無論如何都會買。

9. 人品好的顧客

症狀：此類顧客謙恭有禮，對於業務員不僅沒有偏見甚至表示敬意，有時會輕鬆的招呼：「推銷的確是辛苦的工作！」

心理診斷：他們經常說真心話，決不會有半點謊言，又認真傾聽推銷員的話。但是，不會理睬強制推銷的業務員。他們不喜歡特別對待。

處方：若碰到此類顧客不妨認真對待。然後，強調商品的魅力。很有禮貌對待才好，業務員應以紳士的態度顯示自己在專業方面的能力，展示有條理的商品介紹。但是，應該小心以免過分，不可以過於施加壓力或強迫對方。

10. 粗野而疑心重的顧客

症狀：此類顧客會氣衝衝的進入商店內，他的行為似乎在指責——一切問題都是由你引起的。故你與他的關係很惡化。他完全不相信你的說明，對於商品的疑心也很重。不僅是業務員，任何人都不容易應付他。

心理診斷：此類顧客具有私人的煩惱，例如家庭生活、工作或經濟問題。因此，想找個人發洩，而業務員很容易被選中。他們尋找與業務員爭論的機會。

處方：應該以親切的態度應付他們。不可以與之爭論，避免說給對方構成壓力的話。否則，會使他們更加急躁。介紹商品時，應該輕聲、有禮貌，慢慢地說明，並注意留心他的表情，問是否需要幫助。讓他覺得你就是朋友，到他們鎮靜之後，慢慢地以傳統方式向他介紹商品。

11 向店主說明進貨的主要原因

新業務員進門前不知道這個店裏有什麼貨，也不知道這個店適合什麼品種，或這次給這個店賣什麼品種，也不關心店內品種安全庫存夠不夠。

新業務員進門就說「老闆要貨不」「拿幾箱吧」，不管賣什麼品種，只要有訂單就行。這種銷售有點像乞討。這麼做銷售可不行。

開門做生意，店老闆最關心的是個「利」字，講利潤故事，總是最有效的推銷方法之一，也是業務員的必備技能。要變被動為主動，關鍵在於你是否激發了他的需求，讓他自動自發，變「要您買」為「您需要買」。下列 26 招可以說服進貨:

1. 投其所好講利潤故事

能拍板進貨的有兩種人，一種是老闆，另一種是中小超市的店長和採購，不同身份的人在不同時間有不同的需求。

例如老闆們一般更關心的是利潤，在新店開業期間店老闆更關心的是能不能給他帶來人氣、能不能幫他提升店面形象。店長和採購們一般首先關心的是暢銷產品是否已經進店，否則會被老闆罵，其次關心的是自己這個月的考核指標有沒有完成。因此，業務員要根據不同的對象，講利潤故事，投其所好。

2. 和店老闆談判，要強調：產品銷售利潤

「老闆您好，這個奶粉，是我們在當地最暢銷的新產品，現在有電視廣告，還有買贈話動，我們公司給您一箱 12 盒，再算上我們的搭贈，一盒您賺 12 元，資金報酬率都 45%以上了！這款新產品因為我們公司推廣力度大，銷量和價格都是有保障的，家樂福超市上週拿我們這個產品做了期海報，兩週時間賣了 1000 多箱。您在門口開店，您自己算算賺不賺？」

3. 新店開業期間和店老闆談判，要強調：利潤、送貨便利、破損調換、生動化工具支援

「老闆您真有眼光，這個店的位置選得非常好，我們公司就是要和您這樣店面形象好的客戶合作。產品銷售利潤我剛才給您算過了，再給您彙報個好消息，我想申請把您這個店做模範店，您新店開業，我們免費給您提升店面形象，給您店裏貼高級壓塑海報，外牆上佈置高檔的防水防曬圍擋膜，門口給您掛上燈籠做招牌。另外幫您做堆箱陳列獎勵(給您看看我們的模範店標準照片)……您只要負責幫我們維護這些東西不被破壞，我們就一個月送您兩件貨作為獎勵和支援，而且針對模範店我們有優先的 VIP 服務，我們每週會進行拜訪，您一個電話我們就送貨上門，日期不好的產品只要保質期沒過半，我們就幫你調換。公司有促銷的時候，肯定優先照顧模範店，可以更好地幫您帶動一下生意。對於位置好、配合好的店我們還有可能申請給您做店招和燈箱。」

4. 對超市的店長和採購強調：別的店產品已經進入，而且賣得很好

「這洗衣液您這個社區週圍最大的超市，都已經進店做上促銷

了，您可以去看看。另外社區門口的超市、路口的便利連鎖也進店了，都做了端架陳列，超市還想讓我們做中秋節的堆頭買贈促銷，我擔心它那個店距離便利店太近容易砸價！您這個店位置比它的好，您要想做，我可以支援您！」（對採購暗示：這個商圈幾個重點店都是他的競爭對手，別人做得這麼火，他的店要是沒有，不定那天老闆就得罵他。）

5. 對於管理正規的中小超市，還要試探採購考核指標

管理正規的超市會模仿大超市考核店長的幾個指標，例如銷量、毛利、費用、庫存等，在跟店長溝通的過程中，你發現他對那個指標感興趣就說明他這個月在那個指標上有壓力，然後你就對症下藥。他關心業績，你就強調要做活動提高銷量人氣；他關心毛利，你就要在他店裏推高價新品；他關心費用你就拿出模範店支持計劃。

6. 看準講利潤故事的時間

觀察老闆什麼時候「動心」，趕緊「再燒把火」。老闆開始詳細詢問價格，拿計算器算利潤，這就說明老闆心理上已經假設這個產品進店銷售・看看能賺多少錢了，此時你要趕緊抓住機會詳細算利潤。

7. 看店裏誰最關心利潤

有時候店老闆考慮得比較週全，對進新產品會顧慮較多，但是老闆娘比較「財迷」，愛算細賬，容易被利潤打動，對「能不能賣得動」「服務怎麼樣」「能不能退貨」等考慮得比較多。那麼下次推銷時，你的重點談判對象就是老闆娘。

8. 價差和促銷政策產生單位利潤

零售店店主賣產品不是看自己賣多少錢，而是首先看隔壁店賣多少錢。所以業務員要強調別的店賣這個價位，公司規定所有終端都賣這個價格，價格貼和海報上都註明這個價格，讓店主對零售價建立

信心。

9.贈品產生利潤

「我們現在有『箱箱有禮』送一個水杯的活動，您零售店大部份消贊者不會整箱購買，箱子打開，水杯您拿出來賣掉至少賣 12 塊錢，這樣一箱您又多了 12 元利潤。」

「您春節得給員工發點福利吧？您只要賣我們十袋米，我們就送您十瓶花生油，您就可以發給十個員工了，一舉兩得，省得您拿錢買了。」

10.專供品種價格管理幫您保障單位利潤

「我們一個區只給一個網點鋪貨，不會出現幾個網點砸價的現象，而且我們給您的產品和大超市的產品是不一樣的，不會因為大超市砸價打亂您的價格，您的利潤有保障，只要您認真陳列、主動推薦讓這個產品賣起來，利潤永遠是您的。」

11.銷量產生銷售總利潤

「價差利潤擺在這裏，看您能不能拿走。」

「銷量大不大我不說，您自己看。」

舉出你的產品能賣的理由，例如廣告促銷支援，再舉出別的店賣得好的具體案例和數字。

12.消費者單次消費量大，產生客單價利潤

「我們的花生奶味道醇香，好喝，現在宴客吃飯都提倡美味健康，這種飲品的消費者一次飲用量大，您也賺得多。現在還有抽獎贈送再來一瓶，您仔細想想這讓您店裏賺多少錢呀！」

13.回轉快產生週轉利潤回報

「您作為店老闆賺的不是單位利潤，而是週轉利潤回報，賣我們的產品賣得快，三天賣完，一個月回轉十次。您算算誰的利潤高？」

14. 產生累計利潤

「您一年累計賣夠 300 箱我們就送您一台冷櫃，零售價 1200 元呢，300 箱什麼概念？一天不到一箱，一天賣 4 瓶您就完成任務了，酒量好的一桌客人都喝好幾箱，您只要認真推，肯定能完成，折合下來您一箱又多了利潤。剛才說利潤報酬率 75%，把這個算上，您的利潤都在 100%以上了。況且您開餐館，冷櫃您是少不了的，我們不給您，您自己還要花錢買。現在我們先給您冷櫃，賣夠任務量我們退押金，這樣您提前一年就用上冷櫃了。」

任務量不要跟店主算總數，要分解到天。總任務賣 300 箱高檔酒對小餐飲店並不容易，但是細分到一天 4 瓶聽起來確實不難。

15. 退包裝產生二次利潤

針對調味品行業退箱皮促銷的情況再算細賬……

16. 退包裝的手續費產生三次利潤

「您作為超市，回收消費者瓶蓋一個五毛錢，一般這五毛錢都是抵了購物款能促進您店生意的。另外我們廠家給您兌換的時候，十個蓋子給您十二個蓋子的錢，那兩個蓋子是給您的手續費，我們做促銷是促進您的銷量和總利潤，您兌換蓋子我們再給您錢。」

17. 陳列獎勵產生穩定利潤、促進銷量增加銷售總利潤

「我們幫您做陳列獎勵，每個餐桌上擺六瓶酒，掛上個價格簽，標上零售價，再配上海報，消費者本來不想喝都有可能順手拿著喝上一兩瓶。產品陳列就好像在您店裏蹲了一個不用發薪資的促銷員，不用您費大量的口舌做介紹就能促進消費，相應地，老闆您就增加了利潤。」

「只要您陳列二十個空箱子在門口，一個月我們送您兩件貨，這又是 70 元的利潤(按零售價格算)，而且這個錢是您白拿的，只要

把空箱子擺著，就能拿到，這是穩定利潤。」

18.特殊協定產生協定利潤

例如專架陳列協議、完成任務量的返利協議、為防止競爭要求店主不賣競品的排他性協議、專場銷售協議等。

「凡是簽約的模範店，對模範店我們優先 VIP 服務……」

「我們的產品和競爭對手是一個檔次的，我們一年給您 6000 元專賣獎勵，您做我們的專賣模範店除了銷售利潤之外，專賣合作一年額外拿 6000 元，哎！我都想辭職開店去了。」

19.利潤之外的利益：如果你的利潤沒有優勢，要懂得跳出來，講解利潤之外的價值

「我這個產品是低價產品、單位毛利很低，但這個產品是價格形象產品，因為這個超低價產品在您店裏，人家都會覺得您這裏的價格低，這就是間接給您創造利潤。」

「一個超市賣貨，就是要有不賺錢的產品帶人氣。一句話，店裏沒有不賺錢的產品您就賺不了錢。」

「沒有錯，我這個產品，在您店裏銷量不大，給您帶不了多少利潤，但是這個產品主要針對的是白領，他們來這個店裏每次消費的客單價大而且都是買高檔產品，我的產品就是梧桐樹、招財貓，引來的客戶就是金鳳凰、財神爺。」

物流服務好、不佔資金、調新貨等：「我們每週上門拜訪，送貨退換貨都及時，不佔您的資金。我們的產品保質期過半只要外包裝不破損都給調成新貨，還有專業促銷員幫您做活動……」

20.我可以幫您提升利潤

「我打算拿您這坐做促銷據點，在週圍商圈發放消費者購物折價券，推銷高價產品……」

「老賣顧客點的成熟產品賺不了錢，只有把自己想賣的產品賣給顧客才能賺錢！」

「我計劃給您投放陳列、消費者促銷，提升銷量提升利潤……」

「新品剛開始利潤高，先賣先賺錢，等賣起來了，萬一價格亂了，就不賺錢了！」

21.讓客戶佔點小便宜，他會覺得利潤更高

例如很小的店一次要貨量不夠，在公司允許的前提下進行變通，或者讓店裏先少進些量，做好陳列試銷一下，下週再進貨給它累計，達到進貨等級同樣給它贈品。

「本次活動已是最後一天，我是專門過來告訴您活動已經結束了，但是報表還沒交上去，您要是想要，我想個辦法『插隊』給您按照原來的進貨促銷政策對待，您可千萬別說出去。」（就算老闆不進貨也會感謝你）

22.從產品功能和消費群結構上分析，您店缺我這個產品

「例如您這個店週圍有社區，中老年人不少，很多中老年人喜歡出門運動，在外就需要補充水分，隨身都會帶一個方便好用的保溫杯，您店裏沒有這樣的產品，而這個品種正好是我們公司的動產品，您考慮一下。」

23.缺少價格帶形象產品

缺少價格帶：「您店的洗髮水從 30 元一瓶到 60 元一瓶的都有，但是現在很多年輕人都喜歡嘗試新鮮的東西，不願意長久使用大瓶裝的、同一功效的，30 元以下價格的小瓶裝您店沒有，我這裏剛好有 9.9 元/瓶、18 元/瓶的不同功效的多個單品可以給您做個補充。」

缺少低價格形象產品：「您知道為什麼人家都說隔壁店的東西便

宜嗎，隔壁店裏新來一種『美滋』果味糖，超低價，一個低價產品把他整個店內價格形象都拉低了。我這裏剛好有幾款低價產品可以給您補缺。」

缺少高價格形象產品：「對對對，咱們這裏消費水準低，但還是有一部份高消費群呀，那寶馬車不是有好幾輛嗎？您這個店在交通要道，很多人都進來，店裏有幾個高端產品，擺在這裏，即使不賣，您也不吃虧。但是萬一因為您這裏沒有高端產品，這幾個有錢的主到您店裏一看沒有他要的煙、沒有他要的酒、沒有他家小孩要吃的零食，扭頭走了再也不來了，您損失可就大了！他們來這裏購物一次，可頂得上別人十次呀。我建議您還是把我們這幾種高端產品每樣多少備一點。」

24.某品類，某價格帶品種不足，可選性不夠

品類可選性：「您店飲料有將近 6、7 種，但礦泉水只有一兩個品牌，消費者可選擇的餘地太小了。我給您補充幾個新品唄？」

價格帶可選性：「您貨架上的貨真全，捲紙從 15 元一包、20 元一包，25 元一包、35 元一包，抽紙、面巾紙您都有，您這個老闆備貨可真是專業。但您注意到沒有，您別的價格帶品種都是四五個，只有 15 元一包和 20 元一包這兩個價格帶，您都只有兩個品種。其實這兩個價格帶的消費人群很多的，對紙巾這種產品，消費者會常年注意它們的價格變化，習慣過一段時間換同一個價格檔次的新品種嘗嘗，您的貨不夠，消費者會覺得這裏貨不全，我今天就給您帶了四種這個價格帶的品種。」

25.參照系分析：暢銷品種銷售機會最大化，成系列銷售

優選幾個暢銷品您試一下：「您先別擔心賣不動，我們 750 毫升

5 個單品，我建議您別全拿，先拿這二種試一下，這兩個品種是我們賣得最好的，幾乎家家店都有，別人都能賣得走，您拿這幾瓶不會壓住賣不動。」

「我們的兒童牙膏賣得還不錯。太好了！謝謝支持！說明您這個店有這部份消費群，所以兒童牙刷、兒童毛巾、兒童香皂應該都可以賣，暢銷產品成系列，銷售機會才多，您才賺錢。」

「橄欖油那麼貴在您店裏能賣得動，說明您這裏有注重心腦血管健康而不在乎價格的消費群，我們的玉米油的賣點就是關注心腦血管健康，您想想，怎麼會賣不動呢？」

「既然暑片賣得好，咱們最好把七個口味都進齊，您現在只有兩個口味，銷售機會浪費了。」

26.平衡供應商結構

「您的超市現在統一已佔到速食麵貨架的 70%，再這麼下去它就把你們反控了，我們的產品進來您可以制約它一下，我們是大炮架子，您拿我們做架子，才能制約統一的一家獨大。」

心得欄 ------------------------------

12 赴店前要有工作目標

出門前的工作主要是帶齊東西，找到目標店，看店內缺什麼品項，想想這個店是不是促銷目標店，要處理什麼問題！莫做「只拉車不看路」，目標越清晰行動越精準。

1. 出門前要帶什麼

把線路手冊中上次的拜訪步驟翻看一遍，可能有些客戶上次拜訪的時候要求即期品調貨、有的客戶需要發放陳列獎勵或發放返利、有的客戶要換破損，等等。出門前看一看，把該帶的資料帶上。

如果這個業代今天是開車帶貨拜訪，那麼去不同的街道、不同的線路要帶的貨物也不一樣。例如賣日化的去工廠區物流園，車上就要多帶小袋洗衣粉、小瓶裝洗髮水和袋裝洗髮水；去市區就要多帶大包裝產品，像 1 升沐浴露，700 毫升洗髮水等。

今天要簽訂陳列協議，那就要把空白的陳列協議帶上；今天要做生動化模範店，那就要帶上美工刀、膠帶、KT 板等生動工具；今天要推新產品，那就要帶上樣品、新產品專用海報等；今天沒什麼特殊工作，就是做正常拜訪，那就把抹布、線路手冊、海報等正常拜訪工具帶上。

今天鋪新品，那就提前把新品的產品介紹、政策介紹、利潤故事、NO.1 效應等話術準備好。今天出去鋪貨「買 5 連包速食麵送 1 個飯盒」，可能有的店主會說「你們那個贈品飯盒不值錢」，那麼你應該怎麼回答店主這個問題，要提前把話術準備好。

快速消費品行業中小終端業代一天要拜訪 30～50 家店，在這些店平均分配拜訪時間的話，顯然不夠聰明。舉例來說，如果業代今天的工作目標是鋪新品和簽訂陳列協定，出門前把客戶檔案卡一張一張翻一遍，尋找目標店，想想那些店是今天的拜訪重點。

業代出門前把客戶卡翻看一遍，嘴裏念叨：「嗯！這個店主要是賣低價產品，新品價格高，沒戲。這個店太小，也沒戲，這個店行！這個店檔次比較高，而且這個店上週我給老闆換了一箱破損，他高興得不得了，老闆欠我人情呢，估計他能進貨。這個店就是今天的目標店。」

不要預設銷售立場，要勇於嘗試。出門前尋找目標店，是為了業代每天帶著目標出門，拜訪客戶更有針對性。第一輪目標店鋪完之後，你要在剩下的客戶中再篩選第二輪目標店，不要在主觀上輕易下結論，說那個店不會進新品，就放棄這個客戶，甚至連嘗試推銷都不做，這樣就把自己困住了。

2. 看客戶卡，熟悉老闆姓名，反思店內工作目標

整理服裝，你的形象能被客戶接受，客戶才能接受你的產品。熟悉老闆姓名，進門能叫出「陳老闆」和進門叫「嗨」，效果不一樣。

進門前你要思考，在這個店裏你要做什麼，思考針對這個店的店內工作目標。

思考這個店內銷售狀況是否異常：如果你發現品項 A 前面四次拜訪登記的庫存都是 8 箱，這意味著什么，這意味著 A 滯銷，四個禮拜都沒賣，那你就要思考：進店以後要重點關注 A 的生產日期，調換不良日期產品，把 A 擺在貨架前面優先銷售，問問老闆為什麼 A 賣不動，是不是競品做促銷抑制了 A 的銷量，等等。

進店前看客戶登記卡上的品項記錄：每次拜訪終端，要統計店

內本公司重點產品庫存，或者打鉤登記有貨品項。進店前思考陳列機會工作目標：

①陳列政策：首先，看看這個店是不是陳列獎勵的目標借，如果是，就思考此店能否利用公司的陳列政策下訂單。例如公司規定「門口陳列 30 箱一個月，月底獎勵 1 箱」，進門後就可以跟店主說：「我們公司打算給您一個陳列獎勵，陳列 30 箱送一箱，但您店裏只有 18 箱庫存，所以這次您最好再進貨 20 箱，這樣就能達到 30 箱以上的陳列庫存，還可以多 8 箱賣。」

②戶外陳列機會：例如這個店有個大櫥窗正對著馬路，那你就要思考，能不能進門後爭取店老闆在櫥窗窗台上幫你們做陳列，這樣從外面一眼就能看見你們的產品，陳列效果非常好等。

③異常價格管理工作目標：如果上次拜訪發現這個店把我們的零售指導價 60 元的產品賣 55 元，這次就提醒自己進門看看標價對不對，不對的話趕緊要跟老闆交涉。

④進店前思考促銷工作目標：公司最近在開展終端促銷活動，進門前想一想：這個店在促銷方面自己要做什麼工作。舉例來說，如果公司最近在召集訂貨會，那麼進店後就要發邀請函；公司最近在做捆贈，那麼進店就要把贈品擺出來，把促銷海報貼出來；公司最近在舉辦「再來一瓶」消費者中獎活動，那你進門就要兌換老闆手裏的瓶蓋，還要把「再來一瓶」活動海報貼出來……

⑤進店前思考服務工作目標：業代看看客戶檔案卡，上次有沒有提出什麼客訴。例如要求調換口期陳舊的殘品、要求兌付返利、投訴隔壁店砸價。反思自已本次拜訪該怎麼解決這些客訴，怎麼交代，進門馬上主動給店主彙報，比讓店主先問你，然後手忙腳亂地推託的效果要好得多。

3.檢查戶外廣告的陳列

海報、廣宣品不但要有數量，還要花心思提升品質。店內主推什麼產品和活動，店外的海報、廣宣品必須和店內主題保持一致。否則店內推的是新產品 A，店外張貼的卻是老產品 B 海報，形不成合力，自然不能推動銷售。

「檢查戶外廣告」就是「存店外進行本品的廣宣品佈置」。

4.進店打招呼，店內檢查，確定銷售機會

進店，跟老闆打了招呼，贏得了溝通機會，接下來是要開始賣貨，做店內陳列了嗎？我們先在店內認真檢查一遍看看能做什麼，然後再動手。

業務員進門之前要看「客戶卡」，從「品項、陳列、價格，促銷服務」這五項終端動銷要素反思進店後的工作目標和增量機會，那是在店外反思，看「客戶卡」相當於看「圖片」。現在進了店，站在貨架前面，看著店內的產品實物，相當於看「視頻」，「視頻」肯定比「圖片」更過癮！

進店前我們在店外反思的是「店外陳列機會」，進店後看著店裏的貨架和環境可以反思「店內陳列機會」。

店外看不到競品價格，也沒有和老闆交談瞭解競品的進貨價格和促銷資訊。進店後就可以觀察競品價格，瞭解競品的終端鋪貨價格和政策，對比看看本品在「終端利潤空間」上有沒有輸給競品，需不需要透過價格調整和促銷回擊來提升銷量。

進店前看不到本品和競品實際庫存，進店後就可以實地觀測本品、競品的庫存，發現本品斷貨、斷品項或低於安全庫存，要思考訂單機會；發現店內庫存方法的問題(例如防潮、堆高、冰櫃清潔等)，要思考改善方案；發現不良品，要立刻動手先進先出調換新貨予以處

理；發現這個店是混場店但是本品不佔庫存優勢，就要想辦法「把終端店做大」……

如何在店內做好陳列？如何透過陳列動銷增量？例如，賣啤酒的在酒店餐飲管道可以做的生動化項目有門貼、POP(店頭陳設)、吧台陳列、大廳堆箱、酒水櫃貨架陳列、包間內 POP、展示櫃陳列、燈籠、桌貼、櫥窗陳列、擺桌陳列，其中擺桌陳列指存餐廳桌子上預先擺上幾瓶啤酒，消費者一坐下來就能看到，有可能順手就消費。一個賣啤酒的業務員夏季在酒店要先抓什麼陳列項目——當然要抓對銷量影響最直接的工作！店裏什麼陳列能直接影響銷量？當然不是 POP，不是門貼，不是燈籠，不是吧台陳列……是擺桌陳列和夏天的冰凍展示櫃陳列！會做生動化的業務員就會從銷量最大化的思路出發，先做好對銷量影響最大的陳列項，不要只知道「失魂落魄」地貼門貼、貼 POP。

5. 提出訂單建議

到此為止，這個店應該上什麼品種拿多少訂單已經水到渠成，如果店主還是比較猶豫，業務員就需要進一步推銷。

6. 市場動態、產品和政策資訊告知

經過店內、店外工作機會已經落實了，訂單已經拿到了，接下來就是收尾工作，即收集市場動態資訊、瞭解店方對產品、價格、政策的抱怨和建議，同時告知老闆一些廠家資訊政策：

· 產品利潤資訊(例如利潤高)，以促進店老闆推薦本品的意願。

· 產品的賣點資訊(例如炒鍋賣點是不粘鍋)，以幫助店老闆更專業地向消費者推銷。

· 告知產品促銷資訊(例如本品有「送刮刮卡」消費者中獎活動)，為店老闆的推銷工作提供助力。

7. 再次確認訂貨量，約定下次拜訪時間

為什麼要「再次確認訂貨量」？有時候拿到訂單，第二天司機送貨上門的時候，會反悔：「我沒要這個貨呀」「我老婆要的貨吧，她不在，我做不了主，明天再送來」。

為了減少類似事件發生的概率，最好再次確認訂貨量：「您是要 5 箱可樂、10 箱橙汁、3 箱啤酒嗎？我把訂單寫好了，麻煩您簽字。」

「約定拜訪時間」有什麼意義呢？臨走告訴店主「大哥我走了，下禮拜二我再過來」，強調週期性拜訪，強化「我們是一週拜訪一次來服務的，不是單純來賣貨的」，更容易樹立專業形象、與終端拉近距離。

如果業代下週有事要請假，也別忘了告訴店主一聲：「大哥，下個禮拜我回總部開會來不了了，我下下週二來，您有事打我電話，我肯定不能耽誤您的事。」其實，終端店主不一定非要下週就找你，但是你打聲招呼，這是禮貌，大家互相尊重，互相給面子。

心得欄 ----------------------------------

13 業務部要配合公司的促銷活動

公司所舉辦的各式促銷活動，要獲取效果，就要取得業務部同仁的鼎力配合。

促銷活動必須獲得業務部門的全力配合，如果公司的業務部其編組分為廣告課、促銷課及營業課，而企劃及推行促銷活動的負責部門是屬於促銷課時，該促銷課首先就要與廣告課取得聯繫。儘管利用大眾傳播的廣告效果，已經相對地降低了，但要廣泛讓消費者或經銷店獲知舉行促銷活動的事實，仍須依靠大眾傳播的廣告方式，且由廣告與促銷活動的共同作業，才能期求更進一步的卓越效果。

促銷課與營業課的聯繫工作至關重要。由促銷課企劃起草的促銷活動，若沒有營業課的協助就無法推行，只有獲得營業課的同心協助，才能開展促銷活動。同時設計優良的促銷活動，無疑仍會加強營業課的營業力量，如要達到這個境地，即須由兩個部門互相溝通意見，並建立合作、支持的制度。

因此，企業所推動的促銷，必須要整合公司內外各種可用的資源，尤其要獲得營業單位各位營業同仁的鼎力襄助。

一、收集情報

公司在執行促銷時，不論是「事前的規劃」或「執行中的管制」，「收集情報」均是重要的一環，業務部門更要透過在第一線的經營，接近市場與客戶，隨時將收集來的情報予以回饋到公司總部。

關於應收集那一些情報，並如何去收集這些情報，需要慎加研究。說明如下：

1. 經訪問或調查收集情報

關於消費者的要求、不滿或批評，銷售店的陳列、推薦販賣的狀況，對 POP、海報、廣告招牌的利用情形，消費者的反應或其他競爭公司的反應等情形，經由業務員訪問各銷售店，與主要負責人面談，或巡視各銷售店，收集必要的情報。這個時候，應該讓業務員徹底明瞭：究竟需要收集那些情報？如果僅憑個人的好惡，收來一些零碎不全的情報，往往無法當作數據使用，所以盡可能統一調查的項目，並編制簡單的表格方便業務員攜帶，以便其隨時做記錄。

業務員將參考這份表格搜集情報，但在搜集過程中，盡可能避免使經銷店有一種被調查的感覺，在閒談中適當的插進調查的項目，打聽真正的狀況。因此在未訪問以前，事先要準備問答的項目，約略擬定一下進行談話的步驟，避免在閒談中忘掉想要打聽之事項。至於在一次訪問中，所能打聽的項目是有限度的，不要貪心想一次問出許多事項，應該分別從多次訪問中逐次探詢想要確知的事項。

2. 情報的整理、分析與評估

業務部門將所搜集來的情報，按照地區別、產品別、經銷店別加以適當的分類，具體的填入「工作日報表」內，或是利用營業會議時，予以提出報告，借著提供第一線最原始的情報，令業務部主管、促銷部門主管掌握市場銷售的訊息。

二、對「促銷商品」深入瞭解

企業推動促銷時，勢必會針對某項特定產品，例如「5 月份全力促銷冷氣機」，若業務員對公司銷售的商品知識不正確或不夠充分，將無法對經銷店做有效的商品說明，也很難獲得成功的銷售。

作者擔任家電公司的業務主管，當公司有特定狀況，如「新產品上市」,「舉辦大型促銷活動」,「舉辦大型業務競賽」時，可召開針對特定主題的「推銷研習會」。

新產品上市之前的「推銷研習會」，主要是針對新產品性能，功效，銷售技巧加以仔細說明，並傳授對經銷商說服最有利的銷售話術，不只可提升業務員的銷售能力，更可確保新產品上市販賣的成功。

推銷研習會必須針對特定組群，為了達成特定的目標而精心設計，這個目標可能是介紹公司的新產品、宣導公司的政策及措施，宣佈公司下年度的促銷活動計劃、鼓舞士氣等。研習會需依循明確的程序進行，新數據或意見必須在籌劃階段即予準備齊全。研習會的開始和結束也需按事先排定的時間，重要意見和建議事項，必需在會後歸納成具體的書面資料，並在下一次研習會時分發給各推銷員。

實施促銷活動之前，業務員首先要徹底的研究並理解該促銷活動所要銷售的商品。而與商品有關的知識，當然是知道的愈多愈好。只要你對自己的商品，擁有愈多的知識，則對商品的說明就愈有信心，進而敢於說服對方購買，也能對客戶的質問做有力的解答。

在筆者的行銷輔導經驗，均會要求主辦促銷活動的部門，對該項產品做一份「產品推銷話術」，以利於業務部門員工的推銷使用。(有關資料可參考憲業企管公司出版「營業管理實務」一書)

透過對產品的深入瞭解，進一步簡化、濃縮為對銷售有利的「推銷話術」，以重點式的「銷售要點」，對經銷商、客戶形成有利的推銷技巧。有關推銷員應具備的商品知識，如下：

1. 與商品的銷售條件有關的知識

⑴採購該件商品之單價多少？(即公司的銷售價格)，若採購數量大，單價能優待多少？

⑵依照不同的付款條件，單價如何改變？例如付現購貨與支票給付有多少差別？又依支票付款的期間長短，單價如何改變？

⑶打折扣有那些條件？

⑷如用不動產之類擔保購貨債務，交易條件又如何？

⑸如在不動產擔保範圍內進貨，以及超出擔保範圍進貨時，交易條件會如何改變？

⑹收不收退貨？

⑺對退貨期間有何限制？或在退貨理由上有何規定？

⑻對退貨有關費用如何分擔？決算方法有何規定？

⑼對上列各項，一般商品與促銷活動出售商品之間，有那些不同？

若採購人員問到上列各項時，業務員本身必須具備能夠答覆這些質問的知識。要想做到這一點，須對這些與交易有關的各種問題，事先將各條款、規定調查清楚，如有不明確之處，則請上司說明之後，自己應做整理，歸納的工作。

2. 有關商品品質或性能的知識

許多廠商都印製目錄或簡介，以便為客戶解說自己商品的品質或性能，但就業務員應具備的知識而論，僅靠這些說明數據的知識，還不夠充分。必須具備有關促銷活動出售商品的物理或化學知識，同時還要進一步以銷售要點(Selling Point)方式，把那些知識整理起來。

若依下列方法將較容易表明「銷售要點」:

(1)首先要細心閱讀公司編印的簡介或目錄，並記下要點。

(2)注意傾聽業務員同事訪問銷售店，從事說明工作時，強調的是那些要點？

(3)儘量聽取銷售店銷貨員或實際用過該商品的消費者提出的意見或批評。

(4)抱著初次看到該件商品的心情，客觀的研究該件商品。

將經由上列方式取得之情報逐一整理；然後再考慮公司發售該件商品的途徑與特點：

(1)該項商品系由公司工廠徑送到各經銷店。

(2)工廠就在負責區域附近。

(3)各地均設有服務站。

(4)售後服務或對商品的保證極為完善。

應將促銷活動出售的商品，與公司具備的特色連貫起來，然後再與銷售店所得利益連在一起說明，較能取得實效。例如：

(1)這件商品很受消費者歡迎，回轉快速，減少存庫資金的負擔。

(2)邊際利潤比其他商品大。

・ 因性能優越，許多消費者都愛用。

・ 因消費者一再繼續購用，擁有廣大固定客戶。

然後再與其他競爭公司類似商品，作一比較檢討。由上列方式得知，擬定商品的「銷售要點」時，應包括：①商品本身的知識，②本公司與本商品的特色，③銷售店經銷本商品所能獲取的利潤，④其他競爭公司類似商品的比較等。

三、配合展開宣傳

當促銷活動計劃完成，進入實施階段時，業務員的任務是使促銷活動具體化，其任務大致情況如下：

1. 鼓勵零售商、中間商參加此促銷活動。
2. 將促銷活動的主旨以開會或其他方式告訴零售商。
3. 調查商品陳列、商品管理和貨物流通狀況。
4. 指導店頭宣傳活動方式，編造更詳細、具體的指南手冊。
5. 調查零售商和消費者的反應。

四、對經銷店的推銷工作

除了「推動促銷、宣傳工作」以外，業務員最重要的工作在於「推銷」，因此，針對此促銷活動，具體的工作項目有：

1. 訂立自己的銷售目標

業務員要對自己轄區客戶訂立起銷售目標，每天的工作項目與業績應達成的項目。

2. 促銷產品的陳列狀況

業務員必需經常留意零售商是否按照約定加以陳列商品。

正在宣傳中的物品，應該擺置在較為醒目而便於取拿的地點，並且要大量陳列。有些零售商稍不留神，就任意更動陳列位置，或削減陳列數量，業務員最好對他們詳細說明商品性質和宣傳目的，使對方瞭解「只要努力，銷路一定不錯」，並且親自協助對方重新陳列。

3. 促銷活動的各種道具、促成物、型錄有否靈活運用

經常可以發現廠商辛苦製成的宣傳工具，卻被棄置不用的例子。業務員在訪問零售店時發現店頭廣告骯髒礙眼，不妨親自清洗或補貼，同時告訴零售商，對於店內廣告也不妨多張貼幾份海報，例如：「正在電視播映中」以及「買這項商品，招待到××旅行」等以廣招徠。

4. 瞭解經銷商的庫存量

促銷活動期間，業務員需要增加訪問零售商的次數，及瞭解存貨情況。為了調查訂貨是否完全送至，以及是否缺貨，業務員可以請求對方讓他進入倉庫詳加調查。然而經銷項目繁多者，斷無查清所有貨色的可能，只能挑選幾種代表性的商品來探知其每天的銷售情況，藉之預估應該補充貨源的日期。

5. 運用各種方式加以配合推銷

促銷活動期間，必須增加訪問零售商的次數，有時礙於時間和空間的不便，對於無法前去訪問的客戶，不妨採取電話推銷方式。將客戶分成三級，編輯客戶名冊，業務員可以自己打電話促銷，或由業務助理加以協助，以免工作繁忙，措手不及。

6. 提供市場情報，協助經銷商推銷商品

促銷活動期間，業務員經常要掌握每天銷售狀況，作為指導零售商的資料；可以隨身攜帶小型照相機，拍攝一些成功的例子，供零售商參考之用。而經銷商迫切希望知道的事是：

· 特別暢銷的商品。

· 別家零售店成功之例。

· 別家零售店的標價情形。

因此，業務員在進行訪問經銷商前，要先搜集諸如此類的情報，

與經銷店老闆溝通時，必然受到歡迎。

7. 回報市場銷售訊息

業務員必須隨時掌握銷售情況，並引用別家成功之例，以輔導零售商，使之確認在宣傳期中務必達成銷售目標，並且有關宣傳期內所彙集的情報，也要整理就緒，呈報上級查照。

五、執行後的檢討與追蹤

促銷活動結束後，要收回原先安置在店前的招牌、廣告及其它裝飾物品，本來這是屬於銷售店份內的工作，但若由廠商的業務員親自動手的話，必定促進銷售店對廠商或推銷員的信賴，對下回實施的促銷活動一定有所幫助。

其次，對這期間達成目標的狀況從事檢討，亦屬於業務員的任務。例如，實施促銷活動後，依銷售店及不同商品，個別計算其銷售額，再與目標額作比較檢討，或在實施中所看到的缺點及應加改進的地方，加以分析檢討，以便籌劃下次促銷活動時，作為參考。

心得欄 ------------------------------------

14 如何鼓勵店主進貨新產品

店主面對新產品總是既期待，又怕受傷害。因為新產品意味著更高的利潤，同時也意味著「不好賣」和「更大風險」。

店主首先關心的是「我賣這個產品會不會賠錢」，然後才關心是否能賺錢。店主面對新品總會糾結：萬一賣不動，過期怎麼辦？佔壓資金怎麼辦？過期怎麼辦？還是等這個產品賣起來我再開始賣吧……

業務員可以用下列 12 招鼓勵店主進貨新產品：

1. 從商圈消費群分析本品在店內的銷售機會

「您這個店週圍流動人口多(汽車站、火車站等流動人口集散區)，天南海北的人都有，什麼口味、價格的產品都有人需要，最好多配一些品種，多一個品種就多一個銷售機會。」

「您這個店固定人口多(工廠區、家屬區等固定人口集中區)，新品一旦培養起來，銷路打開之後，會形成固定回頭客。」

2. 從商圈變動分析本品在店內的銷售機會

「馬上有交易會，旅遊高峰等，全國各地的人都來，您得趕緊準備多品種產品線銷售。」

「您這個超市附近新開了一家高檔健身會所和一家 KTV，這會帶來新的高端消費群，您應該準備進些高檔產品。」

「沒錯，咱本地冬天沒人喝啤酒，但是別忘了馬上過年，外地打工的年輕人會有一波返鄉高峰，年輕人愛喝啤酒，在外頭辛苦一年回來要撐面子，要喝的肯定還是中高檔啤酒。」

3. 從產品賣點分析本品在店內的銷售機會

「您這個超市週圍有個很大的火鍋店，說明這裏經常有四川人來，您店裏就得準備點四川或中西部特產賣！有消費群就不愁賣不動。」

「新品的口味、價位、包裝風格和××暢銷產品很接近，它能賣，我為什麼不能賣？」

4. 進貨量小、不壓資金，不妨多少進一點試試看

「老闆，今天我給您推薦個新品(展示新品樣品)，您沒賣過，先別急著多拿，先少進一點試一下，畢竟咱們零售店不是批發，一下能走幾十件貨。零售店走零售，量小就得貨全，賺錢靠的就是多品種，最好是讓人到您店裏想買啥都能買到，才能把來的人的錢都賺到，而且您要給顧客留一個您這裏貨全、什麼新品都有的印象，才能留住人。要不然一次沒有、兩次沒有，人家就去別的地方了，說不定就去您對門了。」

推銷新品的時候，最好首次訂單不要下得太多，降低店主的進貨壓力可以增加成交率，首批貨迅速消化會讓店主覺得新品容易暢銷。當第一次店主進貨動銷之後，第二次可以適當增加訂單量，透過增加終端庫存壓力來提高店主的主動意願。

5. 鼓勵試銷，首批進貨可以貨物調換，零風險

「對對對！您說的對，不一定每種產品到店裏您都能賣掉，都能賺錢，但一定要試一下，少進一點試一下能不能賣。如果不能賣，您進得少也不怕壓貨和壓資金；如果一試就能賣，這豈不是多了賺錢的路子？況且三個月之後如果您真覺得賣不動，我們可以給您調換成您指定的暢銷產品。您知道平時我們不退換貨的，這次保證換貨只是

針對首次鋪的產品，所以說您今天進貨是零風險，您幹嗎不試一下？」

6. 時間很充裕，我們公司推的新品一般都能推起來

「您回想下，那個產品剛開始打市場時不是都很難，但最後不都賣到火起來了嗎？再說了，我們公司的產品是國內第一品牌，在廣告投入、促銷支持、業務人員拜訪做後續服務這些方面，都是小企業不能比的，我們公司推的產品是不可能一點也走不動的。火不火，只是個時間問題，您剛開始賣××產品的時候，不是也不好賣嗎？現在不是賣得很好嗎！」

「新產品我們三個月內都可以調換，三個月，您有充足的時間嘗試一下這個新品能不能賣得動、賺不賺錢。」

「這個產品保質期 11 個月呢，您拿到的是當月的新產品，離過期還有 11 個月的時間呢，11 個月，就這幾樣東西，您還怕賣不了嗎？」

7. 不是把產品賣給您就不管了，我後面有週期性服務幫您動銷

「您放心，我不可能騙您，讓您進您不能賣的貨，然後您賣不動，下次就再也不從我這裏進貨了。我的工作不是『讓您進一次貨』而是想辦法『讓您多賣貨』，您有銷量有利潤才會長期進我們的貨。所以我必須給您提供一系列的服務，幫您擺貨架促進銷量；幫您算銷量下訂單；幫您管庫存防止即期品；有促銷直接給您支持，保證您能拿到促銷品；產品推廣重點有變化也會首先跟您講，免得您進錯貨跟不上公司的推廣重點。我必須幫您把店裏的生意做紅火，您賣得好，我拿的單子就多，咱倆的利益是統一的。這次讓您進新品我也不可能害您，最後您賣不動肯定要找我，我怎麼可能給自己找麻煩呢？」

「您現在進新品算是趕上好時候了，以前這個市場是經銷商操作，難免有些服務不到位的地方，從今年開始我們定點成立辦事處對

零售終端進行週期性拜訪，我每週都會來拜訪您一次，您有什麼事直接和我說就行，能力範圍之內的我肯定幫您解決。還有，您看我們貼在您店裏的客戶服務卡，上面有我的聯繫方式，還有我們公司主管的電話，您有問題隨時打電話就行。放心，我們不是把產品賣給您就不管了，我們後面有週期性服務，會幫您一起把這些產品賣出去！」

8. 現在早下手利潤高

「不要等到『火起來』之後您再賣，做生意就是要搶在別人的前面，做別人沒做的事才有得賺。您看，零售店一半以上的生意都是賣給回頭客，您早下手，您的老主顧就知道您這兒在賣這種產品，時間長了他們會習慣到您這來買這種產品，產品火起來的時候，您的路都鋪好了，等到產品火起來了，您再進貨就遲了。再說了，現在新品利潤高，過一段時間利潤就可能降了。」

「對，對，對，新產品剛上市，消費者對產品不瞭解，剛開始肯定動銷慢，但這也只是個時間的問題，就是因為現在是新品，才有這麼大的進貨促銷力度，等過幾個月產品逐漸推起來而且天氣轉暖到旺季了，促銷力度肯定減少了，您今天拿貨的促銷底價這麼低，您進 30 瓶賣掉 18 瓶就把本錢賺回來了，剩下 12 瓶您淨賺，不可能讓貨砸到您手裏賠錢吧。」

9. 我們幫您做動銷，咱們一起把貨賣出去

「現在產品剛開始肯定沒那麼多人點名要，但是很快就會有越來越多的人要了，因為這個新品是我們公司今年的重點產品，針對這個產品投放的央視廣告要連播半年的時間呢。」

「老闆您看，我們的新產品不僅利潤高，而且這個新品是公司今年的重點產品・公司配套了很多生動化工具，像條幅、海報、折頁、吊旗、桌牌、立卡這些都有，我們還專門培訓了生動化提高銷量的方

法，從店外、店內和餐桌三個位置幫您做陳列，店外咱們掛條幅做空箱陳列獎勵；店內我幫您在一進門的位置做個割箱梯形陳列，週圍配上條幅，海報，折頁/圍擋膜/KT 板；最靠近消費者的地方就是餐桌，我給您在大廳桌面上做擺台陳列，每張桌子上擺上產品空瓶，掛上價格牌，消贊者坐下順手就拿來消費了。其實好的產品陳列就是無聲的推銷員，我們已經照這個生動化標準做了幾家店了，您不信自己去看看，看看能不能幫您促進銷量，看看做成那樣會不會賣不動。」

「我們春節之前上的這個產品，產品自帶促銷品，每一瓶洗衣液送一瓶洗潔精，您看過年的時候大家做飯做菜就多，洗潔精很實用，而且它在超市里零售要十幾塊一瓶，消費者花三十幾塊買咱們一瓶洗衣液送十幾塊的贈品的話，他們會覺得實惠。除此之外，還有贈品活動，滿一定額度還有購物車送，產品給消費者帶來這麼大的促銷力度，您再稍微主動介紹下，還會一點都賣不動嗎？」

10.敲定第一家

去小地方或鄉鎮鋪貨，一條街上的商店，一定要想盡辦法把第一家貨鋪進去，貨車停在第一家店五十米外的地方(業務員進店推銷)，等談好第一家要貨之後，業務員要對司機大喊大叫「老趙，這裏要貨 20 箱」，貨車司機喊「來啦」，然後把車開過來，大喊大叫地送貨找錢，總之，要喊得一條街都知道。如法炮製，只要前三家店要貨，後面就家家都要貨了。

11.先挑客情最好的那家商店鋪貨

一個社區裏面 4 家超市，業務員去鋪新品，先思考那家容易要貨，例如客情好的店、生意好的店、剛剛處理完不良品欠你人情的店、公司的分銷商和協議店等，先把這家店鋪上去，在店門口掛新品條幅、做新品堆箱陳列，引導別的店進貨。

12.給沒進貨的空白店看成交店的訂單

在沒進貨的店展示已經進貨成交店的拿貨訂單，告訴店主這個社區別人都進了，就剩他這一家沒有這個產品了。一家店不要貨，先去拜訪第二、第三家店，如果成交，返回第一家店給店主看前兩家下的訂單，讓他感覺他隔壁的兩家都進貨了。

對於長期不進新品的「釘子戶」，讓店主看別家店的重覆訂單——「您看看別的店多長時間進一次貨，賣得好不好。」

在空白店打電話給司機讓他去隔壁店送貨。一看沒進貨的空白店店主在吃飯，就說：「大哥您先吃飯，我先走把××超市(可能是他的競爭趟市)要的訂單簽完/貨卸了，再過來和您談。」

針對分銷商、批發商不進新品，把別的批發商進貨的訂單給他看，告訴他們：「其他批發商都有貨了，如果您不上貨，其他人搶了您的終端客戶，我們可管不了。」

心得欄 ________________

15 鋪貨的七個規範步驟

企業針對目標而鋪貨，業務部的鋪貨工作重點如下：

第一步　制定明確的鋪貨目標

制定鋪貨目標要遵循以下兩個原則：

1. 切實可行

在市場調查的基礎上，結合企業自身實力、產品及相關資源制定出切實可行的目標。目標行動的導向，有一正確的目標，才能保證計劃的順利完成。

電子公司在把英語複讀機推向市場前進行了詳細的市場調查，並結合自身的特點，將產品定位於中小學校的學生。再結合自身資金實力不足的現狀，與學校附近的小零售店進行聯合，將鋪貨目標鎖定在學校週圍的小零售店，企業利用小零售店有利的地形，影響學生和家長，取得了不俗的銷售業績。

2. 目標明確，可衡量

鋪貨目標數量化，這樣做的目的是便於考核，尤其 A、B 類終端的鋪貨要嚴格考核。避免在目標方案中出現不確定的含糊字眼，避免使用有歧義的詞語，力求明確、簡潔，使人一看即知。如「在兩個月內，保證香港地區的高檔酒店都鋪上我們的酒」、「3 個月將貨物鋪進東京市的各大商場」等。

例如某保健品在進入市場時，對當地保健品市場進行了充分調查，細分消費者，並從中找出各種保健品的差異，最終將目標對象定為 12～16 歲青少年及他們的父母，鋪貨對象選擇了藥品專賣店。同時，利用電視報紙等媒體廣而告之，迅速打開了市場。

其鋪貨的成功之處在於，企業通過詳細的市場調查，選擇了明確的目標對象，對產品進行了準確的定位。

制定的目標還要可衡量，如「三個月內將產品鋪到 A 市場」、「兩個月全國的鋪貨率要達到 80%」等等，便於後期的評估工作。可衡量的鋪貨目標，還利於對鋪貨人員工作的評估，為其任務的完成提供可供參考的依據。例如葡萄酒企業明確規定，在兩個月內將產品鋪到 80%的大型超市，並規定採用代銷的方式。這一目標迅速被傳達、執行，後期的評估工作也嚴格按照標準進行。

第二步　明確你的規範鋪貨制度

1. 規範鋪貨圖表工具

某食品公司在制定鋪貨計劃時，要求鋪貨人員必須認真填寫《公司鋪貨記錄表》、《公司鋪貨失敗表》、《公司市場調查跟蹤表》及《市場結構分析表》。公司定期回收，根據其填寫的情況，及時分析鋪貨對象下次的供貨時間和拜訪時間，與終端商保持良好的溝通。

2. 明確鋪貨人員職責

一般來說，鋪貨機構主要是由經銷商的經理、業務經理、地區主管、業務員、財務人員、企業的駐地銷售主管和相關的協銷人員組成。

3. 建立制度

建立制度，了解實際執行狀況，是確保高效鋪貨的保證。

表 15-1 鋪貨記錄表

零售商名稱						電話		
通信地址						郵編		
負責人姓名			櫃組長姓名			商業性質		
商店類型	A		B		C		D	
支付形式	現金		現金支票		匯票		其他	
賒銷的最後付款日								

品　　種	價　　格	數　　量	金　　額
總計金額(大寫)			
鋪貨代表		客戶代表	
客戶編號			年　月　日　時

表 15-2 鋪貨管理制度表

報表制度	報表必須如實、及時填寫並及時上報，一般一式三份，廠家一份、經銷商一份、鋪貨員一份。這樣有利於及時總結經驗教訓，達到日清日結、日清日高的目的，同時有利掌握鋪貨進度和規模，及時調整。
例會制度	早上的鋪貨動員會，應仔細強調鋪貨的注意事項，強調目標和進度，以確保鋪貨的順利進行；晚上的總結會，總結鋪貨中的得失，目標完成情況，遇到什麼困難，需要如何支援。
溝通辦法	要確保鋪貨過程中的及時溝通，如預告線路和具體時間，呼機、手機的開通，以便及時處理相關問題。
請示規定	在鋪貨過程中遇到自己職權範圍內無法解決的問題，不允許私自做主，必須請示上級。否則，造成損失，必須賠償。
紀律規章	必須嚴格按時上下班，按時開會，按要求進行操作，否則要處以罰款。
獎勵政策	過程中要及時表揚，鋪完貨要實施獎勵。可開設多個子項目進行獎勵：如鋪貨冠軍(個人)、優秀團隊、最佳建議獎、最優報表獎、最佳配合獎等。
培訓機制	開展鋪貨工作要非常成功、順利，減少磨擦，必須實施培訓，對培訓的內容及要求詳細規定，以使培訓成功。

表 15-3　鋪貨失敗記錄表

零售商名稱				電話					
通信地址				郵編					
負責人姓名		性別		年齡		聯繫方法		愛好	
櫃組長姓名									
鋪貨不成功的原因							是		否
1. 怕賣不出去									
2. 怕無廣告支援									
3. 產品價格高									
4. 產品的包裝差									
5. 已經營同類產品									
6. 其他原因									
商店類型	A		B		C		D		
鋪貨代表				客戶代表					
客戶編號				年　月　日　時					

註明：

填寫此表選擇部份用「√」選擇，客戶編號用城市電話區號區分不同城市終端；定此表的目的主要為了市場信息的收集，同時，為以後鋪進此終端研究對策之用。此表後可以加一個備註欄和批示欄，便於分析問題和總結經驗，同時也可以作為一個考核依據。

表 15-4　市場跟蹤服務表

<table>
<tr><td>客戶名稱</td><td colspan="5"></td><td>電話</td><td colspan="3"></td></tr>
<tr><td>通信地址</td><td colspan="5"></td><td>郵編</td><td colspan="3"></td></tr>
<tr><td>負責人姓名</td><td></td><td>性別</td><td></td><td>年齡</td><td></td><td>聯繫方法</td><td></td><td>愛好</td><td></td></tr>
<tr><td>商業性質</td><td colspan="5"></td><td>商店類型</td><td colspan="3"></td></tr>
<tr><td>現　　款</td><td colspan="5"></td><td>賒銷及期限</td><td colspan="3"></td></tr>
<tr><td>第一次進貨</td><td colspan="2">品　　種</td><td colspan="2">價　　格</td><td colspan="2">數　　量</td><td colspan="3">金　　額</td></tr>
<tr><td></td><td colspan="2"></td><td colspan="2"></td><td colspan="2"></td><td colspan="3"></td></tr>
<tr><td></td><td colspan="2"></td><td colspan="2"></td><td colspan="2"></td><td colspan="3"></td></tr>
<tr><td></td><td colspan="2"></td><td colspan="2"></td><td colspan="2"></td><td colspan="3"></td></tr>
<tr><td colspan="10">第二次拜訪時間：　　　　年　　　月　　　日</td></tr>
<tr><td></td><td colspan="2"></td><td colspan="2"></td><td colspan="2"></td><td colspan="3"></td></tr>
<tr><td></td><td colspan="2"></td><td colspan="2"></td><td colspan="2"></td><td colspan="3"></td></tr>
<tr><td></td><td colspan="2"></td><td colspan="2"></td><td colspan="2"></td><td colspan="3"></td></tr>
<tr><td>第二次進貨</td><td colspan="2">品　　種</td><td colspan="2">價　　格</td><td colspan="2">數　　量</td><td colspan="3">金　　額</td></tr>
<tr><td>客戶編號</td><td colspan="2"></td><td colspan="3">企業營銷代表</td><td colspan="4"></td></tr>
<tr><td colspan="10">註明：
　　商業性質和商店類型請直接註明，現款或賒銷用「√」選出；第二次拜訪注意調查售賣情況，如價格怎樣、庫存多少、貨架位置等，以便分析銷售、廣告等相關效果。另外，在鋪貨前還應設計鋪貨結構分析表，主要分析產品在不同類型商店的鋪貨情況，以便於研究營銷戰術和促銷組合，從而達到戰略整合的高度。</td></tr>
</table>

表 15-5　市場結構分析表

項		目		產品			價格			數量			金額		
A 類店調查數		A 類店鋪進數		a	b	c	a	b	c	a	b	c	a	b	c
B 類店調查數		B 類店鋪進數		a	b	c	a	b	c	a	b	c	a	b	c
C 類店調查數		C 類店鋪進數		a	b	c	a	b	c	a	b	c	a	b	c
D 類店調查數		D 類店鋪進數		a	b	c	a	b	c	a	b	c	a	b	c

鋪貨起始日		鋪貨終結日	
鋪貨城市名		企業銷售主管	

分銷商	產　品	價　格	數　量	金　額

分析結果及建議：

註明：

鋪貨完畢一定要進行市場結構分析，鋪貨終結日一般指起動期集中鋪貨的一個階段的終結，並不是指鋪貨的終結。分析結果一是要對表格內要素進行總結，同時總結鋪貨得失，及運載鋪貨和營銷的建議等。

表 15-6 鋪貨機構工作人員職責表

經　理	主要確定機構組成、鋪貨方案的制定並決策，召集重要會議，處理鋪貨中的一些特殊問題等。
業務經理	參與機構制定、方案制定、召集鋪貨例會，處理鋪貨過程中的一些日常問題
地區主管業務員	主要職能是鋪貨、記錄、宣傳、裝卸貨、收款等。
庫　管	及時統計庫存，及時供貨，及時提醒補充庫存等。
財務人員	及時開出發票，做出鋪貨的已收帳款、應收帳款的日報表、週報表和月報表及財務分析表等。
司　機	隨叫隨到，保證不延誤送貨。
廠家駐本地市場代表	參與機構設立、方案制定並決策，發起召集重要會議，共同處理鋪貨中的一些特殊問題。與經銷商的業務經理召集鋪貨例會，處理鋪貨中的一些日常問題，決定企業有關終端支援品的合理調度。
廠家、商家協銷員	與經銷商的片區主管、業務員共同參與鋪貨、記錄，參加鋪貨例會，宣傳、裝卸貨物等，切記不參與錢帳的管理，只做必要的記錄和分析。

第三步　鋪貨人員的培訓

1. 選擇合適的鋪貨人員

業務員要進行鋪貨工作，要求有良好的心理素質，豐富的市場開拓經驗，良好的儀表形象和公關能力，得體大方的言語、談吐，強烈的敬業精神，認真忠實的工作態度。

分析能力、應變能力、交際能力、談判能力、溝通能力等也是選擇鋪貨人員必須考慮的。鋪貨人員還要明確自身的職責，記錄商品銷售情況、瞭解競爭品資訊、佈置現場廣告等。

2. 加強對鋪貨員的培訓

首先是產品知識的培訓。只有深入瞭解產品的相關知識，才能說服終端鋪我們的產品。所以，企業對鋪貨員一定要進行專業培訓，內容包括商品的相關知識，如產品的特徵、功能、成份、區別於競爭品的特點等，只有瞭解了產品的基本知識，才能抓住客戶需求，將貨物順利地鋪到貨架。

其次是推銷技巧培訓。在實際的運作過程中，鋪貨人員經常會遇到各種不可預見的情況，因此，應對的技巧及說服客戶鋪貨的訣竅，也是培訓的內容。鋪貨中推銷技巧的使用，不但可以幫助鋪貨人員將貨物順利地鋪到市場，還可以巧妙地化解各種矛盾、處理客戶的不滿意。鋪貨人員要注意察言觀色，找到真正的決策者，明確其內在需求，並運用良好的談判溝通能力說服終端，將產品很快地鋪向市場。

還有資訊反饋的培訓。鋪貨人員在市場上直接與經銷商和終端打交道，是企業瞭解資訊的重要途徑，鋪貨的過程也就是資訊反饋的過程。很多的終端資訊，包括產品鋪貨情況、銷售狀況、市場反饋等，都要及時地反映給企業，以便企業進行戰略、獎勵政策等的調整。

第四步　有效的鋪貨策略

1. 拉式鋪貨

鋪貨有二種，一是「拉式鋪貨」，另一是「推式鋪貨」。用廣告來鋪貨有兩種操作方式，一是廣告在前，鋪貨在後，即通過廣告使消費者瞭解產品，熟知其功能、特徵，使消費者產生需求，從而拉動消費，促使經銷商和終端零售商主動要求鋪貨。這樣做，終端零售商的阻力小，經銷商比較自信，也比較支援，能夠促進其快速完成鋪貨任務，同時貨款回收也比較快。但是，有利就有弊，提前打廣告風險較大，如果鋪貨不順利，零售點看不到，就會造成大量的廣告浪費，也會挫傷消費者、銷售終端和批發商的積極性。

王小姐美麗可愛的臉上前幾天長了幾個小痘子，用了幾種去痘膏沒有什麼效果。這天，她看到晚報上一則去痘香皂的文章，文章很是煽情、精彩。讓人欲罷不能，且有「本市各大商場、超市均有銷售」字樣。心動不如行動，王小姐馬上到附近兩家大商場購買，可找遍了整個化妝銷售區，都沒有去痘香皂，營業員說從來沒有聽說過這種產品。沒辦法，王小姐到另外一有大型購物中心去購買，這次得到回答是「你再等幾天，聽說快上貨了」，可想而知，王小姐還會買嗎？

另一種方法是鋪貨在前，廣告在後。為了有效減低風險，很多企業多採用此種方式。

有一知名品牌的摩托車在推向市場時，成功的採用了這種方法。首先企業積極地向銷售終端廣泛鋪貨，承諾廣告支援，接著擺出廣告陣勢，第一天打出：「如果你想買摩托車，請你等待幾天」；第二，又打出廣告，「請你等待五天」，依此類推，設定懸念，激起大家強烈的好奇心，人們熱切地等待著最後的結果。一個星期後，寫有產品名字的廣告出現了，消費者紛紛購買，銷售終端也紛紛提前要求補貨。

雖然這種方式風險小，廣告浪費少，但鋪貨阻力很大，首先有實力的經銷商和大型銷售終端不願意接受，其次，將花費較長的鋪貨時間，甚至還會出現產品滯銷，銷售終端紛紛要求退貨的問題。

至於該採取那個策略，企業還應根據自己的實力，自己有能力做到那一種地步，把握鋪貨和廣告的微妙處，並將兩種方法進行有效折衷，可能會收到意想不到的效果。如下表可以將鋪貨的重點和目的不同，將廣告和鋪貨分為幾個階段：

表 15-7　廣告和鋪貨階段的劃分

鋪貨階段	廣　告　策　略
測試階段	不投入，測試經銷商和銷售終端的態度。
第一階段	小投入，刺激經銷商和銷售終端積極性。
第二階段	少投入，建立消費拉力，贏得經銷商和銷售終端的信任。
第三階段	大投入，滲透銷售終端，迅速擴大鋪貨率。

公關鋪貨是通過大型的公關活動，使衆人熟知企業產品，並引起消費，它與廣告鋪貨有異曲同工之處。比如，某品牌的服裝在推向市場時，為了加快鋪貨，策劃了「托起明天希望」的大型公關活動，現場銷售服裝，並將所得款項全部捐給希望，從而得到了人們的認可，提高了品牌的知名度，拉動了終端進貨。

2. 推式鋪貨

推銷鋪貨主要是利用廠家的優惠條件、促銷贈品或人員上門推銷等方法推動經銷商、終端鋪貨。一般採取人海戰術法和目標對象法兩種。

例如某白酒在打開市場時就採用了此方法。企業僱了 500 名在校大學生，每個人都統一穿大紅的斗篷，上面印有白酒的字樣，騎著自行車在大街上形成一道風景，起到一種廣告的效應。再將他們分成 10 個小組，每個小組一個組長，主管幾條街道，利用星期六、星期天的時間採用代銷方式，將產品迅速在全市的各個終端零售店裏全面鋪開。每個店裏只鋪六瓶，達到進店的目的，短短兩天的時間，就鋪滿了大街小巷。這種挨門挨店鋪貨的方法即為人海戰術法。

3. 把握鋪貨時機

產品處於生命週期的不同階段，鋪貨產生的作用是不一樣的。在產品的的成長期，需要通過鋪貨來創造產品與消費者見面的機會；當產品逐步進入成熟期，這時鋪貨對迅速提升產品的銷量有著非常重要的作用；在產品進入衰退期之後，很多終端商對產品的銷售都不抱以積極的態度，於是還需要用鋪貨來提高產品在終端的見面度。

另外，同產品的淡旺季所採取的鋪貨策略也不一樣。在淡季進入旺季時，需要由鋪貨來搶佔終端的庫位；在旺季轉入淡季時，也需要通過鋪貨來力保淡季產品的陳列面。這主要是因為淡季競爭不是很激烈，各品牌在促銷、廣告等方面都沒有大動作，同時淡季進入市場，讓各通路成員和消費者有一個初步印象，為旺季熱銷做鋪墊。如果在旺季才開始鋪貨，待鋪貨完成時已進入淡季，會錯過旺銷的高峰期，同時競爭的激烈程度進一步加強，很有可能被碰得「頭破血流」。

4. 借力鋪貨

如果市場空間很大，但公司由於銷售人員力量不足，營銷工作就會一直處於非常被動的局面。某公司發現離公司不遠處的一家郵政局具有良好的品牌優勢、可信度高，網路優勢也很強，其工作人員成天出沒於大街小巷。公司於是和郵政局談判，利用郵政局的優勢進行管道深度分銷，借助郵政的物流配送，結果產品在一夜之間鋪滿了該市的零售店。

第五步　制定有效的激勵政策

1. 對終端商實行不同的激勵政策

因為終端的貨架資源越來越有限，進入零售終端的門檻也越來越高，新產品又層出不窮，所以儘管鋪貨很重要，但並不是你想鋪貨就能把貨順利鋪下去的。特別是對於中小企業來說，產品知名度不高，企業的推廣費用也有限，終端鋪貨常常遇到很大的阻力。

激勵政策對減少這種阻力就有著非常重要的作用，激勵的形式有很多種，如定額獎勵、定級獎勵、贈送獎勵、進貨獎勵、陳列獎勵、開戶獎勵、鋪貨風險金、免費和現金補貼等。

某飲料企業通過市場調查，在取得公司和經銷商支援的情況下，推出榮譽零售店的政策，在全市選擇了 150 家終端零售旺鋪發展為榮譽店，系列支援(如給予廣告、店招、POP、授牌等宣傳支援；給予累計銷售積分獎勵、促銷活動配合、促銷品支援等等)，明確雙方的權利和義務，鎖定這批終端旺鋪為該企業產品的專賣商，從而避免艱苦的終端爭奪戰。

當產品屬於低價的快速消費品，只要上貨架就會產生自然銷量時，就可以考慮贈送鋪貨策略。

食品公司啓動市場時，就沒有花費大力氣去現款鋪貨，而是組織業務人員直接向市區所有小型零售店贈送一大袋樣品油茶，並以此作為條件在終端宣傳上佔據十分有利的地位。很快仰韶油茶就擺上了全市所有的小型零售店。不久，各零售店的產品銷售一空，公司隨即就現款補貨。這種贈送鋪貨策略不失為一種快速啓動市場的鋪貨策略。

但是，值得注意的是：由於鋪貨的對象零售商、批發商皆有，政策訂得不好，往往會有客戶借機鑽漏洞。如「1 箱送 1 瓶/包」的活動，本意是針對零售店，提高零售店鋪效率，但批發商往往會跳出來大量接貨，以期賺得贈品利益，使活動有違初衷，平白增加了成本。有些廠家在此活動中推選兩套不同的政策。如「零售店進貨 1 箱送 1 瓶，批發商進貨 100 箱送 1 箱」，這又必然會引起批發商們的不平，如運作不當，會使好事變成壞事，反而得罪一批客戶。可行的辦法是執行統一的標準，而用進貨等級來界定活動目標。如果你的本意是面向批發，不妨限定進貨下限為 5 箱，反之，不妨限定進貨上限為 10 箱，操作簡便，又妨人口舌。

二是促銷費用及促銷贈品要真正用於消費者。經銷商將促銷費用、促銷贈品據為己有已是常有之事，廠家要制定有效的政策，採取相應的措施阻止。如將贈品雨傘變成雨衣，並縫合在商品的包裝裏；定期對各地經銷商的廣告力度進行調查，對知名度高、廣告投入力度大的經銷商進行獎勵，還可以在各種促銷活動推出之前，及時通知終端商和消費者等，促使經銷商拿出促銷費用進行宣傳。

三是加強對零售商鋪貨配合的激勵。零售商的合作對鋪貨工作能否成功開展有十分重要的作用。為激起其配合企業鋪貨的積極性，對其進行激勵也是應該和必要的。

某農藥企業在向零售店鋪貨前期，進展很不順利，經銷商認為企業的獎金太低，不願配合企業鋪貨，企業為此也很頭疼。後來，改變策略，獎金不變，但是設一個「最佳配合鋪貨獎」，每年拿出很大一部份資金對鋪貨情況良好的經銷商進行獎勵，激勵其鋪貨。此舉充分激起了經銷商的積極性，紛紛向零售商推薦這個品牌的農藥，市場狀況得到了充分的改善，產品也很快鋪向市場。

某公司在運作「珍菊降壓片」的過程中，隨著廣告的促銷，公司鋪貨區域顯然相對集中和狹小。為了彌補鋪貨區域空白，提高廣告影響，他們採用了以贈促銷的方式，向分公司未設立辦事處的區域經銷商贈送「珍菊降壓片」300 多件。所贈藥品的內外包裝列印「贈品」字樣，要求零售商只做宣傳，不做商品賣，這極大地鼓舞了零售商的經銷慾望。各地零售商紛紛簽訂合約要求發貨，收到了良好的社會效益和經濟效益。

2. 針對鋪貨人員的政策

⑴ 激勵政策

可以從多個角度對鋪貨人員進行獎勵，如根據鋪貨量、鋪貨率、鋪貨完成的時間等設立各種獎項，對如期完成、提前完成、完成效果好的鋪貨人員，進行物質和精神的獎勵，獎項的設立要體現公平、公正、公開的原則。在制定激勵政策時，可對回款設立專門的獎項，不僅可以激起大家的積極性，還可以解決貨款回收難的問題。

某飲用水企業，開始時對鋪貨人員採用的是固定工資制，鋪貨人員之間也沒有什麼差別。後來，企業對政策進行調整，加大了獎金在工資中的比重，設立了鋪貨最大範圍獎、與客戶關係最佳獎、貨款回收最佳獎等，充分激起了鋪貨人員的積極性，降低了企業經營的風險。

⑵ 處罰政策

鋪貨目標的完成有一定的時間限制和評估的標準，對於超額完成目標的固然要進行獎勵，對於未完成的，也要進行適當的懲罰，並分析其原因所在。如果屬於客觀原因，如地方頒佈法令不許銷售這些貨物，自是無可厚非。如果是鋪貨人員的原因，如鋪貨工作不到位、客戶拜訪不及時等，那就要進行懲罰。可扣發部份工資，取消獎金，當然懲罰只是一種手段，並不是目的。

⑶貨款回收政策

部份企業盲目追求鋪貨量和鋪貨率，回款難已逐漸提上日程。企業應制定相關政策對終端進行約束，在鋪貨達到一定的程度後，應將貨款由經銷商收回，賒銷也需由經銷商同意。

第六步　加強鋪貨的管理

1. 對鋪貨人員的監控

鋪貨人員的工作是否到位，是鋪貨成功的關鍵。鋪貨人員是企業監督的重點，鋪貨每天的進度如何，是否按計劃實施的，實施效果怎樣，企業應密切關注。當然報表的填寫只是監督一個方面。企業不時地對鋪貨區域進行調查，也是監督鋪貨人員一個很好的方法。

2. 對終端商的監控

貨物發到零售商，是擺在貨架上，或是被積壓在倉庫裏，都是廠家必須監督的。企業需要派鋪貨人員經常到各個市場巡查，監督經銷商和零售商及時將貨物擺上貨架並擺放在顯眼的位置。

可口可樂、百事可樂之所以一直居於世界飲料業的龍頭地位，與其重視鋪貨是不無關係的。他們派出上萬名鋪貨人員，分佈在各個零售店間，保證他們的商品總是擺放在商店貨架最顯眼的位置，並能及時發現什麼時候需要補貨，保證產品的及時供應。

3. 對經銷商的監控

某食品廠家通過每件產品讓利促銷的形式，想讓利給終端零售店和消費者，而批發商卻獨自吃利，沒有達到鋪貨的目的。如果鋪貨人員在場的話，就可以及時與批發商溝通、協商，向他們宣佈廠家的政策，迫使批發商改變做法。

第七步　做好鋪貨後的服務

1. 鋪貨對象的回訪工作

賒銷鋪貨，是一個需要經常性管理與服務的工作。

有的貨「鋪上了」，但是 POP 下面是競爭者的產品，第一視覺位置上無「貨」；有的是鋪進了終端零售商的倉庫裏，沒有上門面和櫃架。因此，鋪貨人員不僅要及時填寫各種表格，還要做好鋪貨對象的回訪工作，安排好電話訪問內容及以後拜訪的時間，拉近與經銷商及終端零售商的關係，而且每次的回訪都應及時記錄，填寫市場調查跟蹤表，以便為鋪貨對象提供及時的服務。鋪貨人員還要與零售商的店員建立良好的關係，共同把市場做好。

西門子家電公司是一個有著百年歷史的國際品牌，在鋪貨工作結束後，西門子的業務員會經常深入終端市場與零售商進行廣泛的溝通，聽取他們的意見，及時解決在銷售中遇到的困難和問題，在產品展示陳列、現場廣告促銷、及時補貨等方面給予有力支援，處理好廠家與零售商的利益關係，還幫助零售商做市場，如分析消費者、提供有關市場信息、制定銷售計劃和策略、幫助他們提高經營水準。同時，也嚴格規範零售商的銷售行為，用制度來管理，一視同仁、獎罰分明，避免了終端零售商無序經營和亂價現象的發生。

這種市場培育的方式，不僅大大提高了零售商成員的積極性和對企業及產品的忠誠度，增強了他們對產品、品牌、市場的責任心，還使他們的營銷水準和能力得到提高，行為更加規範，使西門子公司從點到面整個銷售網路得以健康、快速、持續地發展。

2. 及時兌現承諾

鋪貨時的承諾一定要切合實際，否則即使使經銷商和終端零售商聽信了企業的承諾鋪了貨，無法兌現的承諾會使經銷商和終端對廠家不信任而拒絕銷售其貨物。

有兩個新上市的啤酒企業，同時找到一個經銷商要求鋪貨，一個企業承諾 30%獎金，一個企業承諾 10%的獎金，這個經銷商考慮了很久決定鋪貨為 10%的啤酒。太高的承諾會讓人產生懷疑。

終端零售商鋪貨是銷售工作的第一環節，對企業後期整個品牌走向良性的運營道路起著非常重要的作用。企業有重視鋪貨，並在實際操作過程中，運用恰當的鋪貨策略，才能保證後期銷售工作的正常開展，拓寬企業的銷售通路，從而為企業健康發展打下堅實的基礎。

16 轄區鋪貨易犯之錯誤

1. 目標過大，不切合實際，鋪貨目標不明確

產品如果在市場上鋪不開，那麼即使它的品牌再好、知名度再響也毫無意義，因為它很難撲進消費者的懷抱。正如寶潔(P&G)公司所說的：「如果你是世界上最好的產品，有最好的廣告支援，但是消費者不能在零售點買到它們，就無法完成銷售！」

鋪貨目標的制定不是靠個人主觀臆斷做出的，它需要建立在分析市場機會及企業優勢的基礎上，市場調查和預測是目標制定的前提和基礎。有很多企業寧願花費大量的人力、財力、物力開展鋪貨工作，

卻很少願意抽出部份資金在鋪貨之前對目標市場、銷售終端等狀況進行必要的瞭解和分析，結果鋪貨目標的制定失去了決策基礎，同時又造成了資金的浪費。

某著名傢俱企業在進入市場時，沒有進行市場調查，自認為產品的質量很好，就一定會得到市場的認可，於是制定出了在兩個月內進行市場的鋪貨目標。可待鋪貨時才發現，市場上流行的是歐美風格的傢俱，自己暗紅色的復古式傢俱在市場上銷路並不好，經銷商不願鋪貨，兩個月後，這家企業匆匆告退。

目標市場群體選擇的錯誤導致了市場進入的失敗，這是企業鋪貨期缺乏市場調查和預測所導致的結果。

部份企業盲目地認為目標越大越好，過分追求鋪貨率，甚至叫囂在一個月內將產品鋪到全市場，而企業自身實力、人員配備和資源狀況等根本達不到這個條件。

某飲料企業制定了3月、4月兩個月內鋪開華中市場的目標，可操作中鋪貨人員根本就不夠用。僅有的幾個人疲於奔命地在市場上穿梭，其中張某在一個月內就跑了河南、河北兩個省的市場。為了保證任務的完成，全都是蜻蜓點水般的作業，把貨鋪上就立刻轉移陣地，只講數量而不講質量。雖然兩個月後，企業勉強完成了鋪貨任務，但由於鋪貨工作不扎實，致使整個市場很不穩定。結果在競爭品牌的圍攻下，該飲料的市場迅速變為一攤爛泥。這種為了鋪貨而鋪貨的做法給企業帶來了巨大的損失，當然也失去了企業開闢市場的真正意義。

目標也是有主次的，先鋪那個市場，後鋪那個市場；是先鋪貨目標市場，還是先鋪週邊市場；是先進超級終端零售店，還是先進一般零售終端零售店等等，這些都應該事先明確決策。但很多企業往往因為鋪貨目標主次不明、缺少條理，致使鋪貨效果不佳。

某奶製品企業在制定鋪貨目標時就忽略了這個問題，此企業花了大量的費用，在5月份同時進入市場和其週圍的農村地區市場。由於市場範圍大，需要的鋪貨人員多，各種的成本費也高，該企業儘管把產品鋪向了市場，可農村市場終端很分散，需要投入大量人力，而農村奶製品的需求量也比較小，致使很多鋪貨人員無功而返。由於農村市場的投入過大，牽制了市場的鋪貨，導致了整個市場的失敗。

2. 缺乏具體可行的鋪貨計劃

「2～3 月，將貨物全部鋪到北部市場」、「要在 3 個月內，將貨物鋪向全國大部份的市場」、「力求在2個月內打開東北地區市場」……那麼「大部份」、「部份」到底是個什麼概念，又怎麼衡量呢？一個月的時間，每天的具體該幹什麼？鋪貨對象是社區終端還是大型終端？衡量貨物全部鋪到終端市場的標準是什麼？應該採用何種方法呢？

計劃是後期工作的基礎，計劃的失敗將直接導致實際執行過程中的錯誤百出。而計劃完不成，後期產品推廣、促銷策略等根本無法正常的操作運行。

3. 鋪貨人員素質欠缺

業務員的鋪貨代表著企業、產品的整體形象。在進行零售店鋪貨時，他們的一言一行均會對鋪貨的結果產生深刻影響，常具下列缺失：

(1) 產品相關知識匱乏

鋪貨人員必須對自己的產品非常瞭解，才能最終介紹產品的性能、功能、特點及鋪貨的得益等。而很多鋪貨人員根本不瞭解自己的產品，甚至不知道產品的構成。一個對產品一無所知或知之甚少的人，怎麼能說服別人鋪他的產品呢？某鋪貨人員負責向濟南市場鋪化妝品，其中在化妝品的包裝上有「本品富含植物精華」的字樣，零售商就問什麼是植物精華，鋪貨員咕噥了半天，也沒說出個所以然，這當然難以獲得終端的信任。

⑵缺少經驗與能力

在鋪貨過程中，遭遇客戶的拒絕是常事，「價格那麼貴，沒法賣」、「我們已經有其他同類產品」等。作為一個初入道者，沒有經驗，很容易產生失敗感，動搖信心。說服終端鋪貨時，抓不住終端商與企業合作的利益點，就吸引不了終端鋪貨。而一個經驗豐富的鋪貨員能瞭解客戶的真正需求，他可以抓住時機，從雙方的利益點出發說服客戶。鋪貨人員相關經驗和能力的缺乏，是很多企業產品鋪貨不到位的重要原因。

剛從學校畢業的林麗，應聘到一個生產鞋子的企業上班。春夏之交，企業要把涼鞋推向市場，她被企業派出當鋪貨員。由於剛走出校園，她還比較害羞，也不明白雙方合作的目的及終端及鋪貨的得益。第一次進一個店鋪，老闆聽說推銷鞋子的，就大手一揮，不耐煩地說：「不要，不要。」她滿臉通紅地退了出來。在以後鋪貨的過程中，只要遇到客戶拒絕，小英就沒有勇氣繼續推銷下去，一個月下來，根本就沒鋪幾家的貨。

⑶配合不默契

鋪貨人員一般由五種專職人員構成，他們是兩名風格各異的營銷專業人士(一位主講、一位次推)、一名促銷人員(負責張貼廣告、搬卸和貨物)，一名經銷商所派人員(負責點貨收款、收欠單，有時可負責主講和次推)、一名熟悉區域道路、技術純熟、心理沈穩的司機。如果這幾種角色相互之間配合不好，其在終端零售店的鋪貨結果是可想而知的。

4. 鋪貨的時效性把握不準

產品推向市場，時機的選擇很重要。廠家是先促銷後鋪貨或先鋪貨後促銷，還是二者同時進行，時機的把握一定要準，而很多企業在實際操作中往往錯失了大好良機。

⑴鋪貨與促銷活動脫節

促銷活動已經投入很久，產品卻沒有及時鋪向終端，消費者在終端賣場找不到該產品。

2002 年夏天，某產品在推向市場的過程中就犯了這種錯誤，促銷活動開始於 5 月份的世界盃開賽，而到了 7 月初，除了中南部份市場外，其他大部份市場連鋪貨工作都還沒有開始，產品還停留在代理商的貨倉裏。有的消費者看了電視臺的廣告後，多次到超市都沒有見到產品的芳蹤，令其大失所望。

這種鋪貨與促銷的脫節，不僅造成了促銷費用的浪費，而且終端鋪貨的積極性也受到了損害。

產品已鋪向市場，可各種促銷活動卻遲遲不見蹤影。有的企業，由於促銷力度跟不上，鋪了一半的貨，由於終端「拉力」和消費者拉力不足，貨物擺在貨架上，無人問津，使得終端對此產品銷售產生了懷疑，不願再銷，要求退貨。

⑵季節選擇不合理

一些季節性比較強的產品，要注重鋪貨季節的選擇，充分考慮產品的旺季問題。如白酒在銷售旺季，競爭很激烈，新產品進入的壁壘相應也很高，不容易鋪貨，成本也很大。而選擇淡季進行鋪貨就不同了，在淡季白酒的銷量少，競爭不激烈，市場進入壁壘較低，企業投入鋪貨的成本費用也少，淡季鋪貨還可以為旺季的到來做充分的準備。

某品牌的白酒在進入市場時，選擇了在銷售的淡季——夏季鋪貨。這時很多白酒企業都處於休整狀態，該品牌因此可減小廣告投入力度，進入酒店和終端的費用也降低了，企業利用這個時機，將其白酒悄無聲息地擺在了各零售店和酒店的貨架上。冬季來臨之際，透過投入大量的廣告費用，一舉取得了成功。

5.監督不夠確實

⑴鋪貨人員表格填寫、回收工作沒做好

鋪貨人員在被派出去的同時，企業要求填寫《鋪貨一覽表》、《客戶調查表》及《市場調查表》。通過表格的填寫，企業對鋪貨人員的工作情況進行監督控制，還可以從中及時瞭解終端動態，建立客戶檔案，為以後建立客情關係打下基礎。而很多企業恰恰忽略了這一點，表格發下了，卻缺少相應的方法及政策進行規範。有的鋪貨人員認真填寫了，廠家根本就不回收，更談不上整理分析。即使回收了，也是被堆在角落裏，無人問津，企業根本就不瞭解鋪貨工作的進展，當然也談不上監督。

不同的市場存在不同的情況，有的地方人們觀念比較新，易於接受新產品；有的地方傳統觀念的比較濃，不易接受新產品；有的經銷商與廠家合作很好，可有的批銷商根本不願與廠家合作等等。而部份廠家單純以鋪貨量、鋪貨率的大小或多少，作為衡量鋪貨人員工作完成好壞的標準。鋪貨人員為增加鋪貨量或鋪貨率採用各種不正當手法，如賄賂終端商暫時同意鋪貨，等業績評估期一過，鋪貨對象即向企業退貨；虛報鋪貨業績、製造假報表等等，其不負責任的行為給企業造成了很大的危害。

⑵對零售店的錯誤行為不能及時制止

某食品為了促使產品迅速鋪向市場，抵制競爭對手，對某地經銷商實行進貨獎勵；在 1 週內，凡進貨 20 件以上者，每 5 件贈送 1 件；20 件以下者，每 6 件送一件。經銷商紛紛進貨，而為了增加進貨量，就將手中的貨物低價拋向市場，引起了市場混亂，而此食品企業又缺乏相應的監督機制，任其發展蔓延，終於被競爭對手擠出該市場。

6. 未兌現為鋪貨所承諾

⑴貨物供應不及時

在鋪貨過程中，鋪貨人員承諾一旦鋪上的貨物售完，保證及時送貨。為了降低風險，開始的鋪貨量很少，鋪貨對象先前鋪上的貨物已經售完，就向企業要貨，而企業正忙於其他市場的鋪貨，人員或運輸工具不到位，致使貨物無法及時送到。終端的貨架上沒貨，終端零售商由於無貨轉而經銷其他產品，給消費者造成斷貨的印象。這樣，好不容易建立的市場因貨物供應不及時而丟失。

⑵承諾無法履行

為了把貨物順利地擺到終端零售商的貨架上，很多廠家不惜口頭承諾「質量達一流水準」、「包退，包換」、「終身免修」等，不管能否兌現，先把貨物鋪上再說。而很多企業根本就沒有實力和能力去兌現，最終失去零售商的信任。

17 要掌握鋪貨與實銷之差異性

在銷售活動中，商品是要投放到市場、擺上貨架，供消費者選購的。商品離開廠家賣出去之前叫鋪貨，賣出去之後叫實銷。鋪貨量與實銷量之間，並非總是同步的，但又具有明顯的對應關係。

1. 正確把握鋪貨量

一般情況下，在一定的時段內，總是鋪貨在前，實銷在後。鋪貨量是否越大越好？如何把握？這取決於鋪貨量的邊際效應。

從下圖可以看出，在商品投放市場的起始階段，加大鋪貨量，可以推動實銷量的增長。

圖 17-1　食品廠商的鋪貨與實際銷售狀

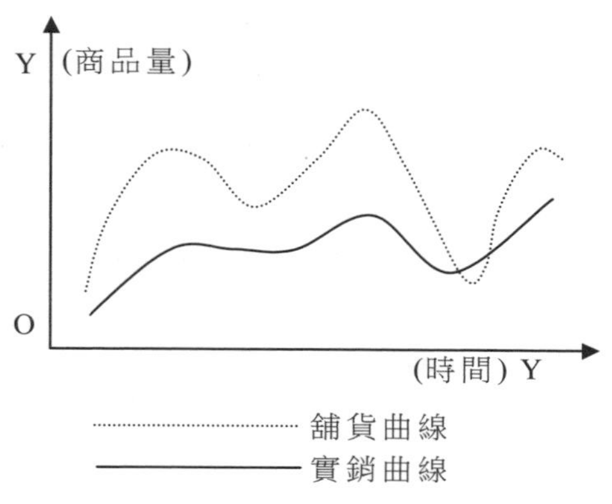

鋪貨量的增長部份與實銷量的增長部份是同步的，也就是說，鋪貨量的邊際效應遞減。當超過市場的容量時，銷貨量加大，不僅於

事無補，反而會給廠家帶來更大的損失。鋪貨量的邊際效應出現負值，即負效應。因為商品過多的滯留在流通環節，因保管不善造成商品變質、損壞的可能性增多。經銷商因該商品佔有庫房過多過長，對該商品漸漸失去好感。在貨架上的商品長時間擱置，給消費者造成無人問津的現象，反而會抑制購買慾望。因此必須根據鋪貨量邊際效應的變化，科學安排鋪貨的數量。

因鋪貨滯後、量少而影響實銷，固然令人遺憾，但問題不難解決，重要的是克服鋪貨量的負效應。鋪貨量邊際效應的變化告訴我們，並不是每一次加大鋪貨量都能導致實銷量增大。從上圖也可以看出，在特定的時段內暫停或減少鋪貨，實銷量並不因此而減少(零售商有庫存)。根據消費者心理，在商品得到市場一定的認可之後，甚至可以有意識的使商品「斷檔」，使消費者產生該商品不錯、緊俏的印象，然後再大批量上市，又會給消費者造成煥然一新的感覺，使鋪貨量的增長產生出最大的邊際效應。

2. 及時掌握實銷量的變化

從實銷曲線出來看，商品的實銷量沿著一定的水平線上下波動，彈性並不大。這條看不見的水平線是相對穩定的。(如圖 17-2 所示)

圖 17-2　實銷曲線

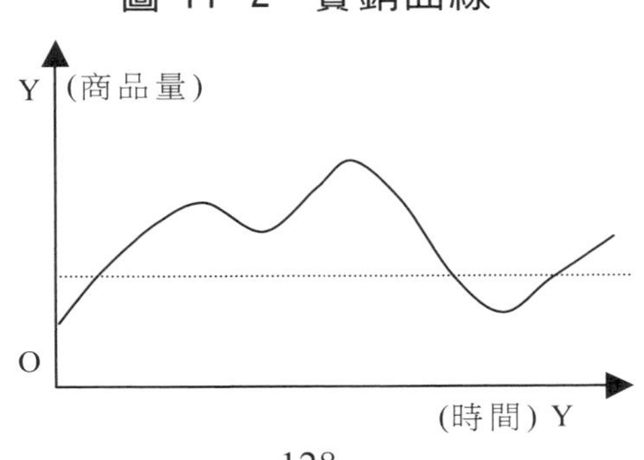

一方面，這條看不見的水準線受市場客觀條件的制約，不像鋪貨量那樣可以隨意調整，它是商品在市場上實際佔有率的反映，是同類產品、替代產品的生產廠家各種力量對比和制約條件作用的結果。力量對比因素有：廠家的銷售能力、質量水準、廣告的投入力度等。制約條件包括商品對當地消費者的適應程度等等。比如當地兒童喜歡甜的口味，酸、辣小食品的銷售就可能阻力較大。反過來說，從銷售水平線也可以看出自己生產條件和銷售能力處於什麼樣的狀態。

另一方面，對實銷量也有一個主觀上及時統計和正確分析的問題。人們對實銷量的認識往往有一個過程，銷售人員應當努力縮短這個過程，見微知著。縱觀條件變化，導致實銷量或起或落，如果認識過程太長，各種統計數字遲緩，得到的資訊則可能是扭曲的，即無法採取正確的對策，也無法避免已經或將要發生的損失。例如，人們在盛夏酷暑，喜歡吃新鮮瓜果，瓜果的供應正好數量充足、價廉、品種多，乾、酥、脆的小食品實銷量就會下降，而你遲到的統計數字則反映出實銷上升的趨勢，加大鋪貨量，如果等到季節過後才發現這個問題，大量鋪出去的乾酥食品因天熱變質就難以避免。又如，競爭對手通過降價、有獎銷售、改變口味、增加品種等措施，擴大了銷路，而自己反應遲鈍，根據競爭對手已見效的策略採取補救措施，而競爭對手恰恰又要根據同行跟進的局面出臺新技術措施，提前進入下一輪競爭，那麼自己就會總是處於被動的地位。

3. 努力實現鋪貨量與實銷量

鋪貨量除了受制於實銷量之外，還要受生產量的推壓。有些廠家產品一旦在廠內積壓，就要求銷售人員儘快把貨鋪出去。殊不知產品在流通環節並不等於全部賣了出去。因此，鋪貨量在生產與實銷之間，應服從於實銷量，側重於與實銷量和諧共振，注意以下幾點：

⑴鋪貨量的提前量要適度。從經驗看，鋪貨量不宜超過實銷量的20%，鋪貨量的加大時機比實銷量增長提前半個月左右為宜。太少太晚，經銷斷檔的時間過長；太多太早，鋪貨量的邊際效應減弱。

⑵鋪貨量呈現波浪式遞進。要頂住生產量加大的超負荷壓力，避免強制鋪貨。在零售貨架不斷檔的前提下，可使批發商的庫存數量形成一個低谷，採取「饑餓療法」。當然，要準確掌握實銷量的波峰週期，消費高峰前及時鋪貨。充分認識產品的生命週期。一個產品歷經開發、生長、成熟、衰落幾個階段所形成的週期內，一般有若干個實銷量波動週期，不要把兩種週期混為一談。批量生產初期，新產品以嶄新的面貌出現，經銷商不拒絕嘗試，消費者感到新鮮，鋪貨量的邊際效應較高，但是不能過於樂觀。當實銷量長時間疲軟，如果不屬於產品質量與銷售策略的問題，就標誌著產品進入衰落期，要加快產品的更新換代。

⑶以實銷量的變化指導生產。以鋪貨量與實銷波動的一個週期之比，確定生產的進度，安排計劃，指導生產的均衡發展。因生產質量問題影響實銷量時，應毫不猶豫的通知生產、質檢部門及時改進。

⑷以實銷量的變化調整銷售策略。產品質量有保證，鋪貨及時適度，而實銷量仍然上不去時，要麼是競爭對手採取了新的促銷方法，要麼是市場出現了變化，這都要求銷售人員及時分析和調整銷售策略，不可一條路走到底。

實現了鋪貨量與實銷量的和諧共振，就會使銷售水準逐漸上升，步入良性循環。

18 鋪貨活動手段

一、對鋪貨的要求

鋪貨的特點是：時間短、開拓快、營銷多、持續久。

通過鋪貨要把產品營銷的三要點充分體現出來。但最重要的是：我們每個銷售人員對產品無所不在負有直接責任。

⑴買得到

不僅是買得到，而且是無所不在的。鋪貨後的見貨率要大於 80%。

⑵買得起

不僅是買得起，且讓消費者知道買你的產品是物有所值的。

⑶樂得買

不僅是被接受，而且是情有獨鍾、偏愛的。

二、鋪貨前的準備

⑴對鋪貨區域內售點經營的競爭品種、價格政策有所瞭解。

⑵制定出合理有效的鋪貨獎勵政策。

⑶聯繫落實分銷區域供貨配合的經銷商。

⑷準備好廣告張貼和樣品等。

⑸準備好介紹、鋪貨一覽表和市場跟蹤調查表。

三、鋪貨的組織工作

⑴組織落實充分的人力。

⑵組織落實零售商配合送貨、供貨及其他。

⑶組織鋪貨人員做鋪貨前的信心、技巧、注意事項等培訓。

⑷落實鋪貨所需的車輛。

⑸落實促銷政策及實物。

⑹做好補鋪、重鋪，二次、三次進貨的準備工作。

⑺組織落實鋪貨前和鋪貨後的媒體廣告和終端拉動工作。

四、鋪貨促銷政策的活用

⑴鋪貨必須要制定好合理的促銷、獎勵政策。

鋪貨與常規的送貨銷售所不同的是，前者需要主動向目標銷售點推薦，而且有許多後者所沒有的困難：鋪貨的產品往往不是暢銷產品；銷售網路尚未形成；許多售點是需要新開闢的。後者只是根據現有銷售網路正常銷售的需要給予及時補貨。如果沒有促銷政策，鋪貨工作將是事倍功半，所以說鋪貨的促銷、獎勵政策是潤滑劑，鋪貨政策如何制定比較合適？第一，競爭品相比有一定價差力度；第二，與本公司正常銷售的產品相比有一定的價差；第三，把握好它的重心。

⑵鋪貨的產品價格，及二次進貨的基本價必須統一。

⑶優惠政策是在基本價上根據需要而定的。

⑷不同的對象和不同的難度要適當靈活掌握。

五、鋪貨的面談技巧

⑴初步瞭解拜訪對象情況。

⑵行動前的準備：儀表端莊，攜帶物品齊備。

⑶初訪的技巧：熱情大方，問候語，自我介紹。

⑷實質說明：針對性的介紹產品的優點，恰當的介入。

⑸展示技巧：通過實樣品嘗加以說明。

⑹處理展品議：忽視法、補償法、太極法。

⑺締結技巧：利益匯總法、前提條件法、哀兵策略法、詢問法。

六、鋪貨率調查及資料處理

作為一名市場銷售主管，必須掌握鋪貨率的調查工作，報告撰寫的方法，作為一名基層銷售員最好也能掌握本方法，對自己責任區域內的市場鋪貨率做出及時正確的分析報告，不僅可供上級領導參考，也為自己下一步市場拓展提供決策依據。通過認真的鋪貨率調查，可加深對市場的深入瞭解；加強與終端的客情關係；正確瞭解掌握產品的市場鋪貨率和市場佔有率；有助於掌握競爭產品的動態；準確地掌握自己產品地市場所處的位置。

七、正確把握鋪貨量

一般情況下，在一定的時段內，總是鋪貨在前，實銷在後。鋪貨量是否越大越好？如何把握？這取決於鋪貨量的邊際效應。在商品投放市場的起始階段，加大鋪貨量，可以推動實銷量增長。鋪貨量的增長部份與實銷量的增長部份是同步的，也就是說，鋪貨量的邊際效應是遞增的。當市場逐漸飽和時，情況有了變化，鋪貨量增長的那一部份，對實銷量的影響越來越小，也就是說，鋪貨量的邊際效應遞減。當超過市場的容量時，鋪貨量加大，不僅於事無補，反而會給廠家更大的損失。鋪貨量的邊際效應出現負值，即負效應。因此必須根據鋪貨量邊際效應的變化，科學安排鋪貨的數量。鋪貨量邊際效應的變化告訴我們：並不是每一次加大鋪貨量都能導致實銷量增大。根據消費者心理，在商品得到市場一定認可之後，甚至可以有意識的使該商品「斷檔」，使消費者產生該商品不錯、緊俏的印象；然後再大批量的上市，又會給消費者造成煥然一新之感，使鋪貨量的增長產生出最大邊際效應。

八、及時掌握實銷量的變化

商品的實銷量是商品在市場上實際佔有率的反映，是同類產品、替代產品的生產廠家各種力量對比和制約條件作用的結果。力量對比因素有：廠家的銷售能力、質量水準、廣告投入的力度等。制約條件包括商品對當地消費者的適應程度等等。

從經驗看，鋪貨量不宜超過實銷量的 20%，鋪貨量的加大時機比實銷量增長提前半個月左右為宜。太少太晚，經銷斷檔的時間過長；太多太早，鋪貨量的邊際效應減弱。

表 18-1 早會工作說明

1	研究調查區域總地圖，按照調查路線行走規則，設計當天行走路線。	1. 每天早上必須當天調查區域。並確定大致路線走向。否則，如果一週內僅計劃一次，很可能在週三，業務代表就會被惰性所控制，導致任務完成得拖拖拉拉。 2. 計劃時要確定一個當天調查的起始點。
2	檢查當天調查要帶的表格、地圖及工具： 地圖：總地圖，區域分地區； 調查表：每天帶出 60 張或更多； 工具：筆(藍、紅、黑)、夾子。	總地圖一定要攜帶，以免城區變遷導致的意外。

表 18-2 調查表格填寫注意事項

1. 字跡清晰、端正、易讀。
2. 用藍色或黑色筆填寫。
3. 認真填寫每一欄題目，請勿無故空缺不填。
4. 每張調查表格上必須填寫調查者姓名、編號、調查區域編號。
5. 每天交回的表格必須按當天的調查序號排列。
6. 學校管道應特別注意標示，尤其要判斷各店銷售情況，注意運動場附近店面。

表 18-3 零售商調查路線行走規則

行走路線原則	調查時以大路為主線靠右行走。從何處離開主線就從何處回到主線，繼續沿主線前進。這些做法是為了防止大面積地錯過街區，並減少回頭重訪的工作量。
行走路線要求	1. 每天到達指定調查區域並開始正式調查之前，首先在調查區域內快速行走一遍，以便熟悉路線走向。 2. 一定要在指定的地圖區域內進行調查，不可跨區調查。 3. 完成一片後再進行下一步，不得任意穿插路線。 4. 沿途每遇到一條街/巷時，均須入內調查。 5. 在徹底完成一條街或巷後必須由原入口處出來(靠右行走)，回到原主線上繼續行走。 6. 如遇到再次分岔，同理以分岔處為入口，調查完該分岔街或巷後再回到分岔入口處，然後再沿著進入分岔街或巷之前行走的方向繼續調查。 7. 無論地圖上是否標出，沿途只要遇到有街或巷都必須進入，並在地圖上標明該路段(詳見標圖注意事項)。 8. 當走進任何一條街或巷時，必須注意此街/巷到何處終止。若與地圖所標位置不同，請在地圖上改正。 9. 每到一個路口或交叉口，在進入或出來或拐彎前都必須確認是否按計劃路線行走。 標圖注意事項 10. 將客戶位置和客戶序號準確地標在區域分地圖上，並將此編號圈起來。 11. 每張分地圖的客戶序號都必須從 1 開始，依次往下標。 12. 對地圖所做的每個修改都必須經過再三確認後方能進行。 13. 對地圖上沒有標出的路、街或巷，請用紅筆在地圖上繪出該路段的明顯識別標記(如建築物、單位、廣告牌等)，並標上路名。 14. 單行線、禁轉路口、手推車路線也要標明，這是為了以後配送的順利進行。

19 運用標準推銷話術來提升業績

業務部門為加強銷售技巧，有必要對業務員加以教育訓練，而「標準推銷話術」的功能，不只能使業務員銷售技巧更純熟，更能整體提升整個業務團隊的推銷水準，確保公司的業績。作者擔任行銷顧問師，發覺業務團隊總有幾位業務員的口才超利害，若能整個團隊都會這這套技巧，豈不是太棒呢！

一、標準推銷話術的重要

對業務人員而言，「說話」是一項武器，業務人員如果不善於表達，說話不順暢，說話抓不到重點，甚至於說錯話，客戶會認為「這個業務員可能對自己所推銷的商品沒有信心」，到最後，銷售效率一定會降下來，影響到業績，因此業務部門為提高銷售業績，有必要對所屬業務部門加以教育訓練，使推銷技巧更純熟，而針對欲推銷之商品更應設計一套推銷技巧，使業務員、店員的推銷話術更容易發揮效果。

對主管而言，有效的推銷語術，不只提高業務員（店員）的銷售能力，在人事異動頻繁時，借著一套標準的推銷話術，能使「新兵」（新進業務員）立即派上用途，此功能令經營者、高階主管更加欣喜。

企業欲提高績效，依照顧問師的心得，最有效的便是「執行標準化的推銷話術，將業務員的推銷話術更標準化，不只是提升業務員能力，更使推銷素質均衡發展，以達到公司的一致化目標」。

有效的標準推銷話術是產生利潤的最佳工具，可以建立與客戶的良好人群關係，培養為公司客戶，更進而自動推介本公司產品。

推銷話術有多種，至少包括：商品介紹、拒絕的服務、抱怨的處理，新產品的鋪貨等，推銷技巧是針對不同客戶應有不同的因應之道，惟基本上要先備妥「標準推銷話術」，熟能生巧，面對不因客戶時，自然應用自如。

二、促銷活動的標準推銷話術

例如公司為鼓勵經銷商多進貨，於夏季針對經銷商舉辦「喝啤酒比賽」，會場有各種趣味活動與大量贈品，凡是進貨達規定者，即送招待券一張請其參加。

為訓練業務員鼓勵經銷商能多進貨，並且參加「喝啤酒比賽」，公司內部先展開推銷話術說服技巧之訓練，並編印「標準推銷話術」供業務員參考。

1. 先鼓勵經銷商參加「喝啤酒比賽」的話術

先鼓勵經銷商「參加活動」，待其同意後，再推動「鼓勵多進貨」的標準話術。

問：參加啤酒比賽有什麼好處？(有什麼趣味)

答：好處多了，第一接受我們的豪華款宴，還有參觀新奇刺激的啤酒比賽，光這就值回票值了。第二贈送您襯衫 2 件約值 1200 元，第三是贈獎最少都有瓦斯爐一台市價 4000 元，你說這樣多的好處和趣味，是不是有吃有捉(閩南語)。

問：我不會喝酒沒興趣參加。

答：您不會喝酒也沒關係，您在接受我們豪華款宴同時可大開眼界，在清歌妙舞中欣賞這場國內規模最大，難得一見的喝酒比賽，同時又可和同行好友，共話家常，可說真是難得的好機會。

問：價錢這麼貴，等於自己請自己，不想參加！

答：老闆！您的想法和××煤氣行老闆一樣，其實在本公司顧問向他說明後，他感覺實在便宜，所以後來決定參加，您看這個價錢會貴嗎？

2. 鼓勵經銷商多進貨的話術

一旦經銷商同意參加「喝啤酒比賽」，第二步是針對經銷商老闆可能有「塞貨」、「品質」、「獎金」、「庫存量」等，一一加以破解說服。

問：我這裏其他牌子那麼多，不喜歡再進別牌。

答：牌子多，並沒關係，多一種牌子是給消費者多一個選擇的機會，如果你將來發現有某牌子不好銷的話，還可以不要銷售，所以不差。多一種牌子就是多一份力量呀！

問：別牌子庫存很多，等銷出一些後再考慮進貨。

答：是啦！雖然您的庫存不少，但由於我們連續不停的做廣告，所以一定有很多顧客來指名購買，假如您沒進貨，您豈不是又白白的失去不少的顧客？

問：「客人要貨時，再向你叫貨。」

答：「店裏陳列本牌商品，可提高您的店格，而且現在配合廣告宣傳暢銷，等到臨時向本公司叫貨時，就會耽誤時間了。」

問：「每台的銷售獎勵金太少了！」

答：「本牌的品質好，信譽佳，價格合理，銷路快，雖然利潤比別牌稍為少一些，但週轉快，節省您的資金，算起來更划算」、「本牌商品有信譽，老客戶會源源不斷向您買各種貨品，算起來你利潤更高。」

問：貴公司的產品，品質不好，不想進貨。

答：這是誤會，本公司的品管是非常嚴格的，不過話說回來，每一種機械都有毛病，一台數億元的噴射客機常都會失事，何況這，一台三、四仟元的產品，但這沒關係，因本公司的售後服務是勤快的，這您是最清楚的。

問：貴公司存貨還那麼多，不想進貨。

答：不過話說回來，貨品排愈多愈表示您的財力和信譽，且愈會吸引消費者，引起他的挑選的購買欲，所以還是再進一些，因為存貨多，這是沒關係的。

三、標準推銷話術的製作

推銷話術的高明與否，因人而異，而且業務員彼此也有不同的推銷話術，就公司立場而言，經過業務員實際演練後的高明推銷話術，應該加以保存，形成「標準化」，並將此標準化的推銷話術，運用到整個業務團隊上。

依照筆者歷年的行銷輔導經驗，替若干企業撰寫新產品上市的標準推銷話術，確信「標準推銷話術」的推動，可以迅速提升業務部門的績效、營業員的素質。

企業內部應如何製作「標準推銷話術」呢？筆者指導企業的過程介紹如下：

1. 集合推銷員，把客戶時常提出的各式問題，加以匯總，這當中包括「常碰到之問題」、「罕見之問題」等。

表 19-1 推銷話術檢核表

審核要點		評語欄	
		是	否
招呼階段	是否能夠以自然的笑容和對方打招呼以便取得好感？		
	能否由輕鬆的話題開場，以便緩和當時的氣氛？		
	能否順利地導入本題？		
展示與說明階段	能否應顧客的要求順利地做好產品的說明？		
	能否應顧客的要求，確切地掌握到訴求的重點？		
	能否有效地運用產品目錄及樣本來做好產品的說明？		
	能否巧妙地把成功實例帶入話題，以增加說服的效果？		
	能否做到偶爾讓對方開口，而使自己扮演聽者的角色进呢？		
	能否引導對方發問而讓自己做適當的回答呢？		
	能否巧妙地應對對方的拒絕，做進一步的說服工作呢？		
	能否巧妙的找時機提出產品的價格呢？		
	能否巧妙地消弭對方對於價格的抗拒感嗎？		
締結階段	能否伺機嘗試締結成交呢？		
	能否在適當的時機作結論，推到締結階段嗎？		
	能否設法讓對方感受到決定購買的快感嗎？		
	能否為自己留下再次拜訪的後路呢？（尤其在遭到拒絕的情況時）		
	告退時能否做到給對方留下好的印象呢？		
整體作業技巧	措辭、音量、講話的速度種種方面是否適度合宜？		
	與對方洽談時的走位、姿勢，體態，視線等等是否週到無虞呢？		

<註>業務員每次拜訪、推銷客戶完畢後，應立刻檢討改進，以期許自我的進步。

2. 將問題匯總後加以分類，列出共同的類別，並分析其嚴重性的程度。

3. 篩選出「重要之問題」「常碰到之問題」，數量不必太多(約 5-20 題)，列為業務員在拜訪推銷時碰到之難題，針對此點，製作最理想的「標準推銷話術」，加以因應。

4. 針對此常碰到之問題，舉辦「腦力激蕩術」，以尋求理想的回答方式，即「標準推銷話術」。

5. 由專責行銷企劃員編制標準話術或徵求內部提出。

6. 盡速編制推銷標準話術，並印刷成書面文字。

7. 以角色扮演法，令全體人員受訓或觀模，並時常加以修正(補充)標準話術教材內容。

8. 要求業務人員多加演練，假設各種情景，運用「標準話術」，以便純熟運用「標準推銷話術」

四、標準推銷話術的推廣

主管為提升業務部的販賣力，常安排年度教育訓練工作，以強化銷售技巧，更要製作標準化的推銷話術。經過精心策劃的「標準推銷話術」，一旦製作成功，下一個步驟是如何令業務人員熟悉運用，以發揮效果。標準推銷話術的推廣，建議其方式如下：

1. 利用角色模擬法，定期演練，務其能應變熟練。

2. 在內部刊物上徵求，並以贈獎方式激發其興趣。

3. 在各營業所或分公司的朝會中辦理，每日一個，針對一個「異議主題」，舉行話術推廣比賽。

4. 在朝會中由主管主持簡單的角色扮演，利用短短數分鐘，每日一則加以演練。

5. 以大海報的方式書寫各則重要話術，利用朝會大聲朗誦，久而久之，便能隨時朗朗上口。

6. 定期教育訓練，並舉行書面的簡易測驗。

7. 時常以社內刊物徵求答案，並予以贈獎。

表 19-2 銷售話術的收集

各位業務員：

你好，為編制強有力的商品推銷話術以提升業績，請各位提供寶貴經驗，將大家平日最常碰到、最感到頭痛的客戶問題，予以列出，用大家的智慧來克服以便開創更豐富的業績。

祝財源廣進！

NO	分類	在業務上最頭痛、最常碰到………等問題	備註
1	品質		
2	價格		
3	售後服務		
4	造型		
5	票期		
6	其他		

表 19-3 業務員推銷話術訓練的內部考試

〈推銷話術〉考試卷

評分員：

得　分：　　　　　　　　學員姓名：

總　分：________　　　　第____次考試

NO	客戶反應的問題	您的應對話術
1	太貴了，我不要進貨	第一型： 第二型：
2	別家票期可以延到 3 個月	第一型： 第二型：
3	你們對消費者的保證服務期間怎麼只有半年而已呢？	第一型： 第二型：
4	太太不在，我要和太太商量！	第一型： 第二型：
5	店內存貨還很多！	第一型： 第二型：
6	沒聽說過這種產品！	第一型： 第二型：

20 確保零售店是否陳列展售

業務員在催促零售店進貨之後，要確保商品陳列位置，陳列很重要，消費者看不到就不會買，所以要擺在消費者最容易看見和拿取的地方，並且擺得越多越整潔越好。

1. 生動化工作的目標

⑴強化售點廣告，增加可見度；

⑵吸引消費者對產品的注意力；

⑶提醒消費者購買本公司產品。

2. 陳列展示四要素

⑴位置；

⑵外觀(廣告、POP 配合)；

⑶價格牌；

⑷產品擺放次序和比例。

3. 貨品的陳列最佳位置

⑴與目標消費者視線儘量等高的貨架；

⑵人流量最大的通道，尤其是人流通道的左邊貨架位置，因為人有先左視後右視的習慣；

⑶貨架兩端或靠牆的轉角處；

⑷有出納通道的入口處與出口處；

⑸靠近大品牌、名品牌的位置；

⑹改橫向陳列為縱向陳列，因為人的縱向視野大於橫向視野。

4. 貨架的陳列位

貨架通常有幾個高度：與視線平行、直視可見、伸手可及、齊膝。

貨架不同高度對銷售量的影響有：

⑴從伸手可及的高度換到齊膝的高度，下降 15%；

⑵從齊膝的高度換到伸手可及的高度，上升 20%；

⑶從伸手可及的高度上升到直視可見的高度，上升 30%～50%；

⑷從直視可見的高度換到齊膝的高度，下降 30%～60%。

⑸從直視可見的高度換到伸手可及的高度，下降 15%。

5. 貨架陳列

⑴同種產品集中擺放，排面越多，越引人注意，銷售機會越大，銷量幾乎和排面成正比；

⑵優先陳列正欲推廣的產品和銷量最大的產品；

⑶同一種包裝規格的產品在同一層貨架上水平陳列；

⑷同一品牌的產品按不同規格在貨架上垂直陳列；

⑸明碼標價是最好的廣告，但注意標價不要張冠李戴，同一賣場同種產品價格一致；

⑹所有產品中文商標朝外；

⑺擺在同類最暢銷的產品旁邊「借光」；

⑻把生產日期早的產品擺在最前面儘快銷售；

⑼避免產品長期暴曬(包裝褪色，品質受損)。

6. 上貨要求

⑴所有陳列於貨架上的產品必須拆開外包裝，以便於消費者拿取。每次去店中，發現不良品應立即撤下貨架。

⑵盡可能多地利用客情關係，在店內使用廣告宣傳品。在陳列貨

架的每個面上都做好記號，以便於下次理貨時清除混入公司陳列品的其他品牌的產品。

⑶在推廣新品期間，要保證新品佔 1/3 的陳列空間。公司每次新品推出，都要精心策劃。每推廣成功一個新產品，都可以增加商場的銷量，所以一定要讓消費者看到公司的新產品。

7. 落地陳列

⑴用於超市賣場或批市箱體陳列、堆頭陳列；

⑵除非有促銷指定品項或空間限制，一個落地陳列以一種產品為佳；

⑶島形陳列：位於客流主通道，可以從四個方向拿到產品，除最下面一層外全部割箱露出商標；

⑷梯型陳列：階梯式堆放(背靠牆壁)可以從三面拿到產品；

⑸金字塔陳列：四方型，下大上小一圈一圈多陳列；

⑹除最下面一層外全部割箱，層層縮進；

⑺所有落地陳列必須有清楚明顯的價格指示和廣告貼紙；

⑻每次拜訪時清理陳列區域，移走每一包非本公司推銷的產品；

⑼每個產品中文面向消費者，補充產品由後向前，由上而下；

⑽完成陳列後，故意拿掉幾罐產品以留下空隙，方便客戶拿取，同時借此顯示商品的良好售賣情況。

8. 爭取最好的陳列位置

⑴正對門，入門可見的地方；

⑵與視線等高的貨架上；

⑶顧客人流最多的通道上，盡可以擺在人流(如人流是從左向右就爭取左邊的位置)必經之地，如出口、入口、收銀台；

⑷貨架兩端的正向(端架)。

9. 避免差的位置

⑴倉庫、廁所入口處；

⑵氣味強烈的商品旁；

⑶黑暗角落；

⑷過高或過低的位置(不易看到也不易拿取)；

⑸店門口兩側的死角。

10. 其他注意事項

⑴隨時檢查製造日期和保質期；

⑵儘量使商品放在方便目標消費者拿取的位置；

⑶兒童用品/食品擺在較低貨架 50 釐米～100 釐米高度處；

⑷成人用品/食品擺在貨架 170 釐米～70 釐米高度處；

⑸用冰櫃陳列產品，超市要張貼「請自己拿取」的廣宣紙。

⑹保持貨架上盡可能多的產品，讓消費者方便地自行選購；

⑺陳列要突出視覺效果，但也要注意安全性，擺在穩固的位置；

⑻考慮消費者拿走其中一個時，其餘產品的穩固性，而不是留給消費者自行處理。

心得欄 ----------------------------------

----

21 商品陳列的方法

怎樣才能使自己的產品在零售店充分陳列，並且閃爍著耀眼的光芒呢？

商品陳列過程中，業務員運用的方法有以下幾種：

1. 陳列顯眼

所謂顯眼是指銷售終端為使「最想賣的商品」容易賣出，儘量將它設置於顯眼的地點及高度，也可稱為有效陳列。在進行顯眼陳列時，商品陳列要醒目，展示面要大，力求生動美觀，要把我們的產品放在消費者能看得到的地方。如與消費者視線儘量等高的貨架、貨架的兩端、貨架的拐角處等。同時還必須考慮商品的購買頻率，對於想要售出的商品，儘量選擇能引人注目的場所陳列。讓消費者看清楚商品並引起注意，才能激起衝動性的購買。

2. 最大化陳列

銷售終端的陳列面積都是用金子換來的，佔據較多的陳列空間、盡可能增加貨架上的陳列數量，是商品陳列的目標。

產品的銷售額可隨著陳列面的增大而增加這是個不爭的事實，在諸多的調查中，有這樣一個資料可以形象地顯示增加陳列面可以提高商品銷量。

成功的陳列面都具備以下特點：

· 包裝面正面向外(確保消費者對品牌、品名、包裝留下印象)

· 採用堆箱形式的陳列面的穩固性(不易翻倒，確保安全)

・ 多產品集中排列

・ 至少三個排列面(因為只弄一個較易被品名價格標簽擋住)

・ 留有陳列面缺口(給人感覺產品處於熱賣中)

3. 全品種陳列

盡可能多的把公司的產品全品種分類陳列在一個貨架上，既可滿足不同消費者的需求，增加銷量，又可提升公司形象，加大產品的影響力。

某超市的端架費 300 元/月，進場費 100 元/月，每品貨架給兩個陳列排面，現在 A 公司已進 5 品，也就是貨架上有 10 個排面的陳列。準備用於此超市的費用 1500 元，操作方法可以購買 5 個月的端架，這樣做的效果是端架上有 5 個月很好的陳列，貨架上有 10 個排面的陳列；也可以購買 3 個月的端架，用剩餘的 600 元可以再進 6 個新品種，這樣做的效果是：端架上有 3 個月很好的陳列，而貨架上會有至少 22 個排面的陳列。因為可以請超市把暢銷的幾個品種在貨架上的排面調多一些，一般情況下超市會滿足這種要求的。這樣做還有一個好處：我們的產品佔的貨架資源多了，留給競爭對手的機會自然也就少。很顯然，我們基本確立了在貨架上的優勢，這對於銷量的提升作用就不用說了。

4. 集中展示陳列

系列商品集中陳列，其目的是增加系列商品的陳列效果，使系列商品能一目了然的呈現在消費者面前，讓消費者看到並瞭解公司的所有產品，進而吸引消費者的注意力，刺激他們衝動性購買。此外系列產品中的強勢產品也可以通過集中陳列，帶動系列產品中比較弱勢的產品，以便培養明日之星。系列產品集中陳列能夠造成一般氣勢，有助於整體銷售的帶動。

可口可樂公司的產品分為幾大類：碳酸飲料、水飲料、果汁飲料、茶飲料。這樣就要求每一類的產品均與同類在一起陳列，不能跨類別陳列。

5. 滿陳列

有資料表明，放滿陳列可平均提高 24%的銷售額。顧客來到賣場關心的就是商品，所以進門就會把目光投向櫃檯貨架，這時候，如果櫃檯貨架上商品琳琅滿目，非常豐富，他的精神就會為之一振，產生較大熱情。無形中他會產生一種意識：這兒的商品這麼多，一定有適合我買的。因而購物信心大增，購物興趣高漲。相反，如果貨架上商品稀稀拉拉，營業大廳空空蕩蕩，顧客就容易洩氣，他會覺得商品這麼少，能有啥好貨。一旦產生這種心理，便會對解囊消費造成極大阻力。

商品放滿陳列要做到以下幾點；貨架每一格至少陳列 3 個品種(暢銷商品的陳列可少於 3 個品種)，保證品種數量。就單位面積而言，平均每平方米要達到 11 至 12 個品種的陳列量。當商品暫缺貨時，要採用銷售高的商品來臨時填補空缺商品位置，但應注意商品的品種和結構之間關聯性的配合。

6. 縱向陳列

縱向陳列是指同類商品從上到下地陳列在一個或一組貨架內，可以搶奪消費者的視線，顧客一次性就能輕而易舉地看清所有的商品。垂直集中陳列，符合人們的習慣視線，使商品陳列更有層次、更有氣勢。除非商場有特殊規定，一定要把公司所有規格和品種的商品集中展示。

系列產品應該呈現縱向陳列，如果它們橫向陳列，顧客在挑選某個商品時，就會感到非常不便。因為人的視覺規律上下垂直移動方便，其視線是上下夾角 25°。顧客在離貨架 30 釐米至 50 釐米距離間挑選商品，就能清楚地看到 1 至 5 層貨架上陳列的商品，而人視覺橫向移動時，就要比前者差得多，人的視線左右夾角是 50°，當顧客距貨架 30 釐米至 50 釐米距離挑選商品時，只能看到橫向 1 米左右距離內陳列的商品，這樣就會非常不便。實踐證明，兩種陳列所帶來的效果是不一樣的。縱向陳列能使系列商品體現出直線式的系列化，系列商品縱向陳列會使 20%～80%的商品銷售量提高。

7. 下重上輕陳列

將重的、大的產品擺在下面，小的輕的產品擺在上面，符合人們的習慣審美觀。

8. 重點突出陳列

在一個堆頭或陳列架上，陳列公司系列產品時，除了全品種和最大化之外，一定要突出主打產品的位置，這樣才能主次分明，讓顧客一目了然。如可樂是可口可樂系列產品中的主打產品，所佔的排面最多，雪碧次之，芬達最少，該陳列主次分明，比例恰到好處。

9. 易選易拿陳列

易選易拿就是要將產品放在讓消費者最方便、最容易拿取的地方，根據消費者不同的年齡、身高特點，進行有效的陳列。如小孩的產品應該放在一米以下的地方。

目前銷售終端普通使用的陳列貨架一般高 165～180 釐米，長 90～120 釐米，在這種貨架上最佳的陳列段位不是上段，而是處於上段和中段這間段位，這種段位稱之為陳列的黃金線。以高度為 165 釐米的貨架為例，將商品的陳列段位進行劃分：黃金陳列線的高度一般在 85～120 釐米之間，它是貨架的第二、三層，是眼睛最容易看到、手最容易拿到商品的陳列位置，所以是最佳陳列位置。此位置一般用來陳列高利潤商品、自有品牌商品、獨家代理或經銷商的商品。該位置最忌諱陳列無毛利或低毛利的商品，那樣對零售店來講是利潤上的一個巨大損失。其他兩段位的陳列中，最上層通常陳列需要推薦的商品；下層通常是銷售週期進入衰退期的商品。

根據一項調查顯示，商品在陳列中位置進行上、中、下三個位置的調換，商品的銷售額會發生如下變化；從下往上挪的銷售一律上漲，從上往下挪的一律下跌。這份調查不是以同一種商品來進行試驗的，所以不能將該結論作為普遍真理來運用，但「上段」陳列位置的優越性已經顯而易見。

10.統一性陳列

所有陳列在貨架上的公司產品，標簽必須統一將中文商標正面朝向消費者，可達到整齊劃一、美觀醒目的展示效果。各企業規定的陳列方法不同，實際上陳列方法的意義並不在於方法本身(如究竟是「品牌垂直、包裝水準」好，還是「包裝垂直、品牌水準」 好，其實難有公論)，而在於有一個標準，讓消費者在不同的售點能看到統一風格的陳列效果，更容易形成記憶點。

例如可口可樂公司陳列順序，不論在超級量販還是便利店，可口可樂公司的產品陳列、海報張貼都遵循從左到右依次是可口可樂、雪碧、芬達、醒目的順序。

11.整潔性陳列

陳列品的清潔中終端理貨人員的日常服務工作之一，整齊的產品陳列和清潔的產品外包裝具有競爭優勢。如果你是消費者，一定不會購買髒亂不堪的產品。如有滯銷品，應想辦法處理，不能任其蒙塵，使其有損品牌形象。

12.價格醒目陳列

在超市里購物，65%的顧客會參閱貨架上的標價。如果表明商品的價格和品牌，其促銷效果可以增加 125%，所以標示清楚、醒目的價格牌，是增加購買的動力之一。這樣既可增加產品陳列的醒目宣傳告示效果，又讓消費者買得得明白，可以對同類產品進行價格比較，還可以寫出特價和折扣以吸引消費者。如有價格促銷時，必須使用「特別價格標示」，內容應包括「原價格」、「新價格」、「節省之差價」及品牌包裝等資訊，而且促銷的陳列面比一般商品要寬。如消費者不瞭解價格，即使很想購買產品，也會猶豫，進而喪失一次銷售機會。

13.動感陳列

在滿陳列的基礎上，要有意拿掉貨架最外層陳列的幾個產品，這樣既有利於消費者拿取，又可顯示產品良好的銷售狀況。如家居的碗盤採用專門的碗碟架陳列，衣架採用掛鈎陳列，使商品得以充分展示，從而提升銷售。

這年的粽子市場呈現出越來越激烈的競爭勢頭，「思念」公司為了佔據一席之地，提出了「終端生動化、營造熱賣氣氛」的基本思路。從堆頭、POP 招貼、吊牌、跳跳卡到促銷人員服裝、現場促銷形象竹屋，「思念」構造了三道立體衝擊波。

在大賣場入口處的電梯兩側用綠色的粽子模型營造出一個濃厚的端午氣氛，此是第一道衝擊波；第二道：贈送有關端午文化、粽子製造的小貼士手冊，介紹粽子的淵源嬗變，培育市場；第三道：形象化的竹屋促銷台將竹葉清香粽產品概念立體化展示出來，青青的翠竹構成了賣場一道靚麗的風景，吸引了眾多消費者的眼光。

14.先進先出陳列

按出廠日期將先出廠的產品擺放在最外一層，最近出廠的產品放在裏，避免產品滯留過期。專架、堆頭的貨物，至少每二個星期要翻動一次，把先出廠的產品放在外面。

15. 最低儲量陳列

確保店內庫存產品的品種和規格不低於「安全庫存線」。

安全庫存數＝日平均銷量×補貨所需天數

16. 堆頭規範陳列

堆頭陳列往往是超市最佳的位置，是公司花高代價買下做專項產品陳列的。

從堆圍、價格牌、產品擺放到 POP 配置都要符合上述的陳列原則，必須具備整體、協調、規範的原則。堆頭位置的變化將引起銷量 150%～200%的變化。據某企業統計，產品做堆頭後的銷量至少是普通貨架的 3 倍。

堆頭的優越之處在於有較大的發揮空間，能利用各種 POP 最大限度的表現促銷主題。但是，在熙熙攘攘的賣場內，展示及發揮的空間總是有限的，要在有限的空間和諸多賣場特定的限制中，如限尺寸、限圖樣、限風格等，尋求到非一般化的、有視覺衝擊力的造型以吸引消費者的注目，其中的獨特創意和堅持創意並說服售點陳列的工作很重要。

17. 關聯陳列

商品的關聯能夠有效地刺激顧客隨機購買的慾望，增強賣場的靈活性而備受商家推崇。關聯陳列的原則就是將不同種類但是有互補作用的商品陳列在一起。運用商品之間的互補性，可以使顧客在購買 A 商品的同時順便也會購買旁邊的 B 或 C 商品。

超市的關聯陳列可以使得超市賣場陳列活性化，大大增加顧客購買商品的賣點數。如嬰兒用品和嬰兒服飾從原有服裝排面移至嬰兒車附近陳列後，銷售從原來的幾乎為零增長到目前的幾十元、幾百元；在家居拖把排面的對面陳列桶盆商品，售賣拖把的同時也帶動了桶盆的銷售。又如在雞翅旁邊陳列炸雞調料，在陳列香皂的旁邊陳列香皂盒，或者在剃鬚刀架旁擺放剃鬚泡沫等等。

運用關聯陳列時，要打破商品種類間的區別，盡可能體現消費者生活的原型，也就是一定要貼近百姓生活。如浴衣屬於服裝類，但可以與洗澡的用具和用品陳列在一起，因為這正是消費者的日常生活。

18.功能屬性陳列

確定賣場佈局後結合顧客運行路線，按商品功能屬性進行陳列。對必需品儘量陳列在偏僻處，帶動客流消滅死角；對高價價值商品、禮盒商品或季節性商品盡可能在相鄰主通道的貨架進行陳列，從而美化排面，誘導消費者購買，提高商品銷售。

19.節氣性陳列

既根據季節、節日的變化，及時調整商品陳列。如冬季要相應擴大糖果、果仁、白酒的排面，壓縮冰淇淋、啤酒、飲料的排面，刪除殺蟲水、電風扇等商品，夏季則反之。這樣可以有效地利用現有貨架資源，發揮季節性商品的銷售潛力。

20.色彩對比陳列

商品陳列雖然很容易做到色彩斑斕，但品種多了就容易給消費者造成一片花花綠綠的視覺，不知所以然。好的陳列要將色彩有機地組合，使其相得益彰，忌色彩零亂。如金銀飾品，如果把它放在普通鋁合金櫃檯內，燈光暗淡，顧客的購買欲就會大打折扣。如果把它放在高貴典雅的櫃檯內、再以高級天鵝絨作商品鋪墊，用柔和的燈光照著，使 K 金光華四射，寶石熠熠生輝。這對顧客是一種什麼刺激當然不難想像。

21.對抗性陳列

對抗性陳列主要指根據主要競爭品牌的陳列狀況調整產品的陳列規模或位置。主要競爭品牌指它們的產品類別、價格、質量相近，管道模式相似或雷同，銷售額差距也不大。目標消費群的消費能力、消費觀念也較為接近。

因此同主要競爭品牌的競爭是最激烈也是最有效的途徑。表現在終端陳列上就是進行對抗性的陳列。對抗性的陳列不僅表現在陳列規模上，即敵強我強，敵弱我強，更要分清在目前市場上競爭對手是追隨者，還是品牌的領導者，對於前者策略是陳列上的遠離，對於後者策略是陳列上的貼近。

一般說來，企業會就市場確定 1～2 個品牌作為主要競爭對手，但是我們不能排除競爭對手全國市場成長的不均衡性，因此在特定的區域市場上，我們還必須找出企業的強項品類和主推品類的真正競爭對手，那怕這些對手可能只是地方性的品牌。找準了競爭對手，我們陳列上的狙擊才可能有的放矢。

22.創新陳列

重新審視商場佈局，靈活利用商場的有關器材、空間或運用輔助器材來創造和突出商品陳列展示及售點 POP 展示。這方面絲寶集團做得很成功，其創造的收銀台包裝、店內指示板、靈活多樣的輔助陳列器材等堪稱行業典範。

22 大賣場的鋪貨費用

零售終端是廠家的產品與消費者直接面對面的場所，是產品從廠家到達消費者手中的最重要一環。因此零售終端對於企業成功快速鋪貨來說至關重要。零售市場擁有巨大的生意潛力，而大賣場是最重要的分銷管道。

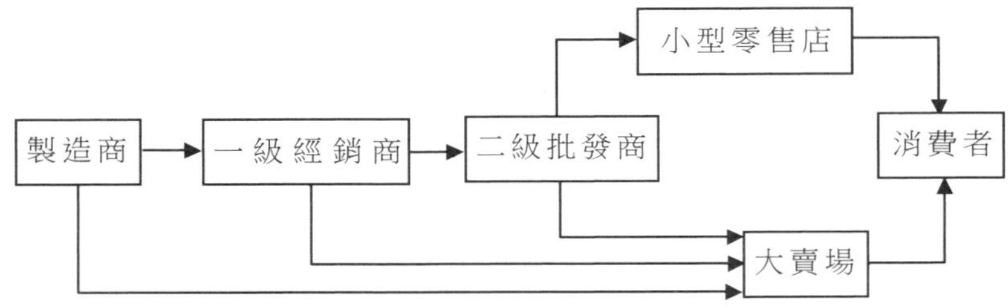

大賣場是企業建立品牌形象的有利場所。在這裏，企業可以通過貨架、掛牌等銷售工具進行良好的店內形象展示，這不僅是一種強有力的宣傳，還是一種極有價值的促銷手段，對於建立品牌的知名度、增加產品適用機會，有很大的益處。

一、大賣場採購目的是「榨乾」

大賣場的費用有一些是無理的，有一些是可以想到的。大賣場之所以對待廠家，是因為大賣場面臨更多的選擇權，廠家處於弱勢的狀態，能夠選擇的就是如何面對。

業務員在跟大賣場談判的時候往往會遇到這樣的情況：大賣場採購見到你，一般會這樣說：你那個廠的？我現在只有兩分鐘的時間，進店費是兩萬元，能談的進來，不能談的就出去。事實上，大賣場採購不是不想讓你的產品進店，而且大賣場的費用也不是不能談。沒有任何一個大賣場採購不願意進新品的。大賣場採購之所以說這樣的話，是給你一個心理上的壓力，一個姿態，這是他們的「招牌菜」。

大賣場採購常常會跟企業說，你別跟我說多少錢了，我也不想難為你，我只是想要一個合理的價格。假設你是康師傅的代理商，他是家樂福的採購，那麼他會這樣跟你說：你給另外一個超市的條件我都知道，你必須給我們一樣的優惠條件。現在大家都是互相通氣的，我很清楚你給別人的是什麼價錢，現在就是看你的態度，讓我們說出來就沒意思了，需要你們自己「主動交待」。

當大賣場採購說這些話時，是不是真的像他所言，只想要一個合理的價格？只想跟別的大賣場一樣？不是。其實他並不知道你的最低價是多少。他的目的只有兩個字：榨乾！所以一見到大賣場採購，就表示我有可能被榨乾了。

二、進入大賣場的費用障礙

以大賣場而言，超市對供應商來說非常重要，但進入超市的門檻越來越高，超市進場費居高不下，供應商往往被超市名目繁多的「進場費」、「促銷費」和「堆頭費」等弄得望洋興嘆。超市具體有什麼費用？不說不知道，一說嚇一跳。

1. 進門費用

進店有開戶費，也稱進場費或進店費，是供應商的產品進入超市前一次性支付給超市或在今後的銷售貨款中由超市扣除的費用。隨著市場競爭的日趨激烈，產品進入超市的門檻也越來越高，尤其是大賣場，由於其規模較大、影響力較強，對新品種(新產品)都要收取進場費用，並且收取的費用越來越高。

假如你選了一個經銷商，代理了幾個超市的銷售，那這個經銷商可別輕易換。因為一旦換了，就有了過戶費，也可能要重交開戶費。超市說，「合約我是跟這家經銷商簽的，你換了另外一個經銷商，在我們的超市裏你就要加過戶費。」如果這家經銷商沒有跟這家超市打過交道，就要加開戶費了。

2. 進門後費用

進了門之後，費用就更多了：解碼費、諮詢服務費、無條件扣款、配貨費、人員管理費、服裝押金、工卡費、押金、場地費、海報書寫費等。這些是有名目的，還有臨時的，比如有些超市一看上半年的利潤指標完成不了，就說要裝修，這一裝修就出來裝修費了。還有店慶費，有的超市一年居然能收兩次店慶費。

3. 罰款

動不動就罰款是超市的拿手好戲。現在超市是上帝，超市對經銷商和生產商都是管理者的姿態。如果沒有跟超市打過交道的人，任你再聰明，也想不出那麼多的罰款理由。條碼重合、產品品質有問題、斷貨、斷促銷品、價格經過調查不是本市的最低價格、促銷人員沒有穿工服、促銷人員違反超市規定等，算下來有 30 多個理由。有了理由就有了處罰手段：單方面停款、單方面扣款、單方面促銷、降臺面、下架、鎖碼、解碼、真返場、假返場、清場，等等。

4. 合約陷阱

超市合約也有陷阱。比如說超市報含稅價和未稅價，一般超市報的都是含稅價。突然讓報未稅價是什麼道理？9 角錢一包的面，未稅價是 7 角多。但是到超市之後，他是四捨五不入，一個速食麵企業在超市裏產品銷量不是小數目，這個四捨五不入加起來就相當厲害了。超市還會收一個鋪底費，一般是 10 萬元錢。鋪底是什麼意思？其實不是鋪底，實質上就是進店費。為什麼這麼說？我們想想，這個鋪底費什麼時候能要回來？只有等你退店的時候才能要回來，但是退店的時候超市會找出各種各樣的理由扣你的款。所以其實鋪底費就是進店費的變相增加。還有結賬期，超市一般會說 30 天賬期，但其實一般都要等到 60 天到 90 天，如果括弧裏註明按遞票期計算 30 天，那就更壞了，可能要到 90 天之外了。

A 是某食品企業的銷售經理，負責開拓新市場，A 經理一直在與這些大賣場談判，卻總是沒能談進去，因為大賣場有很多讓供應商難以接受的進場費用和苛刻條件，簽進場合約就像是簽「賣身契」。

某知名大賣場報給 A 經理的進店收費標準為：

1. 諮詢服務費：2002 年是全年含稅進貨金額的 1%，分別於 6 月、9 月和 12 月份結賬時扣除；

2. 無條件扣款：第一年扣掉貨款數的 4.5%，第二年扣掉貨款數的 2.4%；

3. 無條件折扣：全年含稅進貨全額的 3.5%，每月從貨款中扣除；

4. 有條件折扣：全年含稅總進貨額 370 萬元時，扣全年含稅進貨金額的 0.5%；全年含稅進貨金額 100 萬元時，扣全年含稅進貨金額的 1%；

9. 節慶費：1000 元/店次，分元旦、春節、五一、中秋

5. 配貨費：每店提取 3%；

6. 進場費：每店收 15 萬元，新品交付時繳納；

7. 條碼費：每個品種收費 1000 元；

8. 新品上櫃費：每店收取 1500 元；和聖誕共 5 次；

10. 店慶費：1500 元/店次，分國際店慶、中華店慶兩次；

11. 商場海報費：2500 元/店次，每年至少一次；

12. 商場促銷堆頭費：1500 元/店次，每年三次；

13. 全國推薦產品服務費：含稅進貨金額的 1%，每月賬扣；

14. 老店翻新費：7500 元/店，由店鋪所在地供應商承擔；

15. 新店開辦費：2 萬元/店，由新開店鋪所在地供應商承擔；

16. 違約金：各店只能按合約規定銷售 1 個產品，合約外增加或調換一個單品，終止合約並罰款 5000 元。

以上所列金額全部都是無稅賬，供應商還需要替大賣場為這些費用繳納增值稅。

23 如何應對大賣場進場費

面對越來越高的大賣場門檻，供貨廠商該如何應對大賣場進場費呢？

1. 通過有實力的經銷商捆綁進場分攤費用

大賣場對新供應商一般都要收取開戶費，比如開戶費為 8 萬元，因為開戶費是按戶頭來收的，你進一個品種要收這麼多錢，進 10 個品種也是收這麼多錢，對於供應商來說，進場的品種越多則分攤到每個品種的開戶費就越少。

有些企業如果是自己直接進場，面對高昂的開戶費就很不划算，可以找一個已經在大賣場開了戶的經銷商「捆綁」進場，這樣就至少可以免掉開戶費，還可以免掉節慶費、店慶費和返點等固定費用。經銷商也很願意，畢竟又多了一個產品來分擔各種費用。

2. 選擇大賣場做經銷商

在進入大賣場有困難時，如果考慮將大賣場提升為經銷商，供應商往往不用交高額的進場費和終端其他費用。因為供應商給其享受各種優惠政策，包括最優惠的價格，最大的促銷支持等，連鎖超市做該區域的經銷商後，會用心去經營該產品，優先推廣該產品，迅速將產品輻射到各分店所在的區域，這樣就實現了供應商和連鎖超市的「雙贏」。

3. 通過廠商聯合會捆綁進場

尋找多個廠家或同其他供應商聯合，通過加入當地的工商聯合會進場。這樣既可減少進場費用，又可減少進場的阻力。如酒類廠家可以和當地零售協會、酒類專賣局成立相關聯盟組織，解決酒類廠家與超市的衝突，維護供應商的利益。

4. 掌握談判策略，減少進場費用

用產品抵進場費。供應商在和超市談判進場時，要儘量採取用產品抵進場費的方法，不僅變相降低了進場費用(產品有毛利)，而且也減少了現金的支出。

用終端支援來減免進場費。供應商和超市談判，可以提出用終端支援來減免進場費。常見的供應商宣傳支持有：買斷超市相關的設施和設備，如製作店招、營業員服裝、貨架、顧客存包櫃和顧客休息桌椅等(這些物品上可印上供應商的廣告)。

儘量支付能直接帶來銷量增長的費用。首先要區分清楚那些是能直接帶來銷量增長的費用，那些不是。

能直接帶來銷售增長的費用：堆頭費、DM 費、促銷費和售點廣告發佈費等；

不能直接帶來銷量增長的費用：進場費、節慶費、店慶費、開業贊助費、物損費和條碼費等。

不能直接帶來銷量增長的費用，幾乎不會產生什麼效果。對供應商來說，買更多的堆頭陳列、買更多售點廣告位、安排進入更多促銷導購員和開展特價促銷，都能帶來明顯的銷售增長。

供應商在談判時，儘量支付能直接帶來銷量增長的費用，減少支付不能直接帶來銷量增長的費用。

5. 利用關係資源做好公關

供應商可以採用公關策略，以獲得進場費的最大優惠。超市採購產品時雖然對產品有業績考核指標，但產品能否進場還是和供應商的客情關係有一定的關聯。所以，廠家應整合客情關係資源，與超市採購人員多交流溝通，比如舉辦一些聯誼活動，培養和採購之間的感情。建立了良好的客情關係後，採購在收取供應商的進場費等各項費用方面往往會調低一些。

24 業務員的大賣場鋪貨技巧

一、業務員的工作職責

1. 鋪貨

業務代表要將公司一定數量的品牌、種類、規格的產品庫存到賣場可以售出的地方，如櫃檯、貨架或倉庫等。鋪貨可以量化，如業務果一個賣場貨架上陳列的該品牌產品為 12 個，那麼該賣場的鋪貨量為 12。

2. 助銷

獲得企業品牌的店內助銷。這種銷售促進是雙重性的，即通過促進本企業產品銷售的同時也幫助提高了賣場的銷售。店堂內的廣告畫、櫃檯 POP、掛旗、燈箱等都是常用的助銷手段。

3. 貨架

推銷企業品牌的陳列方式。保持本企業產品在貨架上適當的位置和空間；整理陳列商品、調換不合格商品。

貨架拜訪的方式和貨架上本公司產品的陳列量將直接影響到產品的銷售，特別是在賣場，這種影響尤為明顯。幫助賣場進行科學的陳列也會增加零售商對品牌的銷售，而陳列量的增加將擠佔其他品牌產品的陳列量，因此這種方式又有相對的競爭性。

4. 價格

經常檢查產品的零售價格，減少本企業產品在銷售價格方面的錯誤。

5. 客戶滲透

和零售商建立互動的夥伴關係。向其解釋公司政策是公平、誠實以及對雙方都是互利的；幫助客情溝通以方便催款；將賣場信息回饋回公司。

6. 人員管理

管理一線工作人員(臨時或專職導購人員)。

7. 高效運作

控制各項費用，以保證開支在預算之內。

8. 信息收集與表格填制

收集各類信息，認真、準確、及時完成各種表格與報告。

二、賣場業務代表的工作標準

1. 制訂工作計劃

在每月 25 日前制訂下月工作目標和行動計劃，呈經營部經理審閱。制訂每日行動計劃，使工作具有目的性。

2. 監督

根據每月工作計劃，安排各導購人員的行動和銷售回款計劃，並組織實施和督促回款。保證貨款 100%及時交回公司。

3. 幫助賣場完成促銷工作

(1) 產品陳列

①以購買陳列空間或專門貨櫃形式，專門陳列本企業產品，並維持其陳列。

②對已購陳列空間或貨櫃的賣場，進行陳列檢查。對不執行陳列

協議的，應予以扣減其陳列費用。

③對未購陳列空間的應通過服務和親善關係（贈送小禮品等方式），勸其調整並維持本企業產品的陳列。

⑵派發宣傳品

①根據各商場的特點和宣傳品的適用性，將宣傳品派發至各店。

②監督各賣場宣傳品發佈工作，並進行檢查。

③宣傳品派發的宗旨是：覆蓋、覆蓋、再覆蓋。

④宣傳品派發標準：要求各店至少有一款以上的宣傳品出現在顧客第一視線中。

⑶組織銷售促進活動

根據銷售促進活動計劃，組織實施並進行監控。

⑷保證 24 小時內送貨到客戶

⑸市場信息收集

①收集各賣場銷售情況的信息。

②收集市場上顧客對企業產品的反映、購買動機等信息。

③根據各類信息尋求新的分銷機會。

④收集經營部要求的其他信息。

⑤完成企業規定的各類報表、報告。

⑹公共關係

親善與各賣場重點人物、關鍵人物的關係，以保持良好友誼，便於合作。

25 業務員如何達成目標銷售額

業務部要運用目標管理技巧，配合公司的行銷策略與整體目標，逐一分派責任目標，並設定對策，加以落實執行，以達成責任銷售額目標。

每個公司在經營政策上，一定會訂定預定之銷售額目標，為了達到預定銷售額目標，也往往將這重任交賦予業務單位及業務人員，因此，如何分配銷售額、達成目標銷售額，是營業員必須重視的問題。

業務部承接公司目標銷售額，並加以分配到各個營業單位、各個業務員，必須先擬定「分配目標銷售額」之原則，再利用種種方法，加以順序往下分配，形成「責任目標額」。

一、分配「目標銷售額」的方法

企業如何達成「目標銷售額」，首先是先要分配自己的銷售額。具體的分配方法有多種，要考慮到全年度的淡旺季，地區不同的特性，人員別與商品別的責任額度等，形成「責任額」，必須綜合考慮，不能只單獨設定其中一種方法。

業務部分配目標銷售額的具體方法，有如下數種方法：

圖 25-1 目標銷售額分配

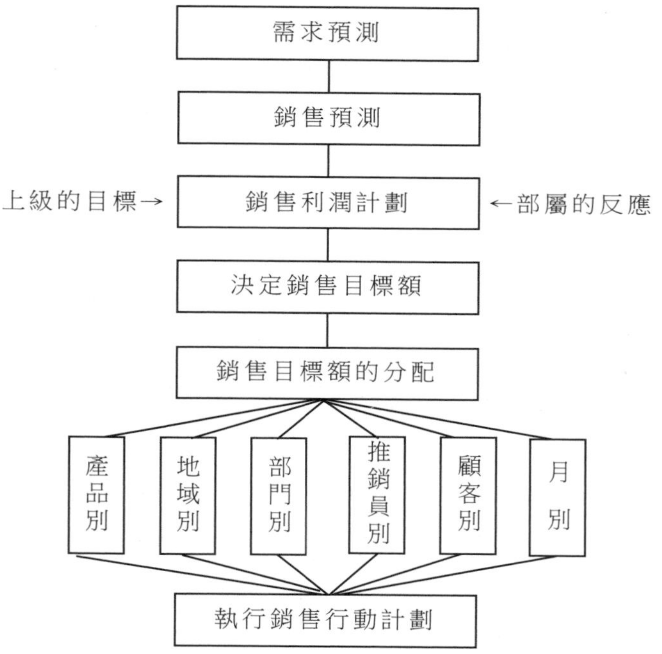

1. 根據月份別(期別)分配

將年度目標銷售額，純粹分配到一年十二個月或四季中，如此，由十二個月或四季來分攤目標銷售額。

月份別分配銷售額，對於單一業務員來說，是一種較不受歡迎之方法。完全忽略了業務員所擁有地區之大小，及客戶多寡之問題，只注重目標銷售額之達成，如此，業務員對於自己所分配之銷售額，不但不感興趣，同時對於銷售額努力達成信心不佳，那麼商品之銷售，將無法達到預期之目標，則失去分配銷售額之意義。但月份別分配銷售額之優點，公司當局，較易掌握年預定銷售額目標，同時對於所分配給業務員之月(或期)責任銷售額，也較易於達成，這是目前公司所樂於採用之方法。

改進之方法是公司當局應將月別分配方法，再加上配合推銷地區，或顧客別、商品別分配之特性，將目標銷售額，分攤給各業務員負責，如此，業務員之銷售目標，在兩種方法之配合之下，當更努力，達成目標。

2. 根據地區別分配

所謂推銷地區別分配目標銷售額，是指在分配銷售額時，純粹依業務員所擁有銷售地區之大小，及潛在客戶多寡之問題，加以訂定分配各業務人員所應負責之銷售額。

推銷地區別分配銷售額之方法，其優點及在於充分運用推銷地區之價值，並發掘推銷地區內所潛在之客戶，使商品在消費市場上之佔有率能逐日提高，因此，較易為業務人員所接受。但是它的缺點，是如何去判定推銷地區內所需消費商品數量，及如何去判定推銷地區內，潛在之消費能力。這的確是一項相當困擾的問題。

針對推銷地區別分配銷售額的問題，是在分配目標銷售額時，應考慮推銷地區內之人口戶數、經濟狀況、生活水準及顧客之消費能力，如此才能瞭解推銷地區內客戶之消費能力趨向，及客戶潛在之能力，如此，對於所分配給業務員之銷售額，也較趨向於公平合理。

3. 根據商品別分配

客戶很容易受其他商品推銷之影響，以致改變消費需求性，如此，對於所訂定分配之銷售額，較易失去其價值性，那麼業務員要達成所分配之銷售額，將是一件相當困難的事情。因此，企業依照商品別分配銷售額時，所易發生之問題點，就如何去判定消費市場及客戶，對於商品消費需求性之高低，及應如何杜絕(或減少)因消費需求性之移轉，而直接性地影響到預定銷售額目標之達成。

針對商品別分配銷售額方法之問題，最主要的途徑，就是主管要實施地區性市場抽查工作，以瞭解地區性消費者對於商品之看法，隨時將市場之消費趨向傳遞給公司，如此，才能控制消費市場，對商品需求性之變化情況，並瞭解本單位承擔的目標銷售額，如何正確分配到業務員身上。

4. 根據客戶別分配

所謂客戶別分配目標銷售額，是指企業分配目標銷售時，純粹依客戶數之多寡，及客戶性質之要素，而加以決定之。他的優點在於依客戶導向，因為客戶之多寡及消費程度，對於商品銷售目標達成與否，有直接性的影響，依照此因素而分配銷售額，業務員也較易於達成。它的缺點，是業務員會疏於開發新客戶，及開發準客戶之存在。

針對客戶別分配目標銷售額之問題，要深入瞭解產品在該市場的接受度，市場空間的成長性，開發出新經銷店的可能性，開發新使用客戶的指導作法。

表 25-1　月份別銷售目標計劃

月份 產品	1	2	3	4	5	6	7	8	9	10	11	12	合計
產品A	18	12	10	10	10	10	10	10	10	14	16	30	160
產品B	8	2	0	0	0	0	0	0	2	2	4	16	34
產品C	2	2	2	0	0	0	0	0	0	2	2	4	14
合計	28	16	12	10	10	10	10	10	12	18	22	50	208

表 25-2　地區別銷售目標計劃

單位／產品	內銷			外銷	小計
	臺北	台中	台南		
產品A	200	100	100	128	528
產品B	70	60	20	100	250
產品C	20	20	10	60	110
合計	290	180	130	288	888

表 25-3　產品別銷售目標計劃

年度／產品	2012年		2013年預計		成長率
	數量	金額	數量	金額	
A產品系列	750	225	888	266.4	18%
B產品系列	420	126	525	157.5	25%
C產品系列	90	27	99	29.7	10%
合計	1260	378	1512	453.6	20%

表 25-4　經銷店（客戶別）銷售目標計劃

業績／產品	3　月			
	○○店	○○店	○○店	○○店
	目標額/實績額	目標額/實績額	目標額/實績額	目標額/實績額
電鋸機				
鑽孔機				
電動工具機				
當月累計				

二、執行「目標銷售額」的方法

公司的目標銷售額經過分配後，業務員應瞭解到自己的「責任銷售額」，而該「責任銷售額」又以各種形態加以表現，例如「在第一個月內甲產品應賣出○○數量，其中包括○○店應賣○○數量，○○店應賣○○數量」，針對這個目標再訂立行動計劃。

計劃安排妥當之後，下一工作就是執行，執行結果必須加以評估，修正後又重新計劃，再度執行；因此，若無加以「執行」，計劃會淪為「紙上談兵」。

企業為達成計劃，必須強調「過程管理」，以「年度銷售目標」而言，若到年底才清算實際達成狀況，總有「時不我予」的遺憾！「過程管理」強調將工作拆開，縮小管理週期、管理幅度。例如，一年12個月，故一年業績檢討，改為「逐月檢討」；而每個月業績的檢討，有眾多產品混雜其內，無法區分優劣，故將每個月的業績檢討又依產品別加以區分；業務團隊人數眾多，也必須區分每個人的優勝劣敗，加以獎懲；又為了提升管理效果，原來每個月的個人業績評估，可能縮短改為每半個月評估一次，雖然相對耗費更多時間、成本，但優點是保持機動性，瞭解達成的過程，可隨時加以跟催改善。

1.每日的業務活動檢查

有每日、每週的業績，才能創造每月的銷售業績。只要每日有按照計劃的執行，必可獲得當日的業績，逐日加總即可成當月業績。將每日的目標計劃數字累計起來即成為月目標計劃數字。因此，其計算方式是：月目標計劃數字÷當月的實際營業日數＝每一日的目標計劃數字。

每日的檢查，即是為了時時檢討營業員的狀況，瞭解每日實績與每日目標的差距，為了達成目標，主管應督促業務員，並堅持下去。

每日的業務活動檢查，能夠確實地實施，可對業務員製造緊張感，尤其對新手，更有監督作用。

2. 每週的業務活動檢查

週檢查，一個月實施四次，對於該月的業績推進管理上，有重要的價值。

銷售計劃以週為單位加以分割，但其方法並非以月成績除以四的實際數字來計算，而是以第一週佔月計劃的 15%，第二週累計 40%，第三週累計 70%，第四週 100%等比例來分配。

週檢查要召集各業務員開會。它不像月檢查般有強烈的反省意識。

相反地週檢查要具有臨場感，在管理者的領導下，能提升營業員的鬥志，使得管理者根據每週的檢查，能夠成為隔週的業務執行建議。

3. 每月的業務活動檢查

每個月的銷售情形，告一個段落，將當月的實際績效加以檢討評估，在「業績報告會議」上，提報主管審核。

每月的業務活動檢查，應列出重點評估項目，例如「銷售目標達成率」，業務員或業務主管均應提出「達成率若干」、「原因為何」、「下個月計劃達成狀況」，

將經銷店依 A、B、C 重點管理原則，並按經銷店目標銷售額分配計劃擬出「訪問日程計劃」：

依據「過去實績」及「市場特性」來決定每月的可能訪問次數、訪問戶數，以及每個客戶的訪問頻率。

例如將客戶按重點管理原則，區分為老客戶與潛在客戶：

⑴ 拜訪各老客戶

表 25-5　拜訪老客戶頻率

客戶別	家數	頻率	訪問次數
A 級客戶………	8 ×	4	＝32
B 級客戶………	15×	2	＝30
C 級客戶………	32×	1.2	＝38
	55×	1.8	＝100
每月訪問次數 100 次			

⑵ 開拓潛在客戶

每月拜訪 20 家。

每月開拓 3 家成功。

三、建立個人挑戰目標

瞭解上級要求本單位達成之目標，並自我挑戰，努力執行對自己有期許的目標，並且落實個人目標銷售額到經銷店(客戶)目標銷售額。

表 25-6 業務員對各產品的挑戰目標

單位：業務二課

產品別＼人員		萬華區		松山區	中山區	合計
		吳建國	李大忠	小黑	李建明	
產品甲	配額	80	40	20	200	216
	挑戰	85	45	23		
產品乙	配額	17	25	15	70	84
	挑戰	20	30	19		
產品丙	配額	7	3	3	20	28
	挑戰	10	5	4		

各業務員將各產品月份應達成的銷售額、依責任區內的各經銷店性質、過去實績、市場特性，加以分配其目標銷售額，未來更可依目標額與實績額加以比較，以檢討績效。(如下表)

表 25-7 經銷店的目標與實績

產品＼業績	3 月		
	○○店	○○店	○○店
	目標額/實績額	目標額/實績額	目標額/實績額
電鋸機			
鑽孔機			
電動工具機			
當月累計			

四、跟催「目標銷售額」的達成狀況

業務員對實際業績必須加以瞭解與關心，並分割時間，加以督促，例如按「日、週、月」為單位來檢討目標銷售額計劃的進度，比較實績與目標值，並依產品別、部門別、地域別、客戶別進行銷售控制，分析差異所在，將檢討成果回饋到下個銷售行動，以得知「今後應如何達成目標」，業務主管並應利用「業務會議」「本月銷售報告會議」等機會，加以督促部屬。

26 要協助零售店的販賣

1. 有好的陳列位置

一個產品如果陳列不力，就可能使一個本來很有前途的產品萎縮在某個角落蒙灰，給銷售帶來極大影響，還可能使一個本來有 5 年生命週期的產品在一年甚至更短時間內走完生命。因此，陳列正日益受到廣大企業的重視，因此廣大廠商為爭取到一個好的陳列位置使盡了渾身解數。

陳列，在大中型賣場中所花的代價是巨大的，相對寬鬆得多的小型終端便應該成為廣大中小企業的寸土必爭之地。可現實卻是，有志做好的企業要麼意識不足，要麼因為相關人員的素質而陳列乏力，致使他們在這場決勝終端競爭中落後了一截。

2. 爭取最好的陳列點

在便利店、雜貨鋪等傳統小店與在超市中，因具體情況的不同，吸引注意力極佳的陳列點也有所不同。下面僅將這些陳列要點分別列出（某些要點難免混合），以方便有關企業鑒別利用。

⑴ 傳統小店

· 櫃檯後面與視線等高的位置；

· 中靠左的貨架位置；

· 靠收銀台的位置；

· 離老闆最近的位置；

· 櫃檯上的展示位置。

⑵ 超市

· 與目標消費者視線儘量等高的貨架；

· 人流量最大的通道，尤其是多人流通道的左邊貨架位置，因為人有先左視後右視的習慣；

· 貨架兩端或靠牆貨架的轉角處；

· 有出納通道的入口處與出口處；

· 靠近大品牌、名品牌的位置；

· 改橫向陳列為縱向陳列，因為人的縱向視野大於橫向視野。

⑶ 專賣店

· 對新產品或重點推介的產品可以進行突兀的陳列；

· 在暢銷產品的位置要結合陳列滯銷產品。

3. 不可或缺的理貨

理貨的重要性，隨著終端競爭的激烈，市場的瞬息萬變及其知名品牌的示範效應，正日益被眾多企業認知與重視。但是，相對來說，理貨仍然是許多企業終端營銷行為中的薄弱環節。

⑴應隨時注意檢查製造與保質日期，並注意保持終端上架產品的整潔有序。

⑵對需要規範陳列的產品，應留出些空隙，以便消費者拿取和給人銷售情況較好的感覺，以激發「蜂群」般的消費效應。

⑶在變換布場秩序較少的超市等賣場，要爭取每半年左右變動一次位置以避免陳舊呆板，而給人耳目一新的感覺，增加、刺激消費。但這需要結合老顧客的賣場購買習慣。

⑷充分利用促銷宣傳品吸引消費。

⑸要為理貨人員或負有理貨責任的銷售人員進行理貨知識的培訓，要他們認識到理貨的重要性，並增加協助做好賣場關係，進行競爭品調查與消費者動態調查，及時進行補貨資訊及進行補貨等責任。

⑹要為負有理貨責任的業務員量化賣場回訪及理貨指標，並以相關激勵進行考核。

4.「物盡其材」的零售店宣傳

目前的終端零售店競爭，最直接的表現就是不斷互相覆蓋的海報、各式燈箱、店招、水牌、台卡、獨特貨架等終端宣傳物的競爭。但是，凡是細心觀察的人就會發現，終端的許多宣傳大都成了為宣傳而宣傳的擺設品，並沒有和銷售真正的互動起來。

這其中的主要原因，當然就是終端零售店宣傳物未與消費者形成直接、互動的真正溝通。

⑴將終端零售店「改頭換面」，變成自己的「連鎖轉售店」

終端零售店資源是企業最寶貴的營銷資源之一。為了最大化面對消費者，我們在大力遍佈各個目標消費市場角落的時候，怎樣加強對終端零售商的擁有和控制呢？

這關鍵在於「利」字。只要我們按 20/80 的原則，選那些鋪面位置較好、客流較大、零售額較高、鋪面面積較大的終端商後，不妨以廣告禮品、贈送店招、給予或增加店家銷售扣點，結合競爭品限制、合約約定的行為，將這些重要的終端商納入自己可以較好控制的營銷體系內。

這些不但具有經濟宣傳的作用，更主要的是起到了終端商極力推薦自己產品、促進銷售的切實效果。

⑵零售店宣傳物應與消費者形成真正的互動溝通

如果說目標消費者希望電視廣告越短越好、報紙廣告越少越好甚至沒有的話，那麼他們在終端作出具體購買行為之前，則可能希望瞭解所欲購買那個產品的所有情況。

衆多企業普遍忽視了這些，其普遍做法是：在本來就有 POP 的情況下，終端宣傳物上仍然固執地說著電視、報紙廣告上那一兩個賣點與關注點。

在使用終端宣傳物的同時，還應掌握每樣宣傳物的特性，如布標適合新產品上市宣傳與促銷活動的內容發佈。

⑶音樂也是促進終端銷售業績的良方

據一項調查，70%的人愛在放音樂的超市、專賣店等終端賣場購物，柔和而節拍慢的音樂使銷售額增加，快節奏則會使顧客在店內所呆的時間縮短並減少購物。

我們為什麼不先找連鎖專賣店等自己控制與能控制的終端賣場開展音樂促銷呢？我們又何嘗不能促使經營素質普遍不高的終端商進行音樂促銷呢？

其實，當我們見到大中型賣場、服飾專賣店等沒日沒夜播放音樂的時候，我們的消費者商品企業就應該對音樂的作用有所感悟了。

27 業務員如何善用 POP 廣告

POP 廣告是英文「Point of Purchase」的縮寫，意為賣點廣告，簡稱 POP 廣告，POP 指凡是在商業空間、購買場所、零售終端的週圍、內部以及在商品陳列的地方所設置的可以促進商品銷售的廣告媒體。

一、POP 的促銷功能

1. 在有限的空間引起顧客的注意

儘管目前各廠商利用各種大衆傳媒對企業產品進行廣泛宣傳，但當消費者步入商店時，已經將大衆傳媒的廣告內容遺忘，此刻利用 POP 廣告在現場，可以喚起消費者的潛在意識，重新記起商品，促成購買行為。

在消費者決定購買之前，進店門就告訴他這裏能急他所需，這就是 POP 廣告的作用。

據有關調查：33.9%的消費者是在進入賣場之前就已經決定買某個牌子的商品。而結果就買了這個牌子的商品。2.9%的消費者是在進入賣場之前準備購買目標的同時，由於現場選擇，臨時改變主意，而購買了另外牌子的商品；10.6%的消費者是在進入賣場前有意購買，卻沒有決定購買那一種牌子的商品，臨時決定購買的品種；52.6%消費者在進入賣場前，並沒有想到要購買商品。以上調查地統計表明，

66.1%的商品購買欲是在「店內決定」的。賣場 POP 一方面可以告知顧客自己產品上市的消息，訴求新產品的性能、價格，喚起消費者的潛在購買欲；同時也能激起商家的熱情，特別是像銷售醬油醋之類低價商品的社區小店、超市或者便利店。

表 27-1 POP 廣告的內容

分　類	內　容
店頭 POP 廣告	置於店頭的 POP 廣告，如看板、站立廣告牌、實物大樣本等。
天花板垂吊 POP	廣告旗幟、吊牌廣告物等。
地面 POP 廣告	從店頭到店內的地面上放置的 POP 廣告，具有商品展示與銷售機能。
櫃檯 POP 廣告	櫃檯上發放的廣告刊物等。
壁面 POP 廣告	附在牆壁上的 POP 廣告，如海報板、告示牌、裝飾等。
陳列架 POP 廣告	附在商品陳列架上小型 POP，如展示卡等。
其他 POP 廣告	票據廣告、電腦小票等。

2. 喚起消費者潛在購買意識

POP 廣告是「最忠實的推銷員」，經常被用於銷售終端(超市等)。超市用的是自選購買方式，當消費者面對諸多商品而無從下手時，利用 POP 廣告強烈的色彩、美麗的圖案、突出的造型、幽默的動作、準確而生動的廣告語言，可營造出強烈的終端銷售氣氛。一個傑出的 POP 廣告會忠實地、不斷地向消費者提供商品資訊，從而起到喚起消費者潛在購買意識，並促成其購買的作用。

3. 可以配合媒體廣告和主題促銷

幾乎大部份的 POP 廣告，都屬於新產品廣告。新產品上市之時配合其他大眾宣傳媒體，在銷售終端進行促銷活動。

4. 可以為促銷和特價活動做廣告

據分析，現在消費者的購買階段分別是：注目、興趣、聯想、確認與行動。所以如何從眾多的競爭店或五花八門的商品吸引顧客的眼光，進而達到購買的目的，這都得靠 POP 廣告。

5. 提升企業形象，贏得終端支援

POP 廣告同其他廣告一樣，在銷售環境中可以起到樹立和提升企業形象，進而保持與消費者良好關係的作用。近年來消費者對音樂、色彩、形狀、文字、圖案等的感覺，越來越表現出濃厚的興趣。終端如能有效地運用 POP 廣告，會使消費者享受到購物的樂趣。

由 POP 廣告可以看出零售店經營者的態度。有的零售店貼了許多的 POP 廣告，店內顯得朝氣蓬勃；相反，有一些商店根本就看不見 POP 廣告，店內顯得死氣沈沈。

二、POP 的展示原則

1. 無論是文字訴求還是畫面表現，元素務必單純、簡練。單純和簡練就是口號式傳播。不需要太多文字，一句話就行，但這句話要說到點子上。如以前做的冷氣機 POP，室外機上寫「－15℃仍可啓動」，突出它不懼嚴寒的特點。

2. 文案撰寫要精練，符合邏輯。

3. 賣點清晰、明瞭，字體要突出，最好配合插圖、人物形象或功能演示圖加以襯托。

4. 畫面形式感強烈、色調統一，並與訴求內容有機結合。

5. 文字設計是關鍵，要使受眾一米開外就能看清你的訴求點。

6. 充分利用紙的可塑性創造有趣的造型。

7. 嘗試用紙以外的新材料。

8. 切忌似是而非的設計，擺放到現場會弄巧成拙。粘貼不合理易脫落、尺寸不合理效果不明顯、多種形式組合很散亂、色調不統一、缺少有趣的細節等等。

9. 最後必須在 POP 的背後加上現場示意圖。一套幾個 POP 必須有編號和印刷時間以方便管理。

10. 不要忘了客戶需要一張彩色的現場裝配圖。

三、POP 的投放技巧

位置、高度、大小和形式是 POP 產生效果的四大因素，在投放 POP 廣告的過程中，企業應注意：

1. 確認是與視線平行、最顯眼的位置。

如果好的位置已被其他同行佔用，終端又不支援替換，可再找稍次的位置放下，以後加強和終端的溝通，尋找機會調整。

2. 尋找焦點廣告位置，保留盡可能長的時間。

3. 避開廣告過於集中的地方。

4. 爭取客戶許可，將舊的焦點廣告清除，定時對本產品 POP 進行清潔和更新。能夠長期放置的宣傳工具，放好之後要定期維護——注意其變動情況並保持整潔，以維護企業形象。

5. 確保每個終端零售店都有本產品的 POP。

6. 堅持自己張貼。終端工作人員要珍惜企業精心設計的 POP 工具，合理利用，親手張貼或懸掛，放置在醒目的位置。

7. 儘量和貨架上的產品陳列相呼應，以達到完美的招示效果，用於階段性促銷的 POP，促銷活動結束後必須換掉，以免誤導消費者，引起不必要的糾紛。

一家小餐廳的每個餐桌上都擺上了一個牙籤筒，以「露露」品牌的藍、白色為基色，印有「露露」的 Logo，並且表面繪有與露露杏仁露包裝罐體圖案一致的圖案，看似一件設計精美的藝術品；餐廳的牆壁上也掛了一個很有個性的錶：整個店錶同樣以藍、白為基色(上白下藍，與露露杏仁露包裝製作顏色搭配一致)，配以紅色的錶針，錶面中上端印有「露露」的 Logo，下半部份印有「喝露露葆健康」、「美容養顏、調節血脂」等露露宣傳廣告語字樣，整個店渾然一位，沒有絲毫的雜亂之感。

小小的牙籤筒既為顧客就餐消費提供了方便，同時，又通過與產品包裝罐一致的圖案設計吸引了顧客的眼球，形成了極強的「露露」的品牌聯想與品牌親和。「露露店錶」達到了一般宣傳品所沒有的裝飾效果。露露為店主們考慮得很週到，並非單純為了宣傳他們自己，倒像是為了裝飾那些零售店。

28 零售店的店頭海報佈置

一、吊旗

吊旗是一種常見的店內宣傳物品，一般來說，主要懸掛於店門和店內，製造賣場氣氛，刺激消費者記憶和廣告認知，刺激消費者衝動購買。吊旗可分為「店內懸掛」與「店門口的懸掛」兩種：

1. 店內懸掛

店內懸掛一般容易保護，懸掛時間長，能夠有效活躍賣場氣氛，生動的懸掛能產生強烈的視覺效果，從而刺激消費。店內懸掛應注意：

⑴與商店經理、櫃組長、營業員保持友好關係，爭取得到有力的支援。店內懸掛不要影響生意，最好選擇商店生意最差的時段進行。

⑵根據店面情況(大小、高度等)來確定最佳懸掛位置，這樣易讓消費者見到。儘量要靠近促銷場所，或掛在品類區，吊旗的高度在 2.4 米以上為佳。

⑶懸掛完畢後吊旗一定要平整，要拉齊不能下垂，而且每一片吊旗之間的間距要相等。吊旗懸掛在店內的天花板上，要儘量掛滿整個品類區，太少不能有效產生視覺衝擊力。店內懸掛完成後，常見的圖形有「△」形、「□」形、「X」形、「一」字形、「二」字形、「三」字形等。

2. 店門的懸掛

⑴爭取銷售終端及其營業人員的支援，以確保能長久地懸掛。

⑵根據不同的店門大小進行懸掛，儘量懸掛平整、豐滿、顯眼，高度在 2 米以上為宜，一般在店門正中央懸掛為佳。懸掛前，應熟悉懸掛點的情況，以便確定吊旗數量。

⑶為了方便快速，懸掛中要利用商店的桌子或凳子進行懸掛，用完後要清掃剩餘的垃圾，並向商店表示謝意。

⑷懸掛完畢後要站在店門 5～10 米外觀看懸掛效果。如有其他廠家已懸掛，如果商店不同意換下，不可自行懸掛。

⑸掛完後要定期拜訪，確保長久懸掛，並檢查是否破損，如有破損應及時更換，有污垢要擦乾淨。

除了吊旗之外，還有其他懸吊物，如將燈、小型廣告牌、特殊招貼、特設懸吊板等特殊懸吊物懸掛於賣場，這些特殊懸吊物可在賣場內較長時間發佈資訊。

二、橫幅

與其他終端零售店宣傳品相比，橫幅字體大、字數少，視覺衝擊力大。一般橫幅懸掛在主要繁華街區、終端售點門口、社區，在促銷時使用。

橫幅在設計上色彩對比強烈，一般為兩種色(白色和紅色；紅色和黃色等)，字跡大、字數小。

確保橫幅不影響交通及他人。一般應選擇晚上或淩晨車輛最少時進行，發佈的高度 4 米以上為佳，以防影響交通。

售點橫幅以店門懸掛為主，其他地點為輔，懸掛高度應以 2.5 米為佳。懸掛前應與售點談好，爭取長時間懸掛。懸掛要結實、平齊，並進行定期檢查，其目的一是更換破損的，二是清理灰塵。

社區橫幅以社區的入口處為主，這裏人流量大。社區發佈要處理好與社區居民委員會的關係。

三、燈箱

一般來說，燈箱重點用來宣傳品牌和產品名稱，能夠有效喚起消費者的廣告記憶，並提高產品和品牌的認知率。燈箱安裝的位置主要選擇售點和人流量大的焦點。在戶內最好佈置在店堂的顯眼處或產品的品類區，在店堂的外面以店門口為最佳。戶外焦點佈置以人流為主，還要考慮產品特點，調試在 2 米以上為佳。

在燈箱的製作上，不僅要考慮晚上顯眼，白天也要顯眼。在製作中以企業統一設計為主，便於風格統一。製作完畢，可由企業自己安裝，但由於城市管理方面的限制，專業安裝成為一種趨勢。由於燈箱成本高，安裝後的維護工作就顯得非常重要，所有燈箱應設計燈箱安裝維護表格，在表格的設計中要考慮終端名稱、地址、燈箱尺寸、安裝時間、安裝人、維護責任人、備註等。安裝完畢後負責人員要檢查通電情況，定期清潔燈箱表面，雷雨後要及時檢查戶外燈箱，遇有破壞要及時維修。

四、櫃檯貼、貨架貼

這是終端零售店最常見的使用形式，近來被很多企業使用。

1. 櫃檯、貨架貼的設計

要根據通用貨架的特點進行設計，櫃檯貼須小於、等於鏡面鋁合金寬度，貨架貼的寬度也必須小於縫的寬度。內容要重點突出產品名、通用廣告語，次要突出商標、企業名、電話等。櫃檯貼有單面膠和雙面膠兩種，貨架貼一般為單面貼。

2. 櫃檯貼、貨架貼的粘貼步驟

要加強與品類區營業員和收銀員的關係，確保粘貼順利實施並不被同類產品的粘貼覆蓋和破壞。

選擇粘貼位，用抹布抹去粘貼位的灰塵，從左至右、從上到下實施粘貼。儘量在品類區多進行粘貼，以增加廣告效果，增加購買力。要注意經常清潔維護和更換，保持好印象。

要善於與終端宣傳物有效配合使用。

五、樓貼、門貼

能夠有效烘托市場氣氛，全面宣傳產品及企業形象，倡導公益活動，刺激、誘導、煽動購買。

在實際運作中樓貼、門貼的設計主題應突出品牌名稱，要統一於 VI 系統。門貼的規格、色彩、字體、排版都應相同，印刷質量好，清潔美觀。

樓貼可每層有不同的一句祝福語。例如某食品公司根據居民區多以六層為主，開發了「一身輕鬆，兩面紅光，三週見效，四季健康，五體安康，六六大順」的樓貼形式，使樓貼活潑，容易記憶。

與社區的管理委員會聯繫好，與部門協調好，取得認同和支援是實施操作樓貼、門貼的關鍵。在粘貼過程中，樓貼、門貼必須正面與人相視，樓貼高度在 1.4～1.7 米之間。粘貼時要將牆面擦抹乾淨，防止粘貼不牢。同時還要注意不要影響居民生活。

廠商要定期檢查，保持樓貼乾淨，清除樓貼、門貼週圍的其他宣傳品，以免影響視覺效果。

六、店面廣告宣傳品

主要包括幫助消費者明智選擇的海報、說明書；幫助相關產品銷售的紙箱上的標示牌；吸引消費者對高品質、高價位等商品的注意力的說明書；便利存貨控制與清點工作的貨架庫存標示牌以及改善店面外觀的海報、紅布條、旗幟等。

七、牆標

牆標在農村和郊區被廣泛使用，它最大的好處是成本極低，保留時間長，視覺衝擊力大，使用牆標的主要產品有醫藥保健品、食品、電器、化妝品等。

一般說選擇城市邊緣地帶、火車站的圍牆，或農村人流量大、人群密集、人們較易看到的地方；具體來說：城市的入口處、十字路口、道路兩旁、學校附近、長途車站、碼頭、旅遊景點出入口、集鎮繁華路段、趕集處、鄉鎮府所在地以及村委會辦公地等地方。

八、購物車、購物筐

由於購物車、購物筐是顧客購物的設施之一，很多商家往往將這一廣告位出售出去。購物車筐的廣告宣傳一般是固定在購物車的前方和購物筐的一邊。這種廣告的最大優勢在於其流動性大，適合於銷售的商品隨機性很強，可以具有提醒顧客的作用，提高隨機購買率。

心得欄

29 理貨工作要對症下藥

業務員不僅要勤於拜訪商店，取得訂單，更要注意商品的陳列，對理貨問題要加以關心。

一、理貨問題狀況

理貨工作出現「病症」，進而引發企業的種種不適，甚至帶來致命的傷害，企業對此不能等閒視之，更不能諱疾忌醫，要尋根問底，查找出真正病因。

1. 理貨人員執行力不夠

這是造成理貨管理不善的主要原因。廠家派出的理貨人員，他們的主要職責是與終端進行溝通與協調。在產品銷售的全過程提供必要的服務，針對雙方合作過程中出現的原則和方向性問題，代表公司提出解決問題的方案。

在產品鋪貨的初期，理貨員是由銷售人員兼任的，但廠家下達給銷售人員的銷售指標又很無情，每月的績效考核直接與銷售人員的薪酬掛鉤，而理貨工作卻並不是很多廠家績效考核的重點。廠家的銷售人員常常為了完成短期的銷售任務而忽略了理貨工作，他們整天忙忙碌碌為了提高企業產品的鋪貨率，提高款項的回收率，開發新客戶，卻忽略了老客戶店內的理貨工作，結果是企業的理貨工作難以有效果。

某企業代理洗化產品，他們奉行「跳起來才摸得著」的銷售哲學，對銷售人員制定了較高的銷售任務，同時每月對銷售人員的業績考核中，產品的鋪貨率、每月的銷售額、貨款的回款率佔據了重要的位置。企業的銷售人員為了完成銷售任務，每天都在奔波著開發新的客戶，向老客戶追要貨款，緊緊張張一個月下來，常常是勉強完成銷售任務甚至難以完成。問到這家企業的銷售人員，他們說：誰還有時間去理貨，就這樣每天忙暈了頭還完不成任務呢。企業沒有意識到理貨在銷售中的重要作用，片面地追求銷售額的提高，結果事倍功半。

正是由於理貨員的存在，廠家對終端內部理貨的管理才得以變成現實。在終端內部，及時向貨架補貨、調整品種陳列結構和賣點的生動化陳列、庫存資訊的及時傳遞等工作都依靠理貨員來進行。在一定程度上，理貨員就是一名現場管理者，他應該對賣點現場所發生的一切負責。如產品的外觀是否良好、貨架是否符合要求、庫存的消化是否遵循先進先出的原則等等，這些看起來十分簡單的環節，其實個個都很重要。

廠家的理貨員對此瞭解不夠，缺乏靈活的營銷技巧，廠家也僅把終端看作是產品的「出海口」，忽視對終端理貨員的管理，認為只要把產品交給終端，派一兩個理貨員，銷售工作就結束了。其結果當然是產品停滯在倉庫裏，不能到達到終端與消費者見面。

理貨員身處銷售第一線，天天與消費者打交道。最瞭解他們喜歡什麼牌子、什麼價位，會經常聽到顧客對產品的表揚與抱怨。同時也是市場情報的偵察員和上市產品銷售行情的資訊員，還是處理顧客抱怨的公關人員。但很多理貨員不注意搜集市場信息，把消費者對產品的抱怨及時反饋給廠家；不善於察言觀色判斷顧客心理；對顧客的不滿懷疑和抱怨不能及時化解，腿不勤、手不快、眼不見、腦不靈；

產品出現質量和包裝上的問題，不能及時地反饋給企業改進完善產品。

還有的企業，貨架上擺的貨物早過期了，貨物還擺到貨架上。消費者一看，不僅會對這個零售店的產品質量產生懷疑，而且還造成這種產品滯銷的印象。資訊反饋的不及時造成產品的缺貨、不能及時更換過期產品及貨物陳列位置不當等情況，嚴重影響了產品在終端的銷售。

2. 經銷商管理不善，造成理貨工作乏力

市場上終端零售店星羅棋佈，數不勝數，企業沒有實力和精力對每一家終端進行理貨，市場上理貨的主力實際上是企業下面的批發商。只有每個地區的批發商有實力、有能力對終端零售店進行理貨，企業的理貨工作才可能正常實施，理貨才能充分發揮出效力。但企業在執行對批發商的政策時往往存在著許多問題，如對批發商考核注重結果，忽視過程等，導致批發商不願理貨，使企業的理貨工作形同虛設。

企業對批發商的考核方式，使得批發商對商品的銷售只注重怎樣把它推到終端那裏去，然後派一個業務員定期到終端那裏看看是否缺貨，而忽視對終端零售店理貨工作的管理。

某食品企業對批發商採用的銷售政策，就是批發商年銷貨 80 萬，獎金 10%，而對批發商在鋪貨過程中如何工作不加限定。致使批發商盲目追求鋪貨率，急於將手中的產品轉嫁給終端零售商，甚至與別的產品進行換貨銷售，而對產品是否上櫃、產品陳列是否科學、消費者及終端零售商對產品有何反應等情況不加以瞭解，最終使產品在終端零售商的銷售情況不盡如人意。

3. 監控體系不健全

終端零售店相當於企業的神經末梢，遠離企業的中樞神經機構，「天高皇帝遠」，企業遙控能力稍有欠缺，就會使企業在終端的各項工作陷入一片無組織的狀況，造成整個終端的混亂，最終失去市場。

很多廠家把理貨費用交給批發商，當然理貨工作也直接由批發商組織進行。由於理貨工作需要專門的人來進行，批發商派人就要支付薪酬，而事實上批發商寧可讓這個人出去跑市場，也不願意讓其在終端店中理貨，畢竟跑市場見到的效益是明明白白擺在面前的。所以，理貨的費用到底用沒用在理貨上，廠家缺乏有效的監督政策，對批發商進行相應的監督管理。

4. 客情關係不到位

由於理貨人員不知道如何與終端客戶的職員(經理、營業員、櫃組長、出納等)建立良好的關係，最後直接影響了廠家產品的銷售。俗語道：關係不到，事情不妙。冷漠的客情關係使廠家產品被放在終端倉庫入口處、黑暗角落、櫃檯底層、門口兩側死角或是氣味濃烈的商品旁邊等，這不僅增加了廠家的損耗，也根本不能引起消費者注意。

5. 補貨不及時，終端供應不連續

對理貨員來說，及時的補貨也是其職責之一。例如，本來很整齊的塔形堆頭，由於少了個尖頭就失去了應有的效果。貨架由於貨物的空缺而失去了吸引力，一排排本應很整齊的貨物卻由於缺貨而頓失光彩。而且貨物的短缺，還會導致下一個顧客想買而買不到自己想要的東西。理貨員不能及時發現缺貨當然也沒法及時補貨。對於理貨員來說，勤看、勤走是最基本的要求，只有經常穿梭在貨架間，或是行走在各個商店間，才能及時地發現缺貨情況，並及時補貨、送貨。

6. 不及時清理顧客亂放的物品

在超市，有的顧客看到洗衣粉挺便宜的，就順手從貨架上拿下來一袋，等轉到香皂的專櫃，發現肥皂正做促銷，買肥皂比買洗衣粉划算，就順手把洗衣粉扔在一邊，拿了一塊肥皂。我們經常會發現隨手亂放的貨物：礦泉水夾雜在火腿腸中，鹹菜被扔在餅乾中。這種東西胡亂扔的現象嚴重影響了企業的形象，弄亂了原來貨物擺放的秩序，也造成了部份商品的短缺，有人想買找不到，即使看到想買的商品散落在別處，也會以為質量肯定有問題而全然失去購買的興趣。

超市中一般是一個理貨員負責幾個產品，或是負責一個專區的理貨，在兩個相鄰或彼此不相鄰的專區間也會存在隨手亂丟的物品，這就是需要各專區的理貨人員進行協調，爭取儘快地把顧客隨手丟棄的物品及時恢復原位。超市設立了放這類貨物的專區，隨時將發現的亂放貨物放進專區，各個專櫃的理貨員定時或是應不定時的過來查看，清理自己的貨物。

7. 投放的設備為他人做嫁衣

為了有效地佔領終端稀缺資源，很多企業紛紛向終端投入大量的陳列展示設備。在保鮮、飲料、啤酒等行業，這無疑是各廠家的一招狠棋，如夏季在終端售賣的飲料有否經過冰鎮，是決定其銷量的重要因素，那麼有實力更具遠見的公司紛紛加大在終端投放冷藏陳列櫃的力度，讓自己的產品全部坐上「專機」，以期在夏季借助冷凍文化的平臺，提升產品的購買率。同時給那些沒有機會享受冰櫃待遇的競爭品牌以致命一擊。

然而終端零售商的事實很殘酷，除了超市外，其他售點的冷藏陳列櫃很少有 100%陳列專屬品牌的，幾乎大部份廠家的陳列櫃內都會有其他品牌飲料的「搭機者」，更有甚者喧賓奪主。這樣，廠家對設備的要求、理貨人員的執行操作和店家的綜合營業空間之間的矛盾就越來越突出了。

二、理貨問題的對症下藥

針對企業理貨中存在的種種病症，我們只有依據病因，對症下藥，才能做到「藥到病除」。

1. 要對理貨員加強管理

⑴上班期間必須按公司要求著裝，以維護公司的整體形象。

⑵理貨員在工作期間不得頻繁使用客戶電話。

⑶發現問題應及時向上級反映，不得和客戶發生爭執。

⑷按公司要求填寫業務人員行動計劃表和工作日報表。

⑸及時將市場上有關客戶及消費者的意見和建議返回總部。

⑹與客戶保持良好的客情關係，瞭解客戶的愛好及相關情況，報公司總部備案。

⑺按公司的有關客戶拜訪計劃，及時對客戶進行拜訪。

⑻由於自己管理不善而造成的區域間竄貨，理貨員自己承擔相應責任。

⑼定期參加公司內部安排的培訓學習。

⑽對客戶的回款應當天上交，如有特殊情況，應報區域主管審批。

⑾要具有市場開發能力，每月在市場上的工作時間要 能保證理貨工作的順利進行。

某品牌飲料的業務人員(兼理貨員)去拜訪一家大專院校內的便利店。一進門便發現新投放下去的冰櫃內放了數個鮮豔的桃子。此時店主假裝沒有看見我們的到來，而這名業務人員也明顯在猶豫是否立即向店主指出。事實上客戶違背了協定，他已經感到有負於我們，所以故意裝作沒有看見我們。此時如果業務員抓住客戶的這種心態馬上義正辭嚴辭地予以指正，客戶很容易接受。但偏偏有很多業務人員因為競爭激烈、銷量壓力大，或業務技能欠缺等原因，覺得在客戶那裏拿到訂單已感到幸運，對於銷量以外的一些管理要求再也難以啓齒，從而錯過了設備管理的最佳機會。

瀆職的業務員實際上客觀地助長了客戶的「霸氣」。久而久之，客戶的負疚感也會隨之消失，在客戶的意念中設備已經變成了他的財產，理應由其任意擺放，那時想再去進行管理就比較難了。如果理貨人員一見到不符合要求的行為就說，雖然態度是和藹友善的，但是對方卻會有壓力，只要你堅持三到五次，店主就會逐漸習慣。

為有效地在所有終端零售店開展「終端陳列比賽」，促進產品的銷量，公司每個月定時監督公司的理貨情況，並進行考評。

心得欄 --

表 29-1 藥房評分表

年　月　日　　　　　　　　填表人：　　　　　　　　評分人：

序號	內容	分值	標　準	打分要求	考評得分
1	陳列高度	10	藥房有無陳列位置，是否與顧客平視目光一致。	有陳列位置未陳列者為 0 分、不合要求者扣 5 分。	
2	陳列面積	10	專櫃每個藥店至少不低於 3 個大盒子、20 個小盒子的陳列。	少一個大盒子扣 2 分、少一個小盒子扣 0.5 分，扣完為止。	
3	陳列藝術	10	企劃有創意，擺放有新意。	有創意性陳列均打 10 分、無創意性陳列均打 7 分。	
4	展板擺放	10	每個藥店要在醒目位置擺放 2 塊不同內容的展板。	少放一塊扣 3 分、位置不醒目扣 3 分，多一塊獎 1 分。	
5	台卡展示	5	擺在櫃檯顯眼的地方。	檢查中酌情扣分。	
6	燈箱展示	10	藥房內有無放燈箱的位置，有燈箱牌匾的地方應該醒目、乾淨，定期擦拭維護。	有位置但未放燈箱的藥房扣 5 分，有燈箱但不合要求的藥房扣 5 分。	
7	室內招貼	5	藥房有無招貼畫的擺放位置。	有位置而未貼者扣 5 分。	
8	室外招貼	10	藥店外有招貼畫。	店外無招貼畫扣 5 分。	
9	條幅懸掛	10	有無懸掛條幅	無條幅扣 10	
10	儀容儀表	5	衣著整齊不脫崗，站立服務不閒聊。	脫崗扣 10 分、不穿白大褂扣 5 分、聊天扣 10 分、非站立服務扣 10 分，扣完為止。	
11	產品知識	20	現場隨機抽取四道考題進行口試（促銷部長要提前出 20 道試題，用檔案袋密封後，供考試當天使用）。	根據試卷得分按比例折扣。	
12	營業員首推率	15	非專櫃藥房營業員首推。		
合計		120	實　際　得　分		

2. 建立良好的客情關係

業務員在理貨工作過程中，應該明確終端佔面各崗位人員的工作職責，應注重與終端各部門及人員建立起良好的客情關係，俗語道：「關係到，不怕產品銷不掉。」

表 29-2 各工作崗位的人員職責

崗位名稱	職責描述
店長	1. 負責組織執行上級包括採購部、營運部、市場部等部門的決策。 2. 管理商店的全面運營，根據零售市場情況對商品的價格進行一定範圍的調整。 3. 對銷售負責，處理緊急事故。
收貨部	1. 負責按照訂單和預約，準確地受理供應商的貨物。 2. 儲存貨物。 3. 將緊急貨物及時通知店面人員上架，前臺負責收銀和處理客戶投訴及相關的顧客服務。
食品部	負責食品部的理貨商品陳列，執行採購或者店長的商品變價等事宜。
非食品部	負責非食品部的理貨，商品陳列，執行採購部或者店長的商品變價等事宜。
促銷部	1. 設計與製作店內手寫 POP，管理店內所有 POP(包括總部統一製作的)。 2. 執行所有促銷計劃(包括零售商發起的和供應商投入的)。 (1)與供應商共同進行促銷活動的前期準備工作。 (2)負責培訓和管理促銷員，使其按照零售商的要求在店內進行銷售工作。 (3)監督整個促銷活動的過程。
夜班理貨	負責按照採購要求每週更換貨架以及正常商品的補貨。

理貨員在理貨的時候，要與店面負責人及營業人員禮貌地打個招呼，條件允許的情況下，和營業員聊聊天，贈送一些小禮品，一旦與他們建立了良好的客情關係，並且設法維護這種關係，那麼在這家賣場就不需要企業費時費力，理貨員做的工作，營業員就替我們做，甚至主動地向顧客推薦我們的產品。

客情關係的維護很重要，對超市的理貨員來說，產品陳列是按照店長的吩咐進行排列的，而店長店面擺放的標準是根據銷售情況進行安排的，銷售情況良好的，當然也有一個好的陳列位置，銷售情況不好的當然位置也不會好。但如果理貨員與超市的店長或主任的關係好的話，理貨員就可以與之進行協調，很輕鬆地將自己產品放到一個好的陳列位置。

3. 注重商品陳列管理

商品陳列的目的是讓消費者看到商品、刺激衝動性購買、爭取更大的陳列空間、保護自己的品牌、增加店面利潤、加深店面的好感、提高消費者的忠誠度，但它的最終目的是銷售。在一個現代化的銷售終端，陳列著千百種不同品牌、不同包裝的商品，一分鐘內消費者至少從一百種以上的商品前經過，所以必須在終端貨架的從多產品中使自己的產品脫穎而出。

30 理貨工作標準化

所謂理貨，就是指業務員參與銷售終端的產品陳列、張貼宣傳品、收集公司產品、競爭品牌的銷售信息的活動。理貨工作主要包括催促經銷商使產品上貨架、佈置售點廣告、營業員教育推廣、及時補貨到貨架、幫助營業員做促銷、及時退換不合格產品。

理貨做得是否扎實、完善，對銷售有很大的影響，特別是廣告打出之後，消費者開始購買行動時，由於理貨工作不完善而造成消費者購買不方便，將會大大地影響銷售額；很多企業重視經銷網絡的開拓，卻忽視了理貨工作。

激烈的市場競爭，使得企業不再是簡簡單單地由廠家或代理商把商品給商場就完成了。企業還需要進行理貨工作，以加强終端市場的促銷，因為整齊、潔淨、豐滿、醒目的商品擺放，是引起消費者購買欲望的重要因素。理貨已成為展示產品，突出品牌形象，增加售賣空間，從而提高銷量的重要手段。優秀的企業應重視理貨工作，把它列為銷售活動中不可缺少的手段。

一、理貨工作標準化

1. 進店向店員或店長打招呼。

2. 檢視貨架，注意同上次走訪比較是否有品種缺貨、斷貨；對於暢銷的產品，要與零售店協商，貯備庫存，做到不斷貨，尤其在節假日。理貨員還要做到心中有數，及時通知廠家進行貨物的供應。

3. 整理貨架。

4. 向商店老闆及店員進行協調。

5. 爭取將企業的產品整箱放在貨架頂層或堆放在貨架附近或送到推貨車上，保證貨架的產品前舊後新。

6. 觀察價格標簽。在理貨過程，工作人員要注意企業產品售價的變動情況，如遇到反常的價格變動，要及時追查原因。監督企業產品終端價格的穩定情況，是理貨人員工作中不可缺少的一項內容。

7. 保證上架產品每個規格均不少於三個陳列面，即每個品種產品均有 3 個包裝併排陳列於貨架上。（此方法主要適用於小超市）。

8. 保證貨架飽滿、清潔、保證陳列架產品充盈；對於表面不整潔、破損的產品，應當主動地從貨架上拿下來，及時調換。

圖 30-1 理貨工作順序

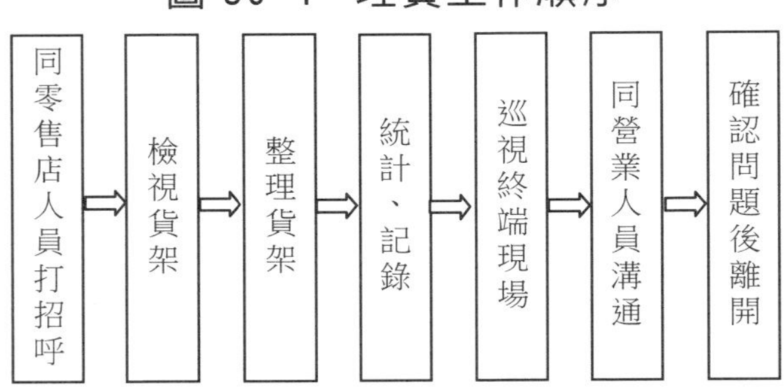

9. 粘貼促銷品。要在終端許可下在貨架區、收銀區佈置廣告品，要求廣告品的擺放得體、大方、醒目。

10. 統計資料，作記錄。

11. 記錄本公司產品上架品種數。

12. 記錄貨架寬度。

13. 記錄競爭品牌的品種、批號。在理貨時，要多看看同類產品在市場上的表現，主動瞭解其動態，詳細地記錄下來，及時向公司彙報，以便採取相應的對策。

14. 巡視商店現場，看是否有同類產品在做堆頭或促銷，如果有，請與老闆攀談。

15. 向零售店的店員進行溝通，瞭解我們產品和競爭品牌的銷售，注意選擇售貨員清閒的時間，要做到切入自然，輕鬆詢問。

16. 向店長溝通，並做記錄。瞭解進貨或需要補貨的情況、瞭解競爭品牌運作情況（如瞭解競爭品理貨人員對該超市的拜訪時間，調整自己的拜訪時間，緊跟其後，儘快削弱對方陳列成果、搶佔排面），另外，在跟商店經理談及擴大排面問題時，注意搶佔弱勢品牌排面。你要強調「某某品牌銷售量一直下滑，還佔了那麼大的貨架，把他的貨架排面給我多少個，我保證可能以增加多少銷量。」

17. 請老闆簽名確認，道謝離開。

企業在實際運作中要與實際情況結合起來靈活運用，不可拘泥於形式。

歸納起來，業務員對理貨管理的要點，要注意以下幾個方面：

⑴保證商場不出現斷貨、傾銷狀況；掌握各超市的銷量，幫助超市修正本品的安全庫存數，及時送貨以確保不因為斷貨、斷品項導致排面下降。

⑵保證貨物流轉正常、貨架上產品前舊後新。

⑶爭取更多的品牌上架或被陳列。

⑷爭取更大的陳列面和更多的貨架佔有率。

⑸提升客情關係。

某公司對業務員做終端提出「四個一」的標準，即產品擺放在「一個顯眼的位置上、有一個展示牌、一個台卡和與終端零售商有一個良好的關係」。

⑴產品陳列位。要求靠消費者流動性強的路線、視線平等的地貨架及櫃檯、臨近知名度高的品牌及同類產品、水平陳列或垂直陳列。

⑵產品陳列面。要求每一個品種與規格都陳列 2～3 個排面，且愈大愈好。一定要比競爭對手多。銷售量最好的品種陳列在中層貨架，大禮盒陳列在貨架上層。

⑶產品結構。要求根據每個零售店實際情況而定，如在行政區、醫院等地方的零售店在陳列禮盒包裝，其他商店考慮簡單包裝。

⑷產品庫存。要求貨架上應常補滿貨，庫存至少購買週期多一週的庫存。

⑸ POP 佈置。要求貨架卡、店門的掛旗、吊旗、橫幅、宣傳畫。

⑹落地陳列(堆頭)。要求靠近自己產品的貨架端頭、堆頭陳列 1～2 個有代表性的產品。

⑺維護。要求銷售員應在拜訪客戶時更換 POP、維持貨架整潔、補貨，並請店內人員平時協助上述工作及維護。

二、寶潔公司的理貨內容

寶潔公司(P&G)產品在零售商店的櫃檯上，整齊的陳列，看看也能讓人舒服。銷售規範就是「流暢作業」，即要求業務員要走訪各家零售店，協助營業員佈置櫃檯，設計售賣廣告。

一些石油公司也有一套明確的理貨標準：每一品種至少要擺出三桶以上，擺放的順序要求自上而下依次為高、中、低檔產品，要求突出主打產品，如果在一個店鋪裏有該公司專用貨架，則一定要把產品擺放在貨架上，而且貨架上絕對不允許擺放競爭對手的產品。

業務員在理貨工作上，要注意到「建立客情關係」,「陳列商品」「及時鋪貨」、「調換產品」「佈置現場廣告」、「瞭解商場」等。

1. 建立、維護客情關係

與店員有良好的客情關係能帶來的好處：

⑴樂意接受業務員的銷售建議和積極銷售公司推出的新產品、新包裝。

⑵樂意使業務員的產品保持突出位置和維護產品的清潔。

⑶樂意使業務員的產品保持優秀的貨架陳列和積極補貨。

⑷樂意在銷售業務員的產品上動腦筋、想辦法。

⑸樂意業務員在店內外張貼廣告 POP，並阻止他人毀壞和別的廠家覆蓋業務員的廣告。

⑹樂意配合業務員的店面促銷活動。

⑺樂意按時結款，甚至會為業務員墊付別人的應收款。

⑻樂意向業務員透露有關市場信息和介紹銷售機會。

⑼容易諒解業務員的疏忽和過失。

⑽樂意與業務員合作。這會使業務員在他這裏感到輕鬆、愉快。長此下去，他會信任業務員、信任公司、信任公司的產品，而業務員也為自己創造了一個身心愉快的工作環境。

業務員要與「八種人」打好交道，即驗貨員、收貨員、倉管員、理貨員、櫃組長、賣場主管、財務人員、採購主管，要與這些人建立良好的關係。採購主管和賣場主管是很重要的，與採購主管做好關係，可以多上產品，拿到較好的付款條件，賣場主管可以給你很好的陳列位置。

2. 陳列商品

商品陳列是給顧客的第一印象，「有陳列就有銷售」。產品在櫃檯上的陳列狀況，對產品銷售起重要的作用。

寶潔公司在其培訓手冊《貨架管理》中就商品的展示與陳列，引用海外某商業分析資料：貨架通常有幾個高度：與視線平行、直視可見、伸手可及、齊膝。貨架不同高度對銷售量的影響是：貨架從伸手可及的高度換到齊膝的高度，銷售量會下降 15%；從齊膝的高度換到伸手可及的高度，上升 20%；從伸手可及的高度上升到直視可見的高度，上升 30%～50%；從直視可見的高度換到齊膝的高度，下降 30%～60%；從直視可見的高度換到伸手可及的高度，下降 15%。針對不同陳列位置對銷售量的影響，寶潔公司對產品陳列提出了要求：公司產品應陳列在視平線至腰部之間的位置；貨架面積要超過同類產品的貨架總面積的 30%；對於競爭對手的陳列，寶潔公司提出用於陳列寶潔產品的貨架就是寶潔的陣地，超過競爭對手的店內形象是生意的方向之一，是銷售人員責無旁貸的使命。

3. 及時補貨

可口可樂公司的經驗表明，零售店因缺貨、斷貨而失去了 10% 的銷售機會。因此，企業要根據平時的銷售量，保持合理的庫存，力爭做到不斷貨，保證貨源充足，尤其是節假日，萬一斷貨就要立即補貨。

4. 調換不合格的產品

對於已過保質期、缺少份量、表面不清潔、破損、溢出外表，尤其是發生質變的產品，應主動從貨架上取下來調換，企業沒有任何理由把不合格的產品賣給顧客。

5. 佈置現場廣告

一般情況下，要在賣場單位的許可下，在貨架區、收銀區佈置廣告品，保持得體、大方、醒目。

6. 瞭解同類產品的競爭狀況

要多看看同類競爭產品在市場上的表現，主動瞭解其動態，詳細記錄下，回公司向業務主管部門彙報，以便採取相應對策。

三、理貨員的走訪程序

食品理貨員在走訪時，可按照某種程序進行。下面介紹的八步理貨法。按照八步理貨法，完成全部理貨程序只需要 25 分鐘時間。

1. 進店同營業員打招呼。(1 分鐘)

2. 檢視貨架，注意同上次走訪比較是否有品種缺貨、斷貨。(2 分鐘)

3. 整理貨架(5 分鐘)

⑴同商店週轉庫房人員進行協調。

⑵爭取將本企業的產品整箱放在貨架頂層或堆放在貨架附近或送貨推車上。

⑶保證貨架的產品前舊後新。

⑷保證上架產品每個規格均不少於三個陳列面，即每個品種產品均有 3 個包裝併排陳列於貨架之上。

⑸保證貨架飽滿、清潔，保證陳列架產品充盈。

⑹粘貼促銷品。

4. 統計數據，作記錄(5 分鐘)

⑴記錄本公司產品上架品種數。

⑵向經銷商推銷——企業銷售通路的開發與管理

⑶記錄貨架寬度。

⑷記錄相關生產日期。

⑸記錄競爭品牌的品種、批號。

5. 巡視商店現場，查看是否有同類產品在做堆頭或促銷，如有，請與促銷人員攀談。（2 分鐘）

6. 同商場售貨人員進行溝通，瞭解我產品和競爭品牌的銷售情況，注意選擇售貨員清閑時間，自然、輕鬆地進行詢問。（4 分鐘）

7. 同商場業務負責人溝通，並做記錄。瞭解進貨或需要補貨情況、瞭解競爭品牌運作情況。要點：爭取更多的品種分銷、更寬的貨架陳列面、爭取補貨。（5 分鐘）

8. 請業務負責人簽名確認、道謝離開。（1 分鐘）

總計：25 分鐘

接觸人員：商店售貨員、收銀員、商店倉管員、商場櫃組長（或業務負責人）、促銷人員

理貨管理要點：

1. 保證商場不出現斷貨、脫銷狀況

2. 保證貨物流轉正常、貨架上產品前舊後新

3. 爭取更多的品種上架或被陳列

4. 爭取更多的貨架佔有率

5. 提升客情關係

31 要強調產品生動化陳列

所謂生動化陳列，是在零售點進行的一切能夠影響消費者購買企業產品的活動。生動化原則的內容包括三個方面：產品及售點廣告的位置，產品及售點廣告的展示方式，產品陳列及存貨管理。

生動化可以從四個方面(消費者、終端零售商、公司、銷售人員)給不同的營銷角色帶來不同的利益，使這種價值鏈形成良性循環，從而達成一個各方都滿意的共贏局面，更加凸顯了生動化在終端營銷中的重要地位。

一、生動化陳列的促銷例子

強化售點廣告，增加可見度；吸引消費者對企業的注意力；提醒消費者購買企業的商品，並使消費者容易看到企業的商品是商品終端生動化工作的目標。

世界著名的連鎖便利公司 7-11 的店鋪，一般營業面積為 100 平米，店鋪內的商品品種一般為 3000 多種，每 3 天就要更換 15～18 種商品，每天的客流量有 1000 多人，因此其商品的陳列管理十分重要。

曾經有一個趣事：一位女高中生在 7-11 的店鋪中打工，由於粗心大意，在酸奶訂貨時多打了一個零，使原本每天清晨只需 3 瓶酸奶變成了 30 瓶。按規矩應由那位女高中生自己承擔損失——意味著她一週的打工收入將付之東流，這就逼著她只能想方設法地爭取將這些酸奶趕快賣出去。冥思苦想的高中生靈機一動。把裝酸奶的冷飲櫃移到盒飯銷售櫃旁邊，並製作了一個 POP，寫上「酸奶有助於健康」。令她喜出望外的是，第二天早晨，30 瓶酸奶不僅全部銷售一空，而且出現了斷貨。誰也沒有想到這個小女孩戲劇性的實踐帶來了 7-11 新的銷售增長點。從此，在 7-11 店鋪中酸奶的冷藏櫃便同盒飯銷售櫃擺在了一起。由此可見，商品陳列對於商品銷售的促進作用是多麼的明顯。

7-11 每週都要製作一本至少 50 多頁的陳列建議彩圖，內容包括新商品的擺放，招貼畫的設計、設置等，這些使各店鋪的商品陳列水準都有了很大的提高。除此之外，7-11 還在每年春、秋兩季各舉辦一次商品展示會，向各加盟店展示標準化的商品陳列方式。參加這種展示會的只能是 7-11 的職員和各加盟店的店員，外人一律不得入內，因為這個展示會揭示了 7-11 的半年內商品陳列和發展戰略。另外，7-11 還按月、週對商品陳列進行指導。比如，耶誕節來臨之際，聖誕商品如何陳列，店鋪如何裝修等，都是在總部指導下進行的。

二、生動化陳列帶來的好處

可口可樂公司的生動化陳列將會為商品流通帶來諸多的利益：

1. 給消費者帶來的利益

· 使消費者很容易發現可口可樂的商品。

· 可以使消費者更方便地購買。

· 使消費者在選擇商品時賞心悅目。

· 標準的商品陳列使消費者採購更舒適。

・ 無斷貨情況，提高顧客滿意度。

2.給客戶(零售商)帶來和利益

・ 縮短貨架週轉週期。

・ 降低存貨積壓成本。

・ 減少斷貨情況。

・ 可以辨別出滯銷商品。

・ 在消費者心裏樹立良好的形象，提高對零售商的忠誠度。

3.給可口可樂公司帶來的利益

・ 增加產品銷量。

・ 刺激消費者「衝動性購買」的特性。

・ 通過提高貨架的空間佔有率增大產品的市場佔有率。

・ 通過突出陳列位、加大陳列面以狙擊競爭對手。

4.給銷售人員帶來的益處

・ 更加容易達成銷售配額。

・ 增加資金與收入。

・ 高密度的市場顯現率，增強銷售經理的自豪感。

・ 對市場的絕對佔領。

・ 贏得客戶信任。

實施終端生動化陳列，可口可樂公司要求業務員做到：

・ 陳列在消費者進店時能看得到的最佳位置。

・ 所有產品必須除去包裝後陳列。

・ 每一品牌/包裝至少要佔有兩個排面。

・ 每次拜訪客戶時必須有清楚的價格標示。

・ 經常循環產品。

・ 產品必須集中陳列，同一品牌垂直陳列，依同一包裝水平陳列。

三、業務員在理貨方面應做到之工作

要達到生動化的目標，理貨人員在做生動工作時須注意到關鍵的四個方面：

1. 貨架位置

企業的商品強調產品要擺放在消費者最先見到的位置上(店鋪門前不容忽視)。為此，理貨員要根據商店的佈局及貨架的佈置，根據人流規律，選擇展示企業商品的最佳位置，如在人一進商店後就能看見的地方，櫃檯的邊上等，這些地方可見程度大，銷售機會多。

收銀台區域是最佳陳列區；貨櫃與正面貨架即與視線平行的位置是次重要陳列區域；其他屬於一般陳列區域。

2. 活動貨架

可以建議廠家或自己向客戶提供活動貨架，這是一種非永久性質的陳列空間。

用途：當商店無足夠的產品陳列空間時，使用活動貨架以爭取更多的陳列存貨空間。

展示：每一個品牌/包裝陳列時，必須清楚標明「品牌」、「包裝」、「價格」及「特價」等促銷資訊，並確保價格一致。

3. 落地陳列

落地陳列是為了促銷產品，強調某一倉儲活動(產品/包裝)、假日特賣或者提供高週轉產品，有更多的存貨量所做的陳列。

為提升銷量，在一些節日促銷前夕，廠商都會新增陳列位，此時賣場內新增堆碼的爭奪戰是非常慘烈的。對賣場地形了然於心，是開展對峙戰成功的保障；否則不僅優勢地點難以安插，即使是日常的陳列位都有可能被其他廠商擠佔。這就需要注意多與賣場協調客情關係，另外還要多留意觀察場內分區及客流走向，並繪製詳細的賣場地圖，確定優勢位置，提早選定。

4. 陳列效果的維護

爭取到最好的陳列位置和空間僅是第一步，陳列效果的維護靠的是理貨人員在日常工作中時時、日日、月月、年年的不懈努力。個別大的商店超市的產品陳列是「條碼定位原則」(例如，一個品項規定對應三個排面，該品項斷貨、缺貨時，會將標價簽反置，而這三個排面寧可空著也不允許其他品項佔據)，但大多數商店超市會允許用其他產品填補空白排面——這時候那一個廠家供貨更及時，理貨人員拜訪更勤快，店頭陳列工作更扎實，就更能保持自己固有的陳列位，並逐漸搶佔、蠶食競爭品的陳列位。商店超市陳列的表現一定程度上就是理貨人員敬業程度的表現，是一種執行力和耐力的比拼。

一般來說，終端理貨工作的內容並不是很難，難的是要將這項「簡單」的工作持之以恒，並要一群人「按部就班」。這對執行者和管理者都是能力與毅力的考驗。

四、良好陳列點的位置

以商品的貨架陳列位置而言，在典型的超市賣場中，良好陳列點的位置可分為四個：

1. 第一陳列點

位於賣場主通道兩側的地方，因為它是顧客的必經之地，所以也是商品銷售最主要的場所，此外，陳列的應是主力商品。在第一陳列點上展示商品，不僅會對所銷售的商品產生很大影響，還將決定顧客對於該商店的整體印象和評價。

主通道兩側應是賣場管理苦心佈局的「門面」。儘管如此，我們還是經常可以看到，相當多的超市出於短期的促銷目的，在主通道兩側陳列過季、滯銷等降價商品以此吸引顧客注意。這種陳列方式從長遠看，會造成商品滯銷的整體形象，必將有損商店在顧客心目中的地位。第一陳列點的商品應是購買量多、購買頻率最高的商品，如蔬菜肉類、日用品等都應放於主通道兩側。

2. 第二陳列點

位於主通道頂端，通常處於超市最裏面的位置。第二陳列點陳設的應是能誘導顧客走進賣場最裏面的商品，一般應放置日配性的商品，因為消費者總是不斷追求新產品，把新的商品佈局在第二陳列點，就可以把顧客吸引到賣場最裏面；其次可以配置部份季節性商品，利用商品的季節性差價形成對顧客的吸引；另外由於第二陳列點的商品多為生鮮熟食等商品，所需光亮程度高過其他區域，同時也會因為其高亮度和飄出的香味吸引顧客進入商店的最內部。

3. 第三陳列點

位於賣場的出口位置，該點的商品陳列目的在於盡可能地延長顧客在店內的滯留時間，刺激顧客的購買欲，陳列的商品主要以食品、日常生活用品、休閒類的相關用品為主。一般來說，第三陳列商品主要集中表現為以下特徵：特價商品；SB 商品(商家開發的品牌商品)；季節商品；購買頻率高的日用品。出口處的商品陳列要考慮到上述商品的有機組合。

4. 第四陳列點

分佈在超市賣場副通道的兩側，這是個需要讓顧客在長長的陳列中引起注意的位置，因此在商品佈局上必須突出品種繁多的特點，商品的陳列更加注重變化，可以有意利用平臺、貨架大量陳列；突出商品位置標牌；在道路兩側設置特價商品 POP 廣告。例如，突出陳列、窄縫陳列等等，以減少顧客在購物過程中的厭煩心理，有利於引起顧客的注意。對於面積較小、陳列線較短的超市來說，第四陳列商品的效果並不明顯。在大型超市中，第四陳列商品主要集中於服裝、雜貨、家庭日用品等。

超市的陳列原理是基於顧客心理、經過實踐檢驗證明比較行之有效的理論，對商品陳列有很強的現實指導意義。當然，企業在尋找安排好的陳列位置的同時，也要注意避免差的位置，以及善於發現和嘗試一些不為人注意，但可能構成良好銷量的地方。

一般說來，銷售終端賣場相對差一些的位置包括：倉庫、廁所入口處，氣味強烈的商品旁，黑暗的角落，過高或過低的位置(不易看到也不易拿取)，店門口兩側的死角。

在一次春節促銷活動前，某大型賣場已向外宣稱堆位售完，某廠商業務代表在賣場內研究多次後主動向商場提出購買通風口下端的一個位置，兩柱間的不規則區域用於陳列產品。通風口有強烈的風感，不規則區域無法很好地陳列產品，商家無法想像在該區如何陳列產品。結果，通過在通風口上加安一個導氣管、投放貨架陳列，並利用該地段在最末收銀台後端，排隊購物的消費者暫時回避擁擠、順便購物的優勢，取得了極好的銷量。

32 要建立零售店訊息反饋管道

通過終端零售商資訊的反饋，企業可以更清楚地認識自我，明晰企業的實力、市場運作的好壞、管理水準的高低。終端資訊像一面鏡子，照出了臉上的污點，也顯示出了自己的優點。如何做好終端資訊的反饋呢？通過那些管道進行反饋呢？首先，我們要瞭解終端資訊反饋的管道(如圖 32-1)。

圖 32-1 資訊反饋管道

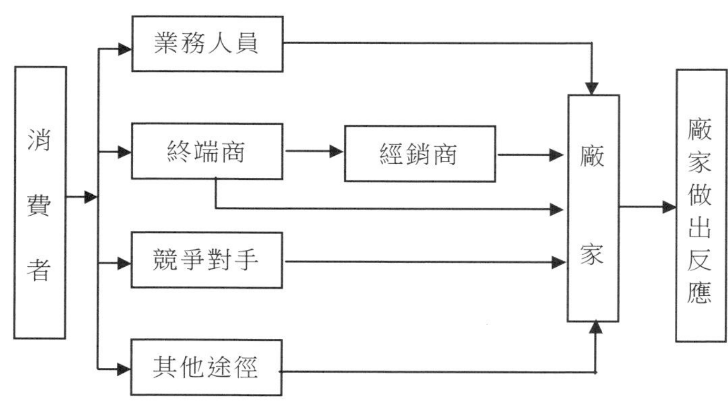

廠家通過這些管道不斷收集訊息，實現企業戰略目標，滿足消費者的需求。為了保證以上工作的順利進行，企業如何為終端資訊的反饋創造良好的條件呢？首先是「縮短訊息的途徑」，其次是妥善的管理方法，說明如下：

一、縮短訊息的途徑

1. 協調部門間的關係，增加內部資訊的透明度

一著名的洗衣機生產廠家，至今進不去 A 市場。原來此品牌的洗衣機在進入 A 市場時，有一個老工人買了一台，後來出了故障。老工人給廠家寫信反映情況，要求廠家派人維修，可信寄出去如石沈大海。他一氣之下寫信給當地的報紙，報紙披露了此事，這種牌子的洗衣機無奈地退出了 A 市場。可廠家經調查發現其售後服務部根本就沒收到老工人的信，原來他的信寄到銷售部門，銷售部門收到信後也沒放在心上，就此耽擱下來，而就是由於部門間的資訊缺乏透明度錯失了 A 市場，給企業造成了很大的損失。

在企業發展過程中，部門間的精誠合作是前提。假如一個企業的銷售部門與售後服務部門不和，產品出了問題，銷售部門推說找售後服務部門，售後服務部門說，誰銷出去的東西，找誰去。這樣互相推諉，不願承擔責任，內部不能齊心合力、團結一致，當然也談不上更好的發展，遲早要被市場淘汰。

某食品有限公司的業務員，經過半年的市場操作，該業務員對公司總彙報說，代理商及幾個大賣場認為利潤太少，合作沒有前途，決定退出。半年過後，那個業務員突然辭職不幹了，公司調查後才發現該業務員想自己獨佔市場，謊報「軍情」欺騙了公司，市場已經被他做壞了。

2. 一對一營銷方式

一對一營銷即是定制營銷，在追求個性化的今天，不雷同已成為現代人的追求，定制營銷也成為一種必然。定制模式拉近了企業與

消費者的距離，企業可以更快地得到終端資訊，更好地在競爭中居於優勢。

家電公司為市場提供最高技術含量的高檔新產品，為 huyg 家庭生產瘦長體小、外觀漂亮的「小王子」冰箱，為顧客開發有單列裝水果用的保鮮室的「果蔬王」冰箱。2000 年 8 月推出「訂製冰箱」，只有一個月時間，就從網上收到多達 100 餘萬台的要貨訂單，相當於全年產銷量的 1/3，開創了電子網路 B2B 大批量訂制的先河。2001 年個性化訂單已達 1500 多萬台。

阿迪達斯在美國有一家超市，設立組合式鞋店，擺放著的不是做好了的鞋，而是鞋子的半成品。其款式、花色多樣，有 6 種鞋底、8 種鞋面，均為塑膠製作。鞋面的顏色以黑、白為主，搭帶的顏色有 80 種，款式有百餘種。顧客進來可任意挑選自己喜歡的部位，交給職員當場進行組合，只要 10 分鐘，一雙嶄新的鞋子便唾手可得。這家鞋店晝夜營業，職員技術熟練，鞋子的售價與成批製造的價格差不多，有的還稍便宜一些，顧客絡繹不絕，店裏的銷售額比附近的鞋店多 10 倍。

3. 建立企業網路平臺

網路在社會和企業的發展中起著重要的作用，從網路上我們可以找到自己所需的資訊，包括產品資訊、服務資訊、競爭品資訊等，E-mail 也為企業內部與外部的交流提供了很好的溝通平臺。

7-11 連鎖是世界上著名的便利店，在日本有 8000 家，在臺灣有 4000 家。公司有一個即時監控系統，顧客一進店，他購買的資訊馬上就傳遞到公司。有了即時監控系統，總部就知道每天何時給那家店發貨，因為每家店裏都安裝有電腦，顧客在網上訂購了店裏沒有的東西，比如照相機，卻可以在商定的時間在店裏取到貨物。

二、建立專門的資訊收集機構

企業可以設立資訊收集中心或是資訊反饋部，專門負責資訊的收集、整理和分析，並將資訊進行分門別類，不同資訊通知不同部門，生產部門的資訊，通知其進行產品的改進，銷售部門的資訊，通知其加強服務；同時要肩負監督的功能，監督各個部門的執行情況，同時為資訊的收集設立各種方便。

有某房地產開發公司，該公司的資訊統計工作是由統計部、業務部、經管部負責。業務部直接與客戶接觸，他們將反饋資訊進行詳細的記錄，然後匯總到統計部；統計部建立檔案，進行管理，並把一些有利用價值的資訊，交到經管部；經管再根據這些資訊制定出相關方案。該公司的老總說，他們正是通過對各種資訊篩選、統計與整理，才一步步將業務做上去的。

以某鞋子連鎖店而言，總部專門設立了一個由 20 多人組成的資訊部門，負責收集分析研究全國的市場信息，為公司的生產、營銷、開發提供依據。同時，每個公司、每個專賣店也落實專人負責資訊工作，並與部門進行對接。資訊人員依據工作分工，每天收集不同季節、不同類型的產品資訊，並及時反饋到開發部門，為開發工作提供依據；常年收集市場終端資訊，為公司的市場規劃提供依據。

總部第二天可利用展會，對資訊篩選、分析並分流，交由相關部門處理，並對前一天的資訊處理結果進行反饋。公司還通過每天的《資訊匯總》、每週的《資訊匯總》、每月兩期的《營銷快訊》、E-mail 等載體將資訊落實傳達到相關人員，為他們的工作提供依據。特別值得一提的是，每天全國各個專賣店、商場專櫃都將當天的銷售情況經由資訊管道反饋到總部。為此，總部每天都能及時而準確地瞭解到當天產品的銷售情況，從而對市場做出迅速而又準確的反應。

通過對資訊的收集和有效處理，對市場需求做出了準確的反應，從而不斷調整自己的物流工作，降低庫存，提高效益，市場的競爭能力不斷增強，企業效率連年遞增。

1. 設立服務專線或是設立專門的投遞信箱

通用汽車專門設立顧客支援中心，如果用戶對別克車的設計、銷售、售後服務有想法，都可撥打免費熱線電話。顧客支援中心會為有興趣的用戶設立詳細的檔案，目前這個中心已有 6 萬多條顧客記錄，通用汽車推出的 GS、G、GL8 等車型都是在充分聽取顧客意見的基礎上，不斷改進後才進行生產的。

2. 建立「跑店系統」

建立「跑店系統」是企業進行終端資訊收集的一個秘密武器。憑藉這個「跑店系統」，很多企業把終端工作做得細緻而扎實。通過終端商店這個視窗，隨時瞭解競爭對手想做什麼，在做什麼，並及時反饋回公司的營銷情報系統。

三、終端零售商的信息

1. 產品終端的零售商陳列、銷售情況

包括產品的銷售量如何，與以前相比有什麼變化、那個牌子的銷量比較好，那個樣式比較流行等資訊。

2. 促銷資訊

(1)促銷力度

促銷的力度是否到位，廣告、公關等活動是否太頻繁，或是目標對象選擇不對，造成了浪費，還是促銷活動舉辦得太少，範圍太窄，很多消費者根本就不知道。

⑵促銷方式

使用是否適合，促銷方式是否與目標對象相一致，例如是否存在目標對象是兒童，卻採用了成年式的廣告方式；商店的消費群是觀光旅客，卻採用積分會員卡的促銷方式等等。

⑶促銷結果

促銷的目的是取得良好的效果，促銷結果是否達到了預期的目標，人們的接受程度如何，是否起到了廣告宣傳的目的，有多少人參加或是看到這次促銷活動，反響如何。

3. 管道資訊

⑴管道是否暢通

能否保證終端可以及時得到商品供應；是否出現堵貨，貨物的流通是否順暢；廠家的資訊可不可以順利地到達終端消費者那裏；管道形式是否與商品的性質相符等等。

⑵鋪貨區域與促銷政策是否相符

經常會發生鋪貨與促銷政策相脫節的情況，曾經風行一時的健力寶飲料就犯了這種錯誤。消費者在零售店根本就見不到健力寶的蹤影，廣告打出去了，費用也花了，可由於鋪貨範圍的狹小，致使終端無貨可售，這也是健力寶失敗的主要原因之一。而通過消費者或是終端商的資訊反饋，廠家就可以輕易地發現工作中的這種不足，並及時彌補，更好地發展。

⑶付款方式是否與終端的要求相一致

是採用先付款後進貨，還是先進貨後付款的形式，終端商信用期的長短問題等等。

⑷終端對產品的理貨情況是否滿意

⑸庫存狀況如何

終端商庫存量的大小，產品積壓過多的原因、缺貨的情況等。

4.終端零售商要求廠家提供的支援

終端在銷售的過程中，由於實力及其他的一些問題，也會需要廠家的幫助，如一些廣告的配合、促銷政策的實施、業務員的培訓、終端理貨隊伍的配備等。一般來說，主要包括以下幾種：

⑴助銷

助銷的工作主要有：企業派人協助經銷商進行產品推廣，組建「理貨」專營小組來全面配合分銷商進行市場推廣，利用經銷商的人員、獎金及管道資源，加快市場開發的步伐。

⑵業務員的培訓

包括產品知識的培訓、基本公關禮儀的培訓，推銷技巧、談判技巧的培訓等。

⑶促銷品的提供和售點廣告、POP廣告的使用等

⑷售後服務

企業送貨是否及時、維修是否盡心、是否對機器進行及時的清洗等。

四、建立完善的制度

1.業務員激勵制度

業務員得到的資訊是最新、最快的，業務員對資訊及時的反饋，對廠家來說有著非同尋常的意義。廠家需要對其進行適當的獎勵，鼓勵其進行資訊反饋。可設立最快資訊反饋獎，授予資訊反饋及時的人

員以「年度資訊反饋員」的稱號。

2. 終端零售商激勵制度

終端零售商是連接廠家與消費者的連接關鍵，其提供的資訊才真正反映了消費者的需求，零售商的資訊對企業的發展也有很大的作用。

為激勵向廠家反饋資訊，可設立獎項，專門獎勵及時反饋資訊的零售商，如設立最佳資訊反饋獎。尤其是對其資訊被採用了的終端更應該獎勵，可在公司每年的經銷商大會上，表彰這一部份終端商，並頒發獎金或給予其各種購買貨優惠。

33 確認業務員的鋪貨陳列績效

針對零售店的鋪貨、陳列販賣，主要考核是：一是「請進來」——主要是做好終端佈置，有吸引力，尤其是專賣店。二是「走出去」——主要是圍繞終端走向廣場，甚至走向社區做好促銷活動。同時在終端佈置上嚴格遵循「四得」原則，即：

· 看得見(平看：海報、立柱廣告、台牌、燈箱、木牌、電視播放宣傳牌；仰看：橫幅、吊旗；俯看：產品陳列)。

· 摸得著(資料架、展架、展臺、樣品等)。

· 聽得到(促銷員推薦、店員介紹、電視播放宣傳牌等)。

· 帶得走(手提袋、單張宣傳頁、自印小報、促銷小禮物等)。

考核重點如下：

一、確認鋪貨陳列績效

1. 玻璃櫃檯內部

⑴品種是否齊全，各系列暢銷機型是否都在(3 個月內必須有五款機型)。(10 分)

⑵陳列是否規範，包括：

・集中原則。上櫃機型必須集中排列，決不能東一台西一台。(8 分)

・醒目原則。是否擺設在櫃檯中央最搶眼處。(8 分)

⑶托架齊全否？切忌放在其他品牌的托架上。(10 分)

⑷主次是否分明：牢記 20%的產品帶來的 80%的銷售額，新產品必須重點突出「星狀小彩紙」、「小綬帶」、「小彩星」提示。(8 分)

⑸櫃檯整體視覺效果是否協調、醒目

・有無紅色或黃色等暖色絨布鋪底襯托。(4 分)

・燈管上是否有紅底白字的本品牌覆蓋板。(4 分)

・新機旁是否有小紅燈閃爍。(4 分)

2. 櫃檯上面

・櫃檯面上是否有小圓牌。(10 分)

・是否有資料托架。(4 分)

・各機型單張折頁等資料是否齊備。(8 分)。

3. 櫃檯外

・是否有吊旗懸掛。(4 分)

・是否有海報、貼畫、掛畫等。(6 分)

・是否有立牌(可貼促銷活動告示)。(6 分)

· 是否有燈箱。(6 分)

表 33-1 鋪貨考核表

<table>
<tr><th>項目</th><th colspan="2">內容(分值)</th><th>得分</th><th>項目</th><th>內容(分值)</th><th>得分</th></tr>
<tr><td rowspan="8">櫃台內</td><td colspan="2">品種是否全(10 分)</td><td></td><td rowspan="3">櫃檯上</td><td>有無立牌(10 分)</td><td></td></tr>
<tr><td rowspan="2">陳列是否規範</td><td>集中否(8 分)</td><td></td><td>有無資料托架(4 分)</td><td></td></tr>
<tr><td>醒目否(8 分)</td><td></td><td>宣傳資料齊全否(8 分)</td><td></td></tr>
<tr><td colspan="2">托架齊全否(10 分)</td><td></td><td rowspan="5">櫃台外</td><td>有無吊旗(4 分)</td><td></td></tr>
<tr><td colspan="2">小飾品主次是否分明(8 分)</td><td></td><td>有無海報(6 分)</td><td></td></tr>
<tr><td rowspan="3">視覺是否協調醒目</td><td>有無絨布襯托底(4 分)</td><td></td><td>有無立牌(6 分)</td><td></td></tr>
<tr><td>有無名人蓋板(4 分)</td><td></td><td>有無燈箱(6 分)</td><td></td></tr>
<tr><td>新機旁小閃燈(4 分)</td><td></td><td></td><td></td></tr>
<tr><td colspan="7">全項總分：(　　)分</td></tr>
<tr><td colspan="4">總結：</td><td colspan="3">改進安排：</td></tr>
<tr><td colspan="7">說明：1. 60 分合格，75 分優良，90 分以上優秀，每個點力爭優秀，但必須確保合格，即 60 分。
2. 有條件者先上，條件不足者積極創造條件，逐步推廣。</td></tr>
</table>

二、食品廠商的陳列作法

某食品廠商對業務員在轄區零售店的陳列績效，其考核如下：

1. 特殊陳列

即商場、超市內除正常貨架陳列外，另有堆箱(堆地、堆頭)陳列、端架陳列或公司特製的陳列架陳列等。

若陳列豐滿無缺貨，可獲得 20 分；若空無一物，則為 0 分；若陳列有缺貨現象，則按產品擺放的豐滿程度獲得 0～20 分之間的相應分數。

2. 正常貨架陳列

其評分內容主要由以下幾方面組成：

(1) 位置分

以五層貨架為例，如果公司產品陳列在黃金陳列線，即第二層，則得 4 分；若陳列在第一層和第三層，則得 3 分；第四層，得 2 分；第五層，得 1 分；若無貨，則得 0 分。

(2) 排列面積分

產品擺放在貨架上最外面一排的數量，就是產品的排面。產品各口味在貨架上同時各有 2 個排面可得 1 分，4 個排面得 2 分，6 個排面得 3 分，沒有排面得 0 分。

(3) 排列數量分

各產品在貨架上擺放數量達到 10 個(板)可得 1 分，20 個(板)可得 2 分，依此類推。若數量不足 10 個，則得 0 分。

(4) 相對位置分

若本產品相對競爭產品位置最佳，可得 4 分；位置次之，可得 3 分；依此類推，位置最差，則得 0 分。

(5) 相對面積分

若產品排面最大，則得 4 分；排面第二大，則得 3 分；排面最小，則得 0 分。

3. 其他陳列要求

要求業務員要掌握好商場、超市的安全庫存量；還有客情關係有關標準和陳列的十五項原則，分別細化為分值進行考評。

評分方法為：每家商場陳列滿分為 100 分，每月由公司銷售主管組織人員到商場、超市抽查 3 次進行評分，取平均值作為最後成績。

獎勵辦法：每一位理貨員按綜合評分值，得到應得的工資和獎金，若平均基數為 9500 元，那麼每一分值等於 1.5 元，得滿分者即得當月獎勵總金額為 9500 元，商場這種方法公平、合理、簡單、有效。可以激勵業務員努力做好產品陳列，並積極督促商場訂貨、補貨。

這個考核和激勵措施是非常技術化的，業務員只需稍加變化就可以複製到自己的企業的營銷工作中去。

表 33-2 說服店主的方法表

說服店主的方法	
	第一步：直接與店主溝通，坦誠地告訴店主我是誰，我來做什麼；
	第二步：委婉地告訴店主此次活動地目的：提高貴店飲料的銷售量，提高店員的銷售技巧；
	第三步：針對前期對各品牌飲料的調查統計結果和店主一起分析，並委婉地提出目前貴店在終端運作方面存在的一些小問題，如：各品牌飲料陳列混亂及擺放貨架不顯眼，無 POP 廣告，店員的推薦不夠積極等；
	第四步：把複印的「寶潔的陳列管理」的材料，交給店主看，和店主一起擬定產品陳列計劃；
	第五步：店主安排了兩個店員改善產品陳列，主動協助店員擺放同時和店員就促銷方法作進一步交流。
	第六步：選定○○○純淨水為本次活動的主推產品。

表 33-3 營業員的推薦方法改善情況表

序號	營業員的推薦方法	推薦人數	成交人數
1	您好，今天天氣比較熱，我建議您還是買純淨水吧，水解渴。	3	0
2	您好，我向您推薦○○○純淨水，有質量保證。	2	0
3	您好，○○○純淨水有知名品牌，純淨健康。	3	0
4	您好，○○○純淨水價格便宜，20 元/瓶。	2	0
5	您好，今天天氣比較熱，口喝了吧？我向您推薦○○○純淨水，它是名牌產品，質量好，價格低，每瓶 20 元。	5	3

表 33-4 陳列改善情況表

序號	改善項目	具體改善內容
1	陳列位置	由不顯眼位置移至門口貨架端頭。
2	陳列高度	由最下一層移至與肩同高的第三層位置。
3	排面	由四個排面擴至 12 個排面。
4	品種比例	無細分。
5	特殊陳列	在門口放置精致小貨架，擺上知名品牌飲料。
6	其他	排面中用寫有大字的紙牌標出飲料零售價。

表 33-5 改善情況表

POP 內容	放置位置	規格大小
純淨水純淨、健康、價格低， 20 元	超市門口	80×120(cm)

表 33-6 改善前的銷量表

品牌	購買人次	佔總量比例
A	1	6.7%
B	5	33.3%
C	2	13.3%
D	15	100%

表 33-7 改善後的銷量表

品牌	購買人次	佔總量比例
A	4	22.2%
B	6	33.3%
C	2	11.1%
D	18	100%

34 高露潔的轄區鋪貨案例

當無數產品栽倒在「廣告牽引、終端無貨」的窘境時，為了新產品牙膏的上市，高露潔公司開始全力打造終端零售商市場。

高露潔的銷售隊伍已經打開了各大中小城市的大型零售商、百貨、超市的門，但多年以來，所有快速消費品在中國的運作都遵循一個原則：讓自己的產品無處不見，伸手可得。這是打造並維護品牌的必經之路。

「市場精耕」的任務就是在全國重點消費區的中小城市裏，讓所有的小零售店和便利店出現高露潔草本牙膏，並且還要擺在顯眼的位置上。

一般沒有多少批發商願意做這件事情，這會牽扯他們大量的精力。畢竟他們不可能只代理高露潔一家品牌。當然，高露潔也不願意將如此重大的任務交給經銷商，沒有人能相信經銷商會幫你跑遍整個城市的銷售網站，也不能相信經銷商能將店內陳列做得多麼細緻。

從 7 月 18 日到 8 月 18 日，高露潔組織的名為「紅色旋風」的鋪貨行動在 279 個城市同時進行。這個活動像旋風一樣席捲全國，之所以稱為「紅色旋風」，則是因為高露潔為每位分銷代表準備了紅色 T 恤和紅色帽子。

一、鋪貨前的準備

高露潔公司早就在為這次鋪貨做準備，它們進行了大量的前期工作。

⑴全面瞭解各個城市的零售商數目和大致情況

高露潔從各級經銷商那裏收集這方面的資料。儘管換取這些資訊是要付出代價的，但維護著良好客情關係的高露潔業務員，卻可以憑藉極小的代價得到它們。

然後，高露潔公司根據零售商數量，制定了每 750 家小店安排 1 個分銷代表的計劃。它是高露潔根據以往市場經驗，充分考慮分銷代表的勞動強度，並結合城市零售點分佈的平均水準得出的。

⑵獲得每一個區域(城市)的經銷商的支援

他們是這次活動物流和資訊流的支點，分銷代表每天都必須與他們打交道。經銷商的聯繫人和聯繫方式，將作為資料資訊傳達給每個分銷代表，以便於他們之間取得聯繫。在此活動中，高露潔公司對表現優良的經銷商將會給予額外的實物獎勵。

⑶確定產品組合

本次活動的產品組合包括：105 克草本牙膏 1 只，50 克草本牙膏 2 只，雙效波浪型牙刷 2 只，贈品是 50 克超強型牙膏。為什麼高露潔公司是鋪一系列的產品，而不只鋪和活動對應的產品呢？原來這是高露潔的一個小策略，這種做法會給零售店一種感覺：高露潔產品豐富，經營該品牌盈利點很多。如果只鋪一種產品，不但佔位少，而且沒法突出從而讓消費者產生實際購買行為。

事實上，為了更多吸引普通顧客的視線，本次鋪貨的贈品不僅有 50 克超強型牙膏，還包含 POP 廣告招貼和一個小巧的壁掛展示架。同時，這次活動中草本牙膏促銷價格的制定是非常關鍵的：折讓既不能太多，使公司受損並會使經銷商日後的工作受妨礙；又不能太少，使零售商沒有積極性。因此它比批發價稍低，再加上贈品，事實上零售商能得到 64%的毛利。這讓零售商在活動中得到實惠，真正有可能成為高露潔產品的忠誠客戶。這個價格有「拋磚引玉」的作用，是為長期促銷做準備的。

⑷選拔鋪貨人員

但我們知道，高露潔牙膏畢竟是新品，如何能讓零售店主接受，尤其是購進一個對他們來說很新鮮的東西，就非得有一批具有極強說服能力的鋪貨人員不可。

公司從 5 月份就開始了宣傳選擇活動，步驟如下：

圖 34-1　宣傳活動人員選拔流程

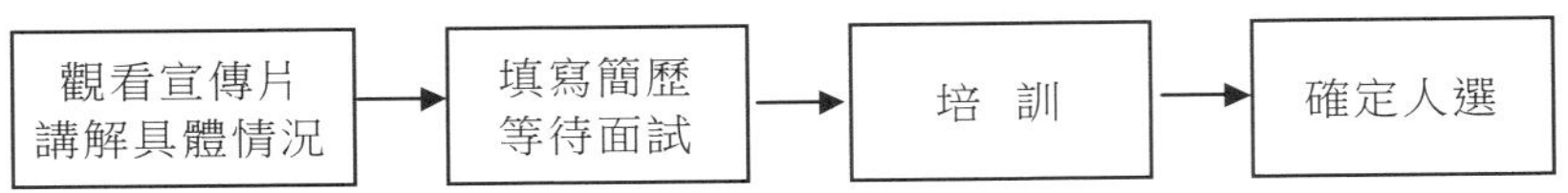

這次活動高露潔把招聘目光確定在了各大高校的大學生身上。目的一是利用高露潔世界知名企業的牌子，激發大學生的主動性和創造性；二是層層選擇的大學生來自不同城市，將他們派回自己家鄉，會有許多優勢。

二、鋪貨執行階段

(1)活動前

①每個分銷代表必須接受公司的全套專業培訓，瞭解高露潔公司狀況以及產品資訊。目的是讓每位分銷代表充分瞭解和明確活動的目的和任務，從公司狀況中增強自信。

在培訓中學習必要的推銷技巧和與消費者有效溝通能力。培訓過程分 8 個步驟，如下圖：

圖 34-2　鋪貨執行順序

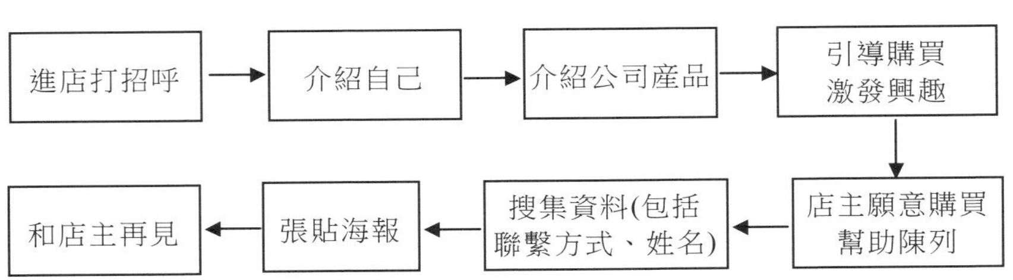

對於大多數學生來說，最難的就是介紹自己、介紹公司產品。儘管高露潔分銷代表的身份明顯增強了學生的信心，但畢竟是商界的新手，讓他們去說服零售商，而且達成銷售，是比較困難的。因此在培訓過程中，高露潔公司特別注意抓好兩個環節：一是觀看高露潔公司拍攝的優秀鋪貨員的標準工作流程，任何細節都在錄影機裏展現出來，包括在店門口怎樣調整情緒；二是類比銷售，使大學生們先身臨其境一番，再針對難點進行培訓。

②分銷代表必須提前 2～3 天，回到家鄉所在的城市，安排好家中事務，處理閒雜事，同時與地區經銷商進行聯繫。然後利用一切時間瞭解任務範圍內各個小店的佈局情況，制定出每天的工作日程表以及鋪貨路線，以便順利開展工作。即便如此，作為第一次參加鋪貨的大學生，要合理地安排日程和路線是非常不容易的。在此期間，廠商應該和經銷商做好溝通，請經銷商協助。

⑵活動中

①在活動期間，分銷代表的日程安排是：早上按時到經銷商處報到，排隊提貨，整理貨物，放上自行車，然後開始拜訪。當天結束後，將餘貨送回經銷商處，回家寫日誌。日日如此，持續 30 天。同時，分銷代表要按時按量地完成公司下達的任務——每天必須拜訪 30 家小店(不論成功與否，若失敗允許再次拜訪)。

但實際鋪貨中，大部份的分銷代表都在活動開始的前幾天遇到困難。例如：他們設計路線時只按照地理條件，對商業聚集地並沒有什麼概念，結果發現本來定好今天上午拜訪 20 家店，但一到地方才發現，那一整條街上連 10 家店都不到，導致該日計劃被打亂。不過在經銷商的配合下，多數分銷代表都解決了這個問題。同時，有些經銷商在空閒時還會傳授一些銷售技巧給年輕的學生。

值得留意的是，在本次活動中，經銷商和分銷代表配合默契，同時本土化的分銷代表優勢逐漸顯現。如分銷代表遇到的零售商家裏的孩子正好是中小學校友，那麼分銷代表們的溝通突破口就會成倍增長。

②每個小店只能銷售 1 套產品。目的是減少經銷商和零售商的負擔，同時捨棄對分銷代表的銷量要求。假如分銷代表們沒有銷量壓力，他們才會將心思放在「為品牌而鋪貨」上，而非為銷售而鋪貨——那樣很可能導致他們將貨物賣給大賣場或賣給少數店主，因此失去目的。

因為對於高露潔來說，本次活動只是用少量的產品去開拓市場，讓零售商瞭解高露潔公司產品的優質性，起到投石問路的效果。

③數量化目標。本次活動賣進店成功率應達到 70%以上，賣進目標店的覆蓋率應達 95%以上。

高露潔遵循「銷售不成，也要將市場訊息拿回來」的原則。銷售代表努力鋪貨，達成交易，萬一難度較大時，也應保證覆蓋率的數量。在店中，代表們彬彬有禮地與零售商交流，展示高露潔的品牌形象，代表們還主動幫助店主整理貨架和產品，按照零售商的要求貼好 POP 海報，滿足其要求。

④認真填寫日報表以及週報表。

日報表包括的內容有：客戶名稱，地址，聯繫人電話，訂貨情況，記錄好成交的情況和拒絕成交的原因。

其中拒絕成交的原因一定要填寫清楚，已列出的選擇項有：A 負責人不在；B 毛利太小；C 價格太高；D 銷售技巧不足；E 其他原因。

週報表包括有：每天拜訪的客戶數量、成交數量、銷售額以及 1 週的總銷售額。

分銷代表必須要在當天工作結束後認真填寫日報表。不管如何辛苦，一定要堅持，防止失去一些有價值的資訊。同時，分銷代表還應在每個星期的週末到當地郵局用快件的形式把兩種報表寄到廣州總公司，費用由代表墊上，以後在工作中一起返還。

⑶活動後

在最終結算之前，每位分銷代表都要就本次活動的鋪貨情況及心得體會寫一份題為「紅色旋風」的書面報告，連同銷售報表寄往高露潔總部。報告的內容和題材高露潔並不做任何限制，但最好能給本次活動提些建議。對建議有價值的代表，廠商將會直接獎勵高露潔公司的產品。對於銷售業績達到全國前 10 名者，將有機會免費乘坐飛機前往廣州高露潔公司參觀，接受高露潔公司高層管理者的表彰。

三、鋪貨尾聲階段

在「紅色旋風」活動進行的 1 個月內，各個分銷城市的電視臺，包括中央電視臺等媒體將在黃金時間推出廣告宣傳本次活動，同時推出本次活動的主要宣傳產品高露潔草本牙膏的廣告「海狸先生篇」，伴隨著活動進行，各個小店內都有本次活動的海報，到處都是高露潔的海洋。本次活動使「紅色旋風」吹遍了城市的每一個角落，高露潔在這次活動中進一步開發了終端市場。

35 如何做好終端零售商支持

有效地終端公關，不能僅靠單一的物質刺激或小禮節的情感投資，要建立起穩固持續的終端客情關係，還需要企業為零售終端提供系統的支持和良好的終端服務。

幫助零售商就是幫助企業自己，企業為零售終端提供系統的支持與服務，不僅可以提升終端客情、增進雙方的合作關係，還可以有效獲得終端的促銷空間和展示資源，從而有利於促進產品銷售，提升銷售業績。

終端支持主要包括以下兩個方面：

1. 向零售終端提供銷售支持

作為企業，積極幫助零售商提升銷售業績，是企業應盡之職責。向零售終端提供的銷售支持主要包括以下內容：

⑴向零售商提供廣告支持；

⑵向零售商提供產品展示陳列、現場廣告和售點促銷等助銷支持；

⑶人員支持，派駐導購，駐店促銷；

⑷向零售商提供銷售工具和設備的援助，比如免費提供貨架、冰櫃和店招等；

⑸送貨上門、保證貨源，隨時掌握終端的合理庫存，並且補貨及時；

⑹協助零售商將產品上架，並做好理貨和維護工作；

(7)及時的退換貨，調整零售商的滯銷庫存；

(8)做好售後服務，及時主動地處理好顧客的抱怨與投訴；

(9)經常與零售商溝通，及時解决他們在銷售中遇到的困難和問題。

例如：西門子終端工作人員經常深入終端店市場與零售商進行廣泛地溝通，聽取他們的意見，及時解决他們在銷售中遇到的困難和問題，在產品展示陳列、現場廣告促銷、及時補貨等方面給予有力支持，處理好企業與零售商的利益關係。

不僅如此，西門了終端工作人員還幫助零售商做市場，如分析消費者、提供有關市場信息、制定銷售計劃和策略、幫助他們提高經營水準。同時，也嚴格規範零售商的銷售行為，用制度來管理，一視同仁、獎罰分明，避免了終端店無序經營和亂價現象的發生。

進口貨手機品牌非常重視做好零售商的工作，以多種方式激勵零售商的銷售熱情：廣告支持，如新產品廣告上標明各零售商的地址電話，給銷售業績好的零售商贈送店內的專櫃、門頭燈箱等；為零售商進行銷售人員手機知識培訓、維修人員技術培訓等；對業績好的零售商進行定期獎勵；設置品牌市場巡視員，定期走訪零售商。

2.向零售終端提供經營指導

除向零售商提供銷售支持外，企業還應盡自己的能力，向零售商提供與經營有關的指導和輔導，針對零售商經營中的問題提出一些合理化建議，幫助零售商解决一些經營中的難題，從而幫助零售商增强銷售力和競爭力，提升整體經營水準。比如在店鋪裝潢、商品陳列、合理庫存、提升銷量、節省費用、增加利潤、廣告策劃和促銷活動開展等方面，給予零售商以指導和輔導。投之以桃，報之以李，零售商受益於企業的指導，企業就能從零售商那裏得益更多。

企業在如何進行終端公關上，有兩種不同的思維方式。不同的思維方式，所產生的效果也就截然不同。

1. 如何通過終端公關來解決企業的問題

大多數企業在進行終端公關時，通常的思維方式是：

· 要解決的問題是什麼？

· 如何通過做好終端公關來解決企業的問題？

這是一種單向的思維方式，是站在企業的角度來思考問題的，當然用這種方式構思的公關方案也能取得較好的效果。不過僅僅單向從解決企業自身的問題為出發點，來設計對零售商的公關方案，始終是被動的，並不是終端公關的最高境界。

2. 如何通過解決零售商的問題來解決企業的問題

企業有企業的問題，零售商有零售商的問題。如果能突破通常的思維方式想一想，能否通過解決零售商的問題從而解決企業的問題呢？能否將解決企業的問題置於解決零售商的問題之中呢？這一種是站在零售商的角度來思考問題的。

這種思路的思維方式是：

⑴對零售商來說，在經營中遇到那些問題和難題呢？或者有那些問題和難題沒有得到很好的解決呢？

⑵如果通過調用企業的資源，同時整合零售商自身的資源，能否解決零售商的某些問題和難題呢？

⑶企業的問題是什麼？通過解決零售商的問題能否同時解決企業的問題？

如此，企業與商家互相整合對方的資源為己所用，互相從對方獲取自身所缺乏的資源，從而以更經濟的方式解決各自的問題。

例如某葡萄酒企業在進入每一個酒店的時候，都會給經營者提供一份完整的營銷推廣方案，有針對性地向經營者提供經營方法和經營思路，向他們提供相關的指導和幫助，內容包括：

· 與經營管理有關的指導和支持；
· 與銷售活動有關的指導和支持；
· 與廣告公關的指導和支持；
· 指導酒店裝修及店內陳列設計；
· 擬定並推動與促銷活動有關的方案等。

這種方法在一定程度上提高了酒店的銷售額，而酒店的銷售額提高了，產品的銷量自然也就提高了。把每一個酒店終端的銷售當成自己的事業去做，有針對性地向經營者提供經營方法和經營思路，所以這些酒店都成為終端網絡中的忠誠一員，這才是終端公關的至高境界。

36 要對零售商進行販賣支援

1. 協定支援

經銷商與企業之間一般來說是有協定的，通過協定的合作和約束可以初步形成一個有組織、有計劃的戰略聯盟。而終端零售商往往是各自為陣的散戶，他們是什麼產品好賣就賣什麼產品，什麼產品有利潤就賣什麼產品，同一產品誰家的便宜、誰家送貨及時、誰家服務好就買誰家的。貨流的管道和形式是自由流通，交叉進貨。這就為無序競爭、惡性竄貨提供了基礎。

解決的主要方法是通過協定，將各自為陣、一盤散沙的二批商、零售商納入廠商的網路管理範圍，使二批商、零售商覺得有歸屬感，有協定的支援和制約。在沒有外來重大的誘惑下，他們會按照協定經銷廠商的產品。

2. 會議、資訊支援

通過經常性的召集區域內的零售店參加的訂貨會、產品介紹會、促銷政策告知會、銷售獎勵兌現會等會議，加強與零售商的溝通和聯絡，通過會議和資訊支援，爭取他們對終端工作的保證，這是一種行之有效的好方法。

3. 情感支援

「做生意先做人」，客情關係是長期生意的基礎。一個區域內二批商、零售商可以從不同的途徑進貨，雖然不少企業要求封閉式銷售，這只是製造商的一廂情願，要想終端零售按照製造商的要求，長期、穩定地向一家經銷商進貨，除了政策、價格因素之外，還要求經銷商必須與二批商、零售商做好客情關係。只有提高服務質量、加強溝通和協作，通過各種活動維護並加強雙方的感情，才能真正綁住零售商。

4. 價格支援

產品價格與銷售利潤密切相關，它直接影響零售的積極性，但企業對價格的控制又是非常嚴格的，隨意的價格變動會給市場帶來嚴重的負面影響。正確的價格支援方法應該是：廠家規定的正常的各級價差一般情況下不能隨意變化，但是為了加強終端競爭力，提高終端零售商的積極性，在必要時應給予明獎暗返(不公開的獎勵)。

明獎作為一種激勵，對於做到一定銷售量或達到某種先進標準的，給予獎勵，不僅讓他拿得開心，還為別人樹立了榜樣；暗返作為一種價格支援，對於有支援必要或有支援價值的客戶，給予一定的利潤支援，讓他感到自己是惟一的、是滿意的。這種方法運用得當有助於核心客戶群的形成，有助於客情關係的加強，有助於市場競爭力的加強，有助於銷售量的提高。

5. 人員支援

廠商對零售最直接的支援莫過於人員的支援。如為了加強終端零售商的優勢，企業組建輔導員隊伍、促銷員隊伍對零售商進行人員支援。由輔導員分區域進行終端開發、終端維護，挨家挨戶拜訪終端，幫助經銷商拿訂單。

例如：統一、康師傅率先採用大批量(全國 5 萬多名)輔導員，對批發商進行人員支援，對終端零售商進行人海戰術的直接肉搏戰，一舉獲得成功，統一、康師傅的茶飲料、果汁飲料經過短短三、四年的培育，越過了可口可樂和娃哈哈這樣頂級的飲料巨人，躍居第一品牌。

6. 促銷活動支援

促銷是營銷四要素之一，在競爭越演越烈的今天，商品促銷工作日益顯得重要。但是不少經銷商為了自己眼前的利益，截扣製造商的促銷品和促銷費用，使製造商的促銷政策不能到達終端，終端不能通過促銷形成商品的銷售高潮，甚至使終端零售商與批發商產生矛盾和意見。對終端進行促銷的、活動的支援不僅可能以提升商品的銷量，還能加強批發與終端的合作、客情、默契等關係。

一個成功的產品想要真正得到終端和消費者的支援，必須要在管道開發、終端建設初步完成之後，及時地推出強有力的終端促銷活動以起動消費。

7. 終端陳列支援

售點的廣告、宣傳和商品陳列是銷售工作的臨門一腳。做得好的商品展售，能把商品做活，讓商品自己來說話：「看看我吧！試一試吧！來買我吧！我能讓你滿意！」終端陳列支援是廠商對終端系列支援中非常重要的一項工作。

終端陳列支援的主要內容有陳列貨架（冰櫃）等陳列實物支援、陳列獎勵等陳列政策支援、陳列技術支援、陳列維護支援等。

8. 廣告、宣傳支援

人們稱產品的終端對抗為地面部隊的作戰，而產品廣告宣傳則是空中的轟炸機。只有空中轟炸與地面部隊跟進二者有機的結合，才能取得理想的戰果。所以在終端開發初見成效，鋪貨率達到 60%以上，終端陳列、終端促銷等工作跟進之後，要及時給予終端以廣告宣傳的支援，除了合理的安排廣告投放計劃之外，還要將廣告、宣傳計劃和進度告知終端，讓終端將企業的產品訴求傳播與終端陳列、POP 及店員介紹統一起來，強化傳播的功效。

9. 協定加盟或者專櫃支援

要想鞏固已開發的終端，進一步維護重點終端，根據 2：8 原理，需要對能夠產生主要效益的重點終端進行特殊政策或特殊方法的鞏固和鎖定。利用協定加盟或設專櫃等支援，將這部份核心終端鎖定為排他性的終端，有利於廠商核心競爭力的形成和基礎市場的建設，有利於廠商資源和品牌影響力的積累，有利於進一步的擴大市場。

10. 買斷經營和利潤支援

對於一些高贏利的終端、「兵家必爭之地的終端」，來回做拉鋸戰，不如集中資源進行買斷經營，也就是說給予這類特殊終端以利潤支援，只要你全部賣我家產品，並達到一定的陳列、推薦、銷量等要求，我就保證你的年利潤數萬至數百萬元。

例如：某專做餐飲酒水、飲料的經銷商，用每年 500 萬元給予酒店的利潤支援費用，買斷了 10 家較具規模大酒店的全部酒水、飲料。所有製造商的產品想進這些酒店必須通過它來經營，避免了在惡性競爭中無謂的損失，結果是輕輕鬆鬆做生意，穩穩當當賺大錢。

37 轄區零售店的管理

一、建立客戶檔案管理

對轄區零售店的管理，必須先從客戶資料的管理入手。客戶檔案管理的內容有：

1. 基礎資料

主要包括客戶名稱、地址、電話、所有者、經營管理者、法人代表及他們的個人性格、興趣、愛好、家庭、學歷、年齡、能力、創業時間、與本公司交易的時間、企業組織形式、業種、資產等。

2. 客戶特徵

主要包括服務區域、銷售能力、發展潛力、經營理念、經營方向、經營政策、企業規模、經營特點等。

3. 業務狀況

主要包括銷售實績、經營管理者和業務人員的素質、與其他競爭者的關係、與本公司的業務關係及合作態度等。

4. 問題交易現狀

主要包括客戶的銷售活動現狀、存在的問題、保持的優勢、未來的對策、企業形象、聲譽、信用狀況、交易條件等方面。

二、對零售店客戶管理原則

對零售店的管理原則是專人負責，要機動、靈活運用。

1. 動態管理

客戶管理系統資料建立以後，需要根據情況的變化加以不斷的整理，剔除過了時的資料，及時補充新的資料，對客戶的變化動態進行追蹤，使客戶管理保持連續性。

2. 突出重點

有關的客戶資料很多，我們要在短時間內查找所需要的重點客戶。重點客戶不僅要包括現有的大客戶，而且還應包括未來客戶。這樣同時為企業選擇新客戶，開拓市場提供資料，為企業的發展創造良機。

3. 靈活運用

建立客戶資料之後不能束之高閣，必須以靈活的方式及時加以利用，為一線的業務員提供有用的客戶資訊，使他們進行更為詳細的分析，使資料成為活的資料，提高客戶管理的效率。

4. 專人負責

企業要有專人對經銷商進行跟進管理和服務，在市場重心前移的營銷組織設置中，一般企業都設有客戶經理。

三、客戶的業績分析

進行客戶管理不僅僅是對客戶資料的收集，而且還要對客戶進行多方面的分析。

1. 與本公司交易狀況分析

掌握客戶的月交易額和年交易額，計算出各客戶交易額佔本公司總額的比重，檢查該比重是否達到本公司所期望的水準。

2. 商品銷售構成比率的分析

將你對客戶銷售的各種產品，按銷售額由高到低排序；計算所有產品的累計銷售額；計算不同產品銷售額佔累計銷售額的比重；檢查是否達到公司所期望的銷售任務；分析不同的商品銷售的傾向及存在的問題，檢查銷售重點是否正確，將暢銷品努力推銷給有潛力的客戶，並確定以後的銷售重點。

3. 商品週轉率的分析

先檢查客戶經銷產品的庫存；算出月初庫存與月末庫存的平均值，求出平均庫存；再將銷售量降以平均量，即得商品週轉率。

4. 交叉比率分析

交叉比率＝毛利率/商品週轉率

毛利率和週轉率越高的產品，就越有必要積極的推銷。

四、對零售店的記錄管理

進貨時間、品種、數量、規格、金額、結款情況等。銷售記錄是越細越有利。

1. 銷售管理

建立拜訪制度、瞭解市場一線情況、做好分銷商的檔案記錄和銷售記錄，建立與分銷商的客情關係。

2. 經銷商支援

促銷活動；人員車輛支援；建立溝通體制，加強與企業的聯繫可以增加其積極性。其方法有：企業內部刊物、業務座談會、主管拜訪、書面意見溝通等。

3. 預警管理

欠款預警管理；銷售進程預警管理；銷售費用預警管理；客戶流失預警管理；客戶重大變故預警管理。

4. 售後服務管理

要為客戶解決後顧之憂，主要內容有：退換貨管理、調換包裝服務、客戶投訴管理。

5. 客戶資料管理

建立客戶基本資料檔案，建立客戶信用資料，對客戶進行分級管理，建立客戶需求和售後服務檔案。

6. 銷售政策管理

首先保證客戶充足的貨源，避免缺貨、斷貨；根據季節制定促銷方案，協助客戶做到「淡季不淡」；對客戶制定獎勵、獎金制度；定期拜訪重點客戶，解決實際問題；保持與客戶和市場信息的溝通，把握市場命脈。

7. 庫存管理

定期盤存客戶的總庫存，並做好每月的銷售與庫存增減的記錄；根據庫存和訂單申報要貨計劃，避免庫存過多或斷貨；及時調整庫存積壓較多的產品，如做特賣、做促銷；科學準確地保持安全庫存。

五、對零售店的評價

1. 積極性

經銷商積極拓展市場，主動開展工作，積極配合公司的銷售工作是做好銷售的最好保證。具體表現在：資金支付、人員車輛和對產品推廣的主動性。

2. 經營能力

經營手段的靈活性，分銷能力的大小；資金是否雄厚；手中的暢銷品牌多少、倉儲、車輛、人員強弱。

3. 公司信譽

4. 經營者社會關係

六、具體的零售店管理

1. 瞭解公司政策

瞭解公司不同時期的政策，既要與公司政策保持一致，又要結合當地實情，不能盲目地追求銷售額，以導致擾亂市場秩序，損害公司和經銷商的利益。

2. 銷售品種

要引導經銷商很均衡的銷售公司產品，不要只銷售暢銷品，不願銷售新產品和利潤低的產品。要有重點產品、培育產品、系列產品的區分。

3. 商品陳列

經銷商店鋪內產品陳列、擺放的好壞，對促進產品銷售、樹立經銷商形象有著十分重要的作用。

4. 參與促銷活動

沒有經銷商店參與的促銷活動，效果是不理想、不持久的。對公司舉辦的各項促銷活動，經銷商是否能積極參與並給予充分合作？只有積極參加並做好每次促銷活動，才能使銷量不斷增長，新產品才可能得到推廣。對不願意或不努力配合的經銷商，銷售人員要分析原因，制定對策，儘快解決。

5. 銷售額增長率

原則上說，一個經銷商有較大幅度的銷售增長率才是好經銷商，但要具體情況具體分析。如果經銷商的銷售額在增長，而自己公司產品的平均增長率不長反而降，那麼經銷商對我們產品的積極性就會下降。

6. 銷售額統計

銷售額在增長而且各月比較均衡，這是正常的。波動太大，是管理不完善的表現。公司目前要求實際銷售額的振幅不超過計劃的20%。

7. 銷售額對比

檢查自己公司產品的銷售額佔經銷商總銷售額的比率。

8. 費用比率

費用增長超過銷售增長是不健全的。折扣大就多進貨，折扣小就少進貨，沒折扣即使庫存不多也不進貨，並向折扣大的競爭公司進貨，這是交易客戶沒有忠誠度。

9. 貨款週轉率

貨款週轉過快過慢都不好。貨款週轉過快，可能是將大量的產品向外地調撥，對週邊地區造成衝貨的影響；貨款週轉過慢，可能是庫存積壓，銷貨不暢。一般正常情況週轉為 10～20 次/年。

10.加強終端支援

產品展示、店內 POP、現場促銷、產品海報。

11.拜訪計劃

拜訪零售商經銷人員基本職責之一。除了特殊情況和臨時任務需要增加或減少拜訪次數之外，一般情況應按拜訪計劃執行。公司要求至少每週拜訪零售商一次。銷售人員應該避免對銷量大的與自己關係好的經銷商經常拜訪，而對銷量不高卻有發展潛力者，或銷量不錯但關係不好者，很少拜訪。

12.拜訪內容

一是要按制定的訪問計劃和任務要求，看是否認真執行了。二是除了常規拜訪之外，業務員要努力做到建設性的拜訪，即每次拜訪都要對經銷商的經營管理工作有幫助，使經銷商歡迎你的拜訪，而不要使拜訪給經銷商造成麻煩，這樣的拜訪才是成功的拜訪。

13.客情關係

若業務員和零售店之間有維持良好的感情關係，將會促進銷售工作。與經銷商保持良好的關係是銷售工作的主要內容。業務員要經常檢查自己與經銷商的關係怎樣，設法加強雙方的溝通和融洽，使雙方在共同拓展、鞏固市場的工作中加深感情。

14.支援程度

在競爭越來越激烈、商品與交易條件差異不大的情況下，業務員能否取得經銷商的支援，支援的程度大小，對產品銷售影響很大。

15.資訊的傳遞

業務員將公司的促銷政策及時準確地傳達給零售店。然後，業務員再瞭解零售店是否確實按照公司規定的方法進行操作。如果發現經銷商未能按照公司的規定去做，這說明零售店的運營機制出現了問題，業務員必須及時對問題進行跟蹤，設法改善管理方法。

16.意見交流

業務員應該經常與零售商交換意見。業務員不妨反省一下，自己與一些重點的客戶是否經常交流意見？如果不曾有過這樣的機會，業務員應該考慮如何改進工作和改善個人關係。意見交流和談判應同時進行，這樣可以強化彼此之間的關係。

17.對公司產品評價

零售店對經營公司的產品（品牌）在他心目中的地位是否舉足輕重？這是決定經銷商是否努力提高銷售量的關鍵。業務員應該努力提高公司產品在經銷商心目中的品牌地位。

18.對公司的忠誠度

零售商對公司是否具有忠誠度，影響著零售商對公司政策是否積極配合。零售商對經營公司的產品是否能集中財力、物力？業務員應該注意加強對經銷商講解一些公司的方針和政策、公司的現況和發展，培養零售商關心企業，期望與企業共同發展。

19.建議的頻率

不同零售商的個性和特點是不同的，業務員向零售商提什麼樣的建議要因人而異，要事先加以分析。如果建議（被採納）的頻率增加了，說明關係是融洽的，管理是積極的。

20.經銷商數據的整理

要及時記錄、整理零售店的各項資料。業務員對於零售店的銷售量、庫存量、增長率、利潤率、銷售任務完成率統計資料能夠如數家珍的話，有助於對零售店的管理和引導。

38 業務員也要開拓新客戶

企業無論是透過「經銷店」代銷產品，或是由企業直接賣給「使用者」(客戶)，在自由競爭法則下，廠商互相搶奪客戶，如何佔有更多的客戶(指經銷商或使用者)，是決定成功的關鍵因素。

因此，要費力於如何開發出更多「新經銷商、直營門市部、販賣店」，利用「直銷」通路之廠商，則是努力於如何開發更多「客戶、使用者」。

在競爭的商場環境裏，已加入之廠商為拓展業績，後進入之新廠商，為爭取生存機會，新、舊廠商彼此都會搶奪產品之經銷商。根據統計資料，在市場競爭法則下，廠商因此每年均會喪失若干經銷商，但同時每年至少也會開發新經銷商，二者平衡之下，其中變化還不大；另一層意義，假若企業不採取計劃性的開發「新經銷店」，則未來經營必逐漸吃力，而導致缺乏競爭力。

一、要開發更多的經銷商

廠商的產品銷售通路，若是透過經銷商之代理銷售產品，此時，提升銷售業績的方法之一是增加「新開發經銷店」。

廠商業績＝(經銷店數量)×(經銷店的平均銷售量)

＝(現有的經銷店＋新開發的經銷店)×經銷店銷售量

要提高銷售額的兩大方法是：

①提高現有經銷店之購買數量

· 擴大該經銷店內的產品佔有率

· 對現有經銷商進行縱深層面的管理

②增加新的經銷商

· 擴大市場佔有率

· 往橫層面繼續不斷開發潛在客戶(或經銷商)

故業務部門對經銷商的管理，可分為「現有經銷商之管理」及「潛在經銷商的開發」。而提升業績方法之一，就是「開發更多的新經銷商」。

表 38-1 新客戶開發報告表

部門：市場開拓課　　　　職稱：組長　　姓名：黃憲仁

	拜訪客戶對象	拜訪次數	面談時間	面談之人	結果	經過
1	統一電器	第三次	9：00-9：30	負責人	① 2 3 4	價格談不合
2	發財公司	第七次	10：10-10：40	業務經理	1 2 3 ④	預定5月11日簽約
3	梅花電器	第一次	11：20-11：45	負責人	1 ② 3 4	
4					1 2 3 4	
5					1 2 3 4	
6					1 2 3 4	

<table>
<tr><td rowspan="4">結果</td><td colspan="2">拜訪目標數量</td><td>6</td><td rowspan="4">今後對策</td><td rowspan="4">為建立交情，每一個客戶的拜訪次數最少要五次以上</td></tr>
<tr><td rowspan="3">實績</td><td>拜訪客戶數</td><td>6</td></tr>
<tr><td>不在</td><td>2</td></tr>
<tr><td>面談</td><td>4</td></tr>
<tr><td>上司建議</td><td colspan="5">本日雖然集中拜訪客戶，但是基本上客戶應該更多拜訪、更集中拜訪。</td></tr>
</table>

企業為提升業績，而策略性的要增加「經銷店」，例如家電廠商增加「家電店」，化妝品廠商增加「化妝品專櫃」，便利商店總部要增加「加盟店」，食品業者增加「門市部」，這一切「增加經銷店」之舉動，均要有計劃性加以執行。

例如某股票上市的家電公司，鑒於銷售通路被他牌侵蝕，經銷店數量逐漸減少，檢討之後，執行兩個步驟，第一步是內調公司人員進行「全省通路大調查」，瞭解各廠牌經銷店的實際佔有狀況。第二步是成立「市場開拓課」，調集專人，專門從事「市場經銷店」的開發工作。

二、業務員開發新客戶的重點工作

1. 設定專人來開發新的經銷店

企業透過「經銷店」(或門市部)通路來委託代銷商品，欲開發出新的經銷店(或門市部)，由於牽涉到「抵押保證」、「付款條件」、「促銷配合」、「簽訂合約」、「技術協助」、「陳列方式」等，雙方洽談非一日可成。

企業可設定內部專人(或專責部門)來全權處理此類工作，全心全意進行經銷店的開發，待經銷店開發到一個段落，才暫行解散此部分。

例如連鎖便利店為加速增設便利店，可成立「開發課」，課職責主要就是尋找良好地點，並與地主租約，盡速開設便利店。

2. 潛在客戶之市場調查

業務員欲鎖定對象，列入有望客戶，加以開發，而開發之前，要作妥當準備，亦即先要市場調查。

例如欲吸收此經銷店為本公司客戶，業務員事先應瞭解此店的銷售狀況，商店內陳列佈置情形，它與各家廠商的往來狀況，負責人的經營，敬業狀況等，甚至於，要瞭解此經銷店與廠商發生糾紛的原因為何？若此經銷商為本公司以前往來交易之經銷商，也要瞭解雙方以前發生不愉快之原因為何？老闆的堅持態度為何？應如何改善？

業務員平時雖與此經銷店沒有商業往來，但也要保持適當的聯絡，未來隨時有機會成為本公司的經銷商。

3. 設定「新經銷店」的開拓日

業務員平時常為銷貨、送貨、收款、拜訪而疲於奔命，無法抽身而開發新的經銷商(門市部)，公司當局可設定某日為專門開拓新經銷商的工作日。

例如業務部門主管可鎖定本月份第二週的星期五為「開拓日」，業務員平日搜集資料，「星期五則全心全力投入開發經銷商」，或是「當天要洽談開拓三家以上的經銷店」。

公司內的相關主管，則全力配合，協助業務員的開拓與洽談工作。

4. 設定開發新經銷店的條件

業務員執行開發新經銷店的任務，尚需要公司給予有效的「武器」，就是公司要制定一套與經銷店溝通的管理方式，例如「6 月底前簽約成為經銷店者，享受店面招牌費用的 50%補助」。

公司的管理單位要設定一些簽約辦法，規定「成為經銷店的資格」「申請系列專售店的資格」，以方便業務員的執行。

5. 主管的鼎力協助

主管即使指使業務員「努力去開發經銷店」，業務員是不會努力馬上行動的；即使有執行，也難得有明顯成效。部屬會有甚多的藉口：

「目前很忙，有空時才去開發…」、「市場上沒有經銷店了…」、「去開發新的經銷店，不如去拜訪老客戶…」等，主管必須對部屬開導，維持老客戶，現有經銷商固然重要，但如果平時不去開拓新經銷店，營業額在可見的未來，一定會減少成長，而後逐漸萎縮下去。

主管要利用各種機會加以鼓吹，引起業務員的注意，並利用各種方法對部屬加以協助，例如主管與業務員的陪同訪問事前妥當安排，事後馬上檢討，修正行動。

6. 相關部門的配合

開拓新經銷商，要週詳籌劃，而且獲得各個部門的鼎力支持。

39 廠商要激勵零售商的銷售意願

一、小型零售店越來越受重視

不少企業把關注的目光緊盯在大客戶身上，而小型零售商往往處於被遺忘的角落。隨著通路運用的精耕細作，對某種產品如飲料、洗滌用品、速食麵小食品等便利品，小型零售店對廠商的吸引力正越來越大。一方面，消費者購買日用品的習慣是就近購買，像飲料、小食品的購買行為則屬於衝動性購買，便利品的價格較低，消費者比較熟悉，一般不願花費太多的精力捨近求遠去大型賣場選購。

小店的獨特作用有：

· 方便消費者就近購買

· 邊際利潤高(以對比方式)。

大店：進店費、定期結算、優惠多、價格最低。

小店：不收進店費、現金結算、優惠極少、價格較高。

· 小店對廠商的吸引力越來越大

製造商投入到大型零售商身上的營銷費用升高，收益下降：

⑴同類商品的製造商相互之間競爭日益激烈的結果導致大型零售商坐收漁利，對某些品牌商品的銷售收取一定數額的貨架陳列費。製造商與小型零售商之間一般是現金結算，買斷經營，而與大型零售商是定期結算，且貨款容易被拖欠，所以做大型零售商佔用資金較多。

⑵因大型零售商的銷量大，製造商給予大型零售商的優惠最多，如長期促銷人員的配置，促銷活動的開展，提供銷售設備等，放給大型零售商的價格卻最低。相反，製造商給小型零售商的優惠極少，給的價格也就較高。

所有這些使得小型零售商對製造商的吸引力越來越大，不少企業在使用廣泛分銷的通路策略時，不是抓大放小，而是抓大帶小，但因小型零售商數量衆多，分佈範圍廣，經營者的素質參差不齊，加大了工作的困難度。

二、激勵小型零售商的積極銷售

1. 合理的商品定價

商品要有差價，利潤空間的大小直接影響著小型零售商經營這種商品的積極性，這是積極性的首要因素。商品定價不能光從製造商或消費者的角度來考慮，而要考慮小型零售商的利潤，否則招致產品的失敗。

某著名飲料公司生產的兒童可樂，不含咖啡因，專門為關心兒童健康成長而生，從產品訴求、產品包裝、產品質量、成本、利潤、需求、競爭力等方面都考慮的很週到，但是忽略了小型零售商的利潤空間。

該產品定價為：出廠價 11 元/瓶，經過二道批發到零售商之後，該產品的價格為 13.5/瓶左右，零售商賣 15 元/瓶，認為利太薄不合算；賣 16～18 元/瓶，按說是合理的，但是現在的消費者，在路邊小店的即興消費不習慣找零角，如果賣 20 元/瓶又太貴了，沒有競爭力。結果，一個很好的產品卻因定價問題而喪失了市場。

只有永遠的利益，沒有永遠的朋友。小型零售商在決定是否銷售某種商品，是否大力推銷某種商品時，首先考慮到的不是這種商品是不是名牌，質量如何，生產企業信譽怎樣，而是商品差價的高低。因此，製造商在給銷售通路各環節定價時，不僅要考慮面對最終消費者的零售價的高低，同時也要認真考慮小型零售商進價、售價的高低，要給他們留有足夠的利潤空間。在確定利潤空間大小時，主要考慮：當地小型零售商所有商品的平均毛利率；製造商競爭對手的同類產品在該地零售環節利率的高低。一般情況下，知名度較低的商品或新產品的利潤率相對要高一些，名牌商品也應接近平均利潤率。

寶潔袋裝洗髮水在某市的市場投放時，寶潔在當地的經銷商放給小型零售商的價格統一為 45 元/袋，一般小型零售商的售價為 50 元/袋，毛利率為 10%。據瞭解，過去寶潔的袋裝洗髮水零售價為 60 元/袋，但去年寶潔的促銷價格低於 45 元/袋，使得零售覺得這樣的毛利率勉強能夠接受，且價格為 50 元，找零售方便。但今年寶潔的進價漲了以後，小型零售商一般都沒把價格漲到 60 元/袋。因為，洗髮水是一種大家非常熟悉的商品，人們對它的價格敏感，小型零售商若把價格漲上去，有可能使他的顧客產生此店商品價格高的印象，所以他們不願冒此險。零售價格漲不上去，降低了寶潔洗髮水的零售毛利率，而競爭產品如舒蕾、夏士蓮的零售毛利率都達到 20%以上。這嚴重是影響了小型零售商銷售寶潔產品的積極性。有些小型零售商根本不進寶潔的袋裝洗髮水，有些把寶法產品陳列在隱蔽的地方，更不用說主動推銷了。這使得寶潔袋裝洗髮水在當地銷售受到了很大影響。據瞭解，寶潔正在採取措施。這說明，即使像寶潔這樣的名牌產品，要激起小型零售商的積極性，也必須對他們誘之以利。

2. 降低零售商的風險

免除小型零售商的後顧之憂，降低商品滯銷給他們帶來的風險。小型零售商資金較少，預測市場未來變化的能力有取勝，經營作風比較謹慎，每次進貨的數量少，而進貨的頻率較高，對新上市的商品或本店未曾銷售過的商品往往持懷疑態度。製造商可以採取適當的措施打消小型零售商的顧慮，激起他們進貨的積極性。

⑴採取全部商品代銷或第一批商品代銷的方式，知名度不高的商品往往作此選擇。

⑵向他們承諾若銷路不好，可以調換本企業的其他暢銷商品。

⑶承諾無條件退貨，製造商對自己的商品在某些小型零售商處的銷售充滿信心時，可以這麼做。在採取措施增強小型零售商進貨信心的同時，製造商的輔導員應注意回訪，間隔時間不宜過長，補貨應及時。

3. 建立一套銷量激勵機制

每個製造商都會有一套銷量折扣方案，不過這些方案主要是為各級經銷商、大型零售商設計的，門檻很高，小型零售商就是再努力也享受不到這樣的銷量折扣。目前很少有製造商制定專門針對小型零售商的折扣政策。其實小型零售商的經營業績差別較大，他們當中也有一些在某些商品的銷售方面有著不俗的表現。

製造商也應對小型零售商制定門檻適宜的銷量政策，讓他們有機會嘗到大量銷售的甜頭，從而激起小型零售商銷售某種商品的積極性。在具體的操作過程，有的企業採用整箱的大包裝中附贈獎金、分值卡等形式，以刺激小型零售商以整箱為單位進貨。製造商還應當採用累計銷量折扣的方式，以一個月、兩個月為一個週期，或以一季、一年累計銷量。這些原始記錄製造商都有，因此計算累計銷量不會增加太多的工作量。製造商在確定累計折扣的起點及不同檔次時，應考慮淡旺季、市場成長度、其他同類商品銷量、本商品上週期銷量等。獎勵的方式不宜採用現金方式，應以獎勵同類商品為主，同時也可以採用粉飾店面、更換店牌、提供銷售設備等。

4. 配置市場輔導員，加強小型零售商的銷售指導

製造商的輔導員，他們代表著企業的形象、商品的形象，必須具備一定的基本條件，如強烈的敬業精神、敏銳的觀察能力、良好的服務態度、說服能力。除此之外，作為直接與小型零售商打交道的輔導員，針對小型零售商的特點，一般宜選聘年長一些的輔導員，他們更富有經驗，更懂得人情世故，更容易贏得小型零售價商的信任，為他們所接受。

輔導員不僅要說服小型零售商購銷本企業的商品，而且還應當幫助他們賣快賣好，技巧地指導小型零售商的銷售工作。這包括產品賣點的介紹、推銷技巧、商品的陳列展示、POP 廣告的支援、意見處理反饋等工作。在指導小型零售商的銷售方面，寶潔做得很有特色，他們專門為小型零售商編印了報紙——《店鋪萬事通》，免費贈閱。報紙版面精美，內容實用，受到小型零售商的歡迎。

40 零售店促銷要承上啟下

終端市場，就是銷售管道最末端的零售店，是廠家銷售的最終目的地。終端市場擔負著承上啓下的重任。

所謂承上，就是上聯廠家、批發商；所謂啓下，就是下聯消費者；當今企業銷售成功的基本法則是「誰掌握了銷售終端，誰就是市場贏家」。

有些廠家在營銷活動中陷入的誤區之一就是過分誇大了廣告拉動市場的作用，忽視了終端零售商的建設。在當今的市場上，已有許多廠家吸取了失敗的教訓，開始實現營銷戰略的轉變，由注重廣告促銷，轉向做好管道推廣工作，努力提高零售店的鋪貨率和創造店內商品佔有率。

一、零售店促銷內容

終端零售商促銷的內容，要觀察消費者在店頭的購買活動、零售店員工對各品牌產品和態度以及各競爭廠家的終端市場促銷活動，以便收集充分的資訊，制定自己的營銷對策。

終端觀察的內容包括：

⑴消費者生活形態的變化，對購買行為及商品選擇的影響。

⑵瞭解競爭廠家(或零售店)的活動，對零售店與消費者的影響。

⑶觀察零售店的場地條件、照明、路線規劃、服務態度及商品組

合等。

總之，凡是與消費者購買行為及零售店運作有關的資訊，都應包括在終端觀察的範圍內。終端支援包括店外支援和店內支援：

1. 店外支援

是指廠家提供給零售店員工的各種資訊資料，如：消費者資料、商圈動態資料、商品資訊等；經營上的知識，如銷售計劃、促銷計劃、存貨控制等；金錢上的獎勵，如業績競賽、銷售獎金等，以提高零售店的經營效率。

2. 店內支援

內容包括有：商品展示與陳列。強化品牌在終端的展露度，以增加銷售。如爭取更大、更好的陳列位置，在售點做特殊陳列、改變品牌的陳列方式，使消費者易拿、易看。

廣告張貼與懸掛、傳單發送、背景音樂播放等。

現場促銷活動是指折扣、減價、贈送、現場示範等。

二、終端零售商促銷的方法

1. 商品魅力化工作

就是在市場上，把工廠製造出來的「產品」，轉化為具有魅力的「商品」，讓消費者容易看到、容易挑選、容易拿取，並在吸引消費者的注意力後，促使他們購買。簡單地講就是：工廠生產出的產品+在銷售現場增添誘人特色＝吸引顧客購買

生產廠家的產品在賣給零售商後，推銷員的責任就是如何協助客戶再次賣出「我們」的產品。商品陳列就是吸引消費者、創造購買慾望的手段。廠家生產出來的「產品」，通過商品的展示與陳列，轉

化為具有附加價值及魅力的「商品」，從而促進產品銷售。

2. POP 廣告

商品銷路與 POP 廣告關係密切，因為 POP 廣告會製造出良好的店內氣氛。並且近年來消費者對音樂、色彩、形狀、文字、圖案等的感覺，越來越表現出濃厚的興趣。推銷員如能有效地使用 POP 廣告，會使消費者享受到購物的興趣，並且購買時的資訊會對顧客的購買行為產生影響。因此，如果推銷員具備 POP 廣告方面的知識，就會在拜訪零售商時，對零售價商提供建議，並給予實際的幫助，這是一種很好的銷售支援。

POP 廣告即購買現場廣告(Point Of Purchase)。它可以抓住顧客心理上的弱點，利用精美的文案向顧客強調產品具有的特徵和優點。POP 廣告被人們喻為「第二推銷員」。

POP 廣告對消費者、零售商、廠家都有重要的促銷作用：

對消費者來說，POP 廣告可以告知新產品上市的消息，傳達商品內容，使店內的顧客認知產品並記住品牌、特性；告知顧客商品的使用方法；消費者在對商品已有所瞭解的情況下，POP 廣告可以加強其購買動機，促使消費者下決心購買；幫助消費者選擇商品等。

對零售商來說，POP 廣告可以促使消費者產生購買衝動，提高零售店的銷售額；製造出輕鬆愉快的銷售氣氛；代替店員說明商品特性、使用方法等。

對廠家而言，POP 廣告可以告知顧客新產品上市的消息，訴求新產品的性能、價格，喚起消費者的潛在購買欲；吸引消費者的注意力；使經銷商產生興趣；強調產品優點。特別是在開展贈品活動時，可以充分利用 POP 廣告的媒體特性。

由 POP 廣告可以看出零售店經營者的態度。有的零售店做了許多的 POP 廣告，店內顯得朝氣蓬勃；相反有一些商店根本就看不見 POP 廣告，店內也顯得死氣沈沈。可口可樂公司提出店頭活性化原則，即通過展示、陳列、POP 廣告，使得商店充滿吸引人的魅力。

3. 開展現場促銷活動

在銷售現場開展促銷活動是終端市場促銷的重要內容。今天我們一走進商場，到處可以看到各生產廠家在熱熱鬧鬧地開展各種各樣的促銷活動，如示範、諮詢、免費品嘗等等。

某家糖果廠家在節假日派員上櫃檯，跟營業員一起參與銷售，只不過他們更關心自己產品的銷售。推銷員拿出自己廠生產的糖果，請顧客嘗一嘗，結果吸引了很多的顧客來購買。

4. 贏得店內營業員的支援

企業要把店內營業員視為企業的「第一顧客」，讓店內營業員在瞭解產品、瞭解企業的基礎上，對產品、企業和業務員抱有好感。這樣，零售店營業員就會積極地向消費者推薦你們的產品。

41 廠商在零售店的現場促銷方法

終端 SP 推廣是刺激和激勵成交的手段，它包括直接對銷售者、經銷商和對銷售人員的三種形式：

媒體廣告，電視、報紙之類的傳播，能給消費者造成長期記憶，而店頭廣告則在短期記憶上引起消費者的注意，刺激其購買欲。換句話說，電視、報紙等媒體的廣告將商品的印象深入消費者的長期記憶中，店頭行銷則是打開長期記憶的導火索，一點就燃。

圖 41-1 SP 銷售推廣圖

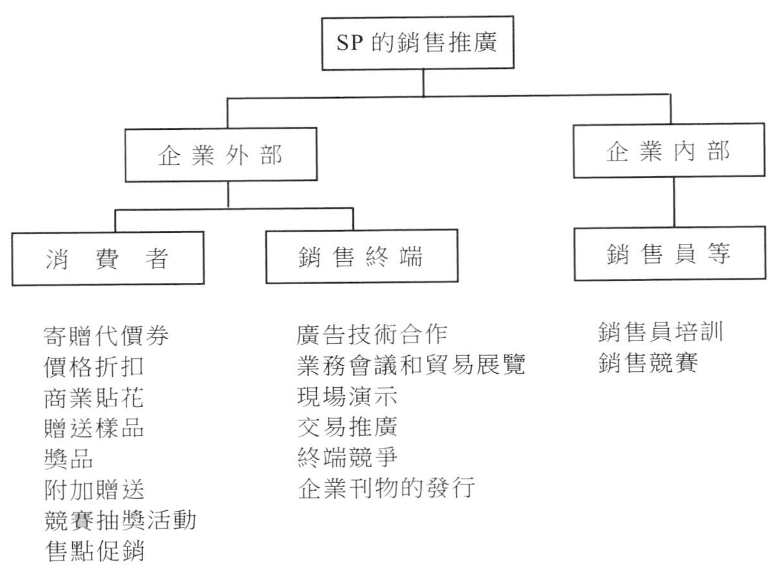

常用的店頭促銷有：

· 通過醒目的產品陳列，引起消費者注意，並喚起他們的記憶。
· 通過 POP 等店頭宣傳品的渲染，增加購買氣氛。
· 通過營業員的介紹和推薦，促進產品的銷售。
· 通過價格的優惠折扣或捆綁贈品促進銷售。

1.「再來一瓶」促銷法

茶飲料熱興之時，飲料廠家都推出茶飲料，競爭異常激烈，某飲料廠商率先推出了「再來一瓶」促銷法。最初針對主打區域重點投放，逐步減少，最高時中獎比例達到 70%，消費者購買開蓋即飲時，瓶蓋上印有「再來一瓶」，就可當場兌現。這一促銷法在不少地區掀起了熱潮，使得該廠高歌猛進，所向披靡。

2. 尋寶活動

在過節期間，企業事先與有關管理部門聯繫好，將企業的產品隱藏在公園的某幾個角落，並貼出告示，聲稱公園中有「寶」，遊客可以到公園的各個角落尋找，誰能找到「寶物」就歸誰所有。除此之外，找到「寶物」的人還有可能獲得大獎。結果大批遊客積極加入尋寶行列。在尋寶過程中，企業的形象和產品也借此聲名遠播。在這方面，有許多產生轟動效應的成功案例。

某樂園在開業期間，推出「萬人尋寶」的促銷活動。在開業促銷期間，凡進入遊樂園的遊客就有機會參加萬人尋寶活動，並且尋到者還有機會獲得百萬大獎。這種促銷方式在當時引起轟動的效應，開業當日擠滿了遊客。與此同時，樂園也在消費者心中樹立了良好的形象。

3.「瞬間催眠術」促銷法

麥當勞漢堡店的店頭行銷秘法，是使用「瞬間催眠術」。前來麥當勞漢堡店的顧客，最喜歡聽女服務生輕聲細語地說一聲「謝謝您」，即使再傲慢的人也會感覺飄飄然。所謂「催眠狀態」，就是指失去判斷力，聽見他人命令也不會反抗。顧客進入三秒的瞬間催眠狀態時，女服務生趁機就顧客:「您要不要可樂？」不知不覺當中，顧客會脫口而出:「好！」這樣一來，顧客不但買了漢堡，也買了飲料。

4. 香味促銷法

世界名酒茅臺就是使用「香味促銷法」最成功的案例。

1951 年，它能夠一舉征服世界各國酒界名流而取得巴拿馬萬國展覽會金獎，除了它非凡的內在質量之外，最重要的是得益於其香味促銷。當時展覽會即將結束，茅臺酒因簡單的包裝和陳列並未能引起人們的注意。茅臺酒的參展人員靈機一動，「一不小心」把一瓶酒打翻了，四溢的酒香把現場的人都驚呆了，……之後在歷屆國際大賽中，它 14 次榮獲金獎，成為舉世公認的頂級名酒，延續了經久不衰的百年傳奇。

當你步入商場，一陣香氣撲鼻而來，定能引起你對產品的好感和關注。

5.「點石成金」促銷法

新品上市第一輪沒有攻下市場，時隔數月，當你準備發起第二輪衝擊時，第一批貨已將過期，終端也有抵觸情緒。某公司在市場採取巧妙的「點石成金」的促銷法，又稱「人肉炸彈」促銷法：將舊產品全部收回後，作為「人肉炸彈」將各種促銷政策跟進後，以最優的價打車站等熱點旺鋪。一時間成了購買的熱銷品，真是「點石成金，化糟粕為玉帛」。

6.「超極限」促銷法

一般來說，企業進行促銷的促銷品價格應低於產品的價格。但是在「超極限」促銷法的運用中，作為促銷的物品違反了常規。例如在促銷期間承諾：顧客每買一箱本企業的水，可以拿到一張兌獎票，最高獎品是一顆價值 5000 元的鑽石，而且中獎率特別高，鑽石的誘惑力極大地刺激了消費者參與的興趣。

7.「逆反促銷」

所謂逆反促銷是指利用消費者的逆反心理進行一些促銷活動。逆反心理是指個體受到客觀外界物的刺激，在特定條件下產生與主觀願望相反的感覺，從而引起的反向心理運動，這是人類較普遍的一種現象，具有強烈的主觀色彩。正確運用消費者的逆反心理，可以在促銷活動中出奇制勝，而且花費不多，便可使企業在市場上佔有一席之地。

泰國首都曼谷有家小店，門前斜擺著一隻巨型酒桶，上面寫著「不可偷看」四個大字，而其裏面卻寫著「我店美酒與衆不同，請享用」這家小店正是利用了人們「你不讓我看，我偏要看」的逆反心理，從而，成功地吸引了消費者到該店享用食品，假如它用一種普通的促銷方法，比如在報紙上刊登廣告或贈送優惠券等，效果可能就沒有這麼好。

8. 音樂促銷法

音樂對產品的促銷亦頗多助益，成為店頭行銷又一簡單易行的手法。調查結果顯示，柔和而有節拍的音樂，在超級市場播放時，可使銷售額增加 40%。但節奏快的音樂反而使顧客在店裏流連的時間縮短而購買的物品減少，這個秘訣早已被超級市場經營者所熟知，所以當每天快打烊時，超級市場就播放快節奏的搖滾樂，迫使顧客早點離開，好早點收拾下班。

9. 新奇促銷

新奇促銷是指營銷人員利用人們追新求奇的心理特點，通過生動活潑的產品廣告、宣傳和實物，全面展示產品的新穎、別致和奇特之外，突出其與衆不同的個性，以引起消費者的注意，激發其消費者慾望的一種促銷方法。

澳大利亞有一家中餐館老闆挖空心思推出一招：顧客就餐後，吃得滿意可以多付款，吃得不滿意可以少付款。此招一出來，許多顧客非常好奇，並為把握不好「價格標準」而不好意思少付款，餐館每月獲利竟比同行高出一倍多。其實踐結果是，約有 90%的顧客超標準付款，7%的顧客按標準付款，而鑽空子的僅佔 3%。作為消費者，我們習慣了按菜單付錢，突然有一家餐館可以自己做主，想給多少錢就給多少錢，這是從沒有的新鮮事，自然會引起人們的好奇心理，所以很多人慕名而來，餐館的生意驟然興隆。

10.懷舊促銷

譬如在中國的「東北人」餐飲店，在這方面的促銷就做得很好，它是東北菜的餐館，店裝修得很特別，其最大特色是餐布、椅罩都用上花花綠綠的花土布，連服務員的制服都是用花土布縫製而成，非常醒目，甚至在牆上也掛上東北農家的玉米、辣椒、大蒜等。人人都有懷舊心理，尤其是中老年人，對他們來說，過去總會有一些美好的事值得懷念。利用懷舊心理大做文章，也會取得一些意想不到的結果。

11.色彩促銷

人對於顏色的反應是與生俱來的。色彩是無聲的推銷員，善用色彩的魅力，可以產生即時的視覺震撼，激發人們潛在的購買慾望。在色彩的運用上首先要敢於突破一般的色彩組合原則，使色彩運用給人以新穎獨到的感覺。其次，要提高色彩的明度和純度，這樣可以加大對消費者的心理衝擊力或者心理錯覺，引起他們的關注，根據這些，企業在促銷中巧妙的使用，可以起到很好的促銷效果。

我們可以經常在電視中看到這個廣告：清除感冒，黑白分明。白天服白片，夜晚服黑片。這是「白加黑」感冒藥的廣告詞，很多人對此印象深刻，而這主要是該公司深諳顏色對消費者的影響，將與衆不同的色彩意識注入到產品上。衆所週知，在感冒藥上，市場上幾乎清一色的灰白色的藥片，而白加黑的出現讓人眼睛一亮，色彩對比強烈，又和白天與黑夜相呼應，自然令人印象深刻。

因顏色不同給人以不同感覺，銷售情況也大不相同。受此啓發，某咖啡店分別用青、黃、紅和咖啡色四種顏色的杯子裝上質量一樣的咖啡，請人喝完後徵求意見，結果飲者普遍感到味道不同，紅色杯子裝的咖啡味道最濃。於是，老闆把咖啡杯全部換成紅色，生意便愈發興隆起來。

42 如何做好零售商的維護

一、定點、定時、定線巡迴拜訪

1. 由專門的銷售人員每人負責一定數目的終端網點，按照標準的拜訪路線和拜訪頻率，定期對每個終端進行走訪。

2. 對整個市場有一個全面瞭解，按終端類型(如大賣場、大超市、中小超市、小店等)確定每種類型網點的數目和分佈。

3. 確定不同類型店的拜訪頻率(如三天一次，還是兩週一次)。

4. 根據最佳交通線路設計拜訪路線。

5. 根據目標店數和路線數目確定需要多少輔導人員

二、工作規範

做好上述工作的基礎是制定每項工作的標準，例如：

1. 每個銷售人員每天或每週拜訪多少店次？

2. 在不同類型網點應保持什麼水準的安全庫存？(一週還是兩週，直接拜訪頻率？)

3. 新品上市後必須在多長時間內賣出去？

4. 在不同類型店怎樣陳列產品？

5. 做終端就須明確各終端工作的目標和規模規範，並有相應的培訓課程。

目標和規範是衡量銷售人員和經理最重要的業績指標，培訓是整個銷售運作的基石。

三、明確分工

廠家必須成為市場終端工作的策劃者和管理者，而經銷商應該成為做終端的主力軍。

在經銷協定中明確廠商雙方的工作分工，在廠家對終端工作的管理中，堅持不懈地從細、從嚴抓終端工作的落實。

四、推銷工具

銷售手冊是業務員用於對零售店介紹公司和產品，主要有銷售手冊、銷售包。銷售手冊內容有：

1. 公司介紹：我們是一家多麼偉大的公司。

2. 市場介紹：我們產品的市場是這樣的，我們產品在市場上的競爭地位是這樣的。

3. 產品介紹：我們的產品是這樣的，消費者喜歡我們的產品是因為……

4. 陳列規範：如果這樣陳列，我們的產品能給你帶來最大的營業額……

5. 媒體計劃：這是我們的廣告宣傳方案，如果你賣這些產品，可以給你帶來很大銷售額和高速的增長。

6. 促銷計劃：這是我們的促銷計劃，實施這些促銷活動，可以給你帶來額外銷量等等。

業務員的銷售包內容有：

1. 樣品——我們的新品是這樣的；

宣傳品——圖文並茂的產品手冊；

2. 計算器——用於報價和訂貨時的及時準確的計算；

3. 筆——記錄拜訪要點等；

4. 記事本——備忘錄；

5. 雙面膠維護 POP 等；

6. 工具刀——隨時準備整理陳列；

7. 抹布——維護產品的清潔，其他辦公用品。

另一個是拜訪卡，此卡是跑店人員記錄和監控店內產品銷售、庫存、價格、陳列、促銷、競爭品活動等方面的基本工具。

設計一個好的拜訪卡，讓跑店人員養成使用的良好習慣，可以成為跑店人員最重要的工作工具，成為終端網點合理補貨的依據，成為主管掌握跑點人員工作業績的手段。聯繫卡是聯絡用途，用不乾膠做的業務聯繫卡，上面印有公司標誌性的圖案，寫明若需訂貨或售後服務，請撥以下電話，並落款聯繫人。將聯繫卡貼在零售店的電話機旁。有事可讓他主動及時地找你。

五、業務員的零售店十步銷售法

第一步：商品進店

即如何鋪貨。

第二步：上架

業務員要親自將產品擺上架。

第三步：留下電話，以方便客戶缺貨時進貨

一些業務員留名片的方法不足取，因為店老闆可能丟了；業務員必須跟催。

第四步：介紹

向店老闆介紹產品的優點、賣點。

第五步：促銷

協助店老闆做一下促銷，吸引顧客，促進銷售，也鼓勵店老闆有信心。

第六步：帶貨回訪

幫助店老闆解決問題、催促進貨。這是促進小店銷售的方法。如 POP、陳列、上架展示、拜訪。

第七步：資訊制勝

通過在終端維護管理中的資訊和市場一手資料的掌握，根據實際情況進行分析研究，從中發現問題、解決問題。如果你賣的產品在當地市場是第二品牌，當你獲知第一品牌的競爭品近期將斷貨時，同時你又掌握了公司的促銷計劃、零售商的存貨情況、銷售獎勵等資訊，你就可制定出一個一次進貨一到兩個月銷量的促銷方案，既可使零售獲利，不影響銷售又壓足了庫存；製造商不僅可增加銷量，而且可以從此佔據第一品牌的地位。

第八步：創新制勝

企業要想成功地維護終端零售店，就要一手抓好終端細化工作，另一手抓好終端創新。所謂終端創新是指終端場所的創新、手段的創新、工具的創新等等，終端場所不能僅局限於零售店頭，它可延伸到每一個目標消費者有可能感受到的地方，這個位置即是終端。如創新陳列，在小店裏已經沒有陳列空間時，可用空箱子在店門口做一個產品的箱體陳列，效果是很好的。這種創新突破了傳統的思維模式，開闢了新的天地。

第九步：深入研究解決難題的好辦法

做深入的調查研究，把最合適的經銷商找出來，挖出一個好通路借來用一用。

第十步：真誠加方法等於成功

43 零售店的規範化管理

對廠家來說，只有在終端零售店完成的銷售，才是銷售的最終實現。

零售店的好壞，影響著商品被顧客接受的程度和銷售目標的完成。因此，對零售店的規範管理，是銷售工作中最基礎的工作內容，也是銷售力最基本的體現。

業務員在零售終端所需完成的具體工作大致包括：產品鋪貨、產品陳列、POP 促銷、價格控制、通路理順、客情關係、報表反饋等七項。

1. 產品鋪貨

無論是批發經銷企業還是生產廠家的終端工作人員，都要把產品鋪貨工作放在首位，因為產品放在倉庫永遠沒有展示在店頭所得到的銷售機會多。特別是通過中間商向終端鋪貨的廠家，其終端工作人員在工作中，更要重視產品鋪貨率，不能因為自己不直接和終端發生商業關係而忽視產品鋪貨情況。只有保證較高的終端鋪貨率，產品銷量持續穩定增長才能得到保障。

2. 產品陳列

在固定的陳列空間裏，使本企業每一種產品都能取得盡可能大的銷量和廣告效果，這是產品陳列工作的最終目的。

零售終端工作人員在每一個零售終端都要合理地利用貨架空間，在保持店堂整體陳列協調的前提下，向店員提出自己的陳列建議，並盡述其優點和可以給店家帶來的利益。得到陳列允許後，要立即幫助終端營業員進行貨位調整，用自己認真負責的工作態度和飽滿的工作激情感染對方。如果對方有異議，先把他同意的部份加以調整，沒有完成的目標可在以後的拜訪中逐步達成。

3. POP 促銷

終端工作人員應充分利用企業設計製作的各種 POP 工具營造吸引顧客的賣場氣氛，讓企業的產品成為同類產品中消費者的首選。

終端工作人員在放置宣傳工具時，就先徵得終端同意，並爭取他們的全力支援，以避免本企業的宣傳工具被其他同行掩蓋。如果好的位置已被其他同行佔用，並且終端不支援替換，可先找稍次的位置放下，以後加強和終端的溝通，尋找機會調整。能夠長期放置的宣傳工具，放好之後要定期維護。要注意其變動情況並保持整潔，以維護企業形象。終端工作人員要珍惜企業精心設計的 POP 工具，合理利用，親手張貼或懸掛，放置在醒目的位置，並儘量和貨架上的產品陳列相回應，以達到完善的展示效果。用於階段性促銷的 POP 工具，促銷活動結束後必須換掉，以免誤導消費者，引起不必要的糾紛。

4. 價格控制

在每次終端拜訪過程中，終端工作人員都要注意企業產品售價的變動情況，如果遇到反常的價格變動，要及時追查原因。監督企業產品市場價格的穩定情況，是終端工作不可缺少的一項內容。

5. 通路理順

維持順暢、穩定的銷售通路，是銷售活動順利進行的一項基本保障。消費者經營便利，中間商數量眾多，但通路混亂的現象經常發生。區域之間竄貨、倒貨乃至假貨橫行等問題的出現，不但危及銷售通路中各環節的利益，而且直接削弱了企業對市場的控制能力，因此，必須理順各終端的進貨管道。對於沒有從經銷商處進貨的零售終端，要向他們言明利害，使他們充分意識到，從非正規管道流入的貨物，將因得不到廠家售後服務、易出現劣質產品等問題而帶來的損失。

6. 客情關係

和各零售終端客戶之間保持良好的客情關係，是終端工作人員順利完成各項終端工作的基本保證。長期維持良好的客情關係，能使本企業的產品得到更多的推薦機會，同時可以在客戶心目中保持一種良好的企業、產品、個人形象。

在零售終端，營業員的推薦對產品的銷售起著舉足輕重的作用，因此終端人員在和營業員進行交流和溝通時，要對他們的支援表示感謝。尋找機會巧妙運用小禮品，對加深客情關係很有益處。

7. 報表反饋

報表是企業瞭解員工工作情況和終端市場信息的有效工具，同時，精心準確地填制工作報表，也是銷售人員培養良好的工作習慣、避免工作雜亂無章、提高工作效率的有效方法。

工作日報表、工作週報表、月計劃和總結等，要根據實際情況填報，工作中遇到的問題要及時記錄並向主管反饋。

主管要求定期填報或臨時填報的、用於反映終端市場信息的特殊報表，終端工作人員一定要按時、準確填寫，不得編造，以防止因資訊不實而誤導企業決策。

44 做好銷售零售店的公關效果

1. 終端要搶，公關要强

終端是產品銷售的場所，是連接產品和消費者的紐帶，是產品流通中最重要的環節。得終端者得天下，搶佔終端已成為營銷制勝的法寶。現代企業營銷成功的法則是，在競爭中誰控制終端市場，誰就是市場的贏家：喪失終端，就等於喪失了市場的前沿陣地。

正因為衆多企業都已認識到終端的重要性，於是終端就成了「兵家必爭之地」。大家都下大力氣拼搶有限的店面空間和貨架面積等終端資源。但值得注意得是，不僅終端要搶，同時公關也要强。因為良好的終端客情是順利拼搶終端資源的前提。即要搶終端先强公關，公關不强則終端難搶。所以說，不僅終端要搶公關也要强。在一定程度上，終端公關比拼搶終端更加重要，這有三層意思：

其一，如果沒有良好的終端客情關係，各項終端工作就難以順利開展；

其二，如果沒有良好的終端客情關係，有些終端投資就難以發揮其作用，而良好的終端客情就能够使終端投資的效益最大化；

其三，終端公關本身就具直接的終端促銷力。

做好終端公關，與零售終端保持良好的客情關係，會讓你獲得以下益處：

⑴零售商願意向顧客推薦你的產品，並積極銷售你公司推出的新產品、新包裝；

⑵零售商願意讓你的產品保持較好的陳列位，主動做好理貨與維護；

⑶零售商願意讓你張貼 POP 廣告，並阻止他人毀壞和覆蓋你的 POP 廣告；

⑷零售商願意配合你的店內導購和店面促銷等活動；

⑸零售商願意接受你的銷售建議，願意在你的產品銷售上動腦筋、想辦法；

⑹零售商願意按時結款，並積極補貨，防止斷貨或脫銷；

⑺零售商願意向你透露有關市場信息和動態，尤其是競爭對手的情況；

⑻零售商願意積極主動地處理顧客對你產品的抱怨；

⑼感情關係可以彌補利益的不足，並容易諒解你的一時疏忽和過失。

2. 終端拜訪

終端公關的對象包括各個環節的相關人員，比如驗貨員、收貨員、倉管員、理貨員、營業員、櫃組長、賣場主管、財務人員和採購主管(或買手)等等。要順利開展各項終端工作，就離不開各級人員的幫助和支持，上至經理、店長，下到店員、理貨員，每一個環節都不能忽視，第一個環節都要做好日常的公關工作，一個都不能少。

終端客情是跑出來的，終端拜訪是維持良好客情關係的基本方法，良好的終端客情永遠屬於那些勤奮的終端營銷員。

大家要知道，那些零售店的櫃長、店員絕對不會看你職位的高低而决定幫不幫你的忙，而是看和你熟不熟。有些企業的大區經理或銷售總監下市場一線檢查終端工作時，來到零售店親自動手做陳列，但因與零售店的關係不熟，有的就被店員制止，有時甚至被櫃長罵一頓，這樣的情况還為數不少，而這些事情最後就由一個理貨員輕鬆完成了。

要保持與終端的良好客情關係，就要做好零售終端的日常拜訪工作。在做好終端拜訪的同時，終端營銷員要多掌握經理、櫃長和店員的個人資料，如家庭情況、性格、愛好和生日等，並建立起詳細的客戶資料與檔案，逢年過節或不定期地贈送一些小禮品，遇到經理、櫃長和店員生日時送上一份禮品與問候。如此，就由相互間的業務關係發展成私人間的朋友關係，建立起朋友般的感情。

終端友誼，不是一朝一夕就能做到的，關鍵在於要不折不扣、不斷循環地進行終端拜訪。終端拜訪是一個沒有終點的馬拉松，是一項長期、持續的工作，永遠沒有鬆懈的時候。那麼，如何才能保證不折不扣、不斷循環地進行終端拜訪呢？企業就必須建立一套「跑店系統」，依靠系統來進行管理，依靠系統來進行不斷的循環運作。

建立「跑店系統」的步驟如下：

①建立詳細的終端檔案，內容包括零售店的名稱、地址和營業面積，店員的姓名、生日和班次等等；

②把市場劃分為幾個區，為每個區配備相應的終端營銷員；

③對零售終端進行分級，把零售終端分為 A 類、B 類、C 類；

④根據終端類別合理確定拜訪週期，設定相應的拜訪頻率；

⑤繪製終端拜訪路線圖；

⑥制定「拜訪流程」，規定到一家零售店後要做那一些工作、如何做以及要達到什麼標準等等。

3. 活動溝通

活動是一種很好的終端公關手段，活動為企業與零售商之間提供了一個溝通與交流的平臺，在活動中增加了彼此之間的聯繫，拉近了彼此之間的距離。企業可採取靈活多樣的方式，定期舉辦各種活動，如企業座談會、企業聯誼會、零售商慶功會、有獎徵答和有獎競猜活動等等，活動中間還可穿插一些企業和產品的知識介紹，通過這些活動既能聯絡感情、加深瞭解，又能宣傳企業和產品。

例如，家家樂超市是近幾年迅速崛起的連鎖超市，現在已經有一百多家分店。A 牌奶粉進入家家樂連鎖超市已經幾個月了，但終端銷售始終沒有起色。企業決定加大終端宣傳和促銷力度，從而更好地與電視廣告配合，迅速提升賣場的銷售量。然而，因 A 牌奶粉進入家家樂超市的時間不算很長，與家家樂連鎖超市各分店的關係一般，因此在賣場宣傳和促銷上自然爭取不到家家樂超市各分店的有力支持。A 牌奶粉要在家家樂連鎖超市加大終端宣傳力度，就必須解決以下問題：

①解決向超市派駐導購人員困難的問題。因為家家樂連鎖超市對同類產品派駐導購人員的企業做了限制，只允許兩三家企業的導購進店。對於初來乍到的 A 牌奶粉來說，導購人員自然就無法進場。

②爭奪最佳商品陳列位。儘管最佳陳列位要出錢購買，但由於想購買的企業很多，最終具體給誰，往往主要依靠企業與各分店的關係。

③爭奪超市促銷場地的。每到節假日，各企業紛紛推出促銷宣傳活動來吸引消費者，而促銷場地的安排、分配就完全依靠企業與超市的關係。

由於沒有家家樂超市各分店的支持，A 牌奶粉的終端遇到了很大阻力。而沒有地面終端推廣的有力配合，企業電視廣告的效果就要大打折扣。因此，終端推廣的問題必須儘快解決。

對於家家樂超市來講，常規的公關與溝通手段是行不通的。家家樂超市的制度很嚴，任何員工都不得接受企業的贈品、禮物。一旦發現則視為「受賄」行為，堅決予以除名，而且「行賄」企業的產品必須退場。

面對這種情況，公司應該怎麼辦呢？為此，A 牌公司精心策劃，專門針對家家樂超市制定了一套公關方案。

首先，給各分店的櫃長、店員每人發放一份「A 牌公司向您請教」的請教問卷和一本介紹產品特點的宣傳手冊，尊敬地稱這些店員為老師，並禮貌地詢問企業要怎麼做才能讓消費者儘快接受這個產品；A 牌奶粉應該如何做好終端工作；對於 A 牌這種產品來說，採用那些促銷手段比較有效以及您對 A 牌奶粉終端工作的建議和意見等等。

問卷填後，各店員、櫃長都倍感尊重，也都樂意做一回「老師」。「老師」當然願意毫無保留地給予「學生」指教，積極回答「學生」的問題，因此問卷加收率幾乎達到 100%。

「向您請教」的活動可謂一舉多得。其一，讓店員感受到了從未有過的尊重，密切了與櫃長、店員的關係；其二，通過請教，間接地讓營業員瞭解了產品的知識和特點；其三，企業也確實收到很多有價值的建議和信息。

緊接著，A 牌又推出「A 牌公司感謝您的指導」的答謝活動。凡答卷的「老師」都被 A 牌公司分批邀請，作為特邀嘉賓參加當地電視臺的一個現場直播的綜藝娛樂節目——「幸運週末」。「幸運週末」收視率很高，每期節目都會邀請一些著名的明星參加。

凡參加節目的店員，公司給每人發放了兩張入場券，可帶自己的家人或朋友參加。每位被 A 牌公司邀請的店員都感到意外的驚喜。

一到週末，被邀請的店員心裏想著要上電視了，而且又是現場直播，每個人都很重視，打扮得漂漂亮亮的。在企業的精心安排下，由電視臺派專車接送參加節目的營業員。

在晚會現場，無論是懸掛的廣告橫幅、嘉賓穿的廣告服，還是插播的電視廣告，都是 A 牌奶粉和家家樂超市各佔一半。節目進行過程中，氣氛非常熱烈，店員們都爭先恐後地參與各種娛樂游戲活動。節目一結束，早已準備好相機的 A 牌工作人員就抓緊機會，為店員和明星合影。

晚會散場時，凡參加節目的嘉賓都由電視臺贈送一個禮品，禮品盒內裝有 A 牌奶粉的促銷贈品，還有一張有經理親筆簽名的「感謝卡」。儘管禮品盒是 A 牌奶粉贊助提供的，但是以電視臺的名義作為嘉賓禮品發放的，所以企業並沒有違反家家樂超市的紀律。幾天後，A 牌公司就把整台晚會的實況錄影節目刻為光盤，給參加節目的店員每人贈送一張。

此活動連續進行了兩個月，收到了非常好的公關效果。在此後的工作中，各分店的櫃長和店員總是主動地向 A 牌提供盡可能多的幫助和支持。

45 要獲取零售店員的協助

零售商店員是第一導購員，是直接架構在產品與消費者之間的橋梁，在產品的流通過程中處於最前沿的地位，其對產品的銷售起著顯著的影響，可以說決定產品在終端的命運。因此，零售商店員作為在商品流通中的一個重要環節，應當引起企業的高度重視。

把零售商的店員培養成企業的業餘導購員，是切實穩固掌控產品終端的前提之一。因此，企業從分銷政策及策略上要充分重視對零售商店員促銷力的利用，並制定相應的措施以及提供相關的資源支持。

如何才能提升零售商店員的促銷力呢？零售商店員的促銷力主要取決於二大因素：第一，零售商的店員願不願意向顧客推薦你的產品；第二，零售商的店員會不會向顧客推薦你的產品。

店員願不願意推薦，主要看企業與店員的情感溝通，店員會不會推薦，主要看企業對店員的培訓和教育，讓店員瞭解產品，掌握豐富的產品知識和科學的推銷方法，同時，還要幫助店員提高銷售能力和技巧。這樣，才能提升店員的促銷力，增加產品的推薦率。

1. 與店員進行良好的溝通

據數據表明，產品陳列在最佳位置上能促進銷售量增長 20%；產品佔據最大陳列面能促進銷量增長 30%；有最佳的宣傳品配合能促進銷量增長 20%；而店員的直接推薦能促進銷售增長 60%。可以看到，與店員關係的良好協調是所有售點工作的基礎，對促進銷售具有立竿見影的效果，必須爭取他們對產品的完全認可和各種工作的有力支持。

要與店員進行良好的溝通，使其成為企業的朋友，對企業產生好感，從而使其更努力地推銷產品，以最大程度地提高企業在終端的認知率和美譽度。

要適當採取措施對店員促銷：如送小禮品、銷售競賽、銷售返利等充分調動店員的熱情，贈送《導購手冊》，提高店員的銷售技巧等。逢年過節，可不定期地給店員贈送一些小禮品，禮品要方便實用、有新意，不要總是送同一種禮品。遇到店員生日時，以個人名義送上一份賀卡和問候，最好將禮物送給本人，切記不要漏送。

2. 要獲得店員的推薦

金獎、銀獎不如店員的誇獎，店員的推薦對產品的終端銷售起著舉足輕重的作用：

⑴貨架上的商品琳琅滿目，新產品又層出不窮，消費者面對眾多的商品常常感到無所適從。市場調查結果表明：當店員向消費者推薦某種產品時，約有 74%的消費者會接受店員的意見；除了電視廣告，店員對消費者購買的產品的影響大於其他各種廣告媒體。由此可見，在產品銷售中，店員確實能起到很大的作用。

⑵有些產品的技術含量高，普通消費者很難憑自己的經驗和知識對商品的好壞、質量的優劣作出判斷；絕大多數消費者對產品及其相關知識不懂或知之甚少，希望得到店員的指導與推薦。

⑶店員直接面對消費者，他們的意見對顧客帶有較强的引導性，也就是說，產品的推銷權掌握在店員手中。店員是企業與消費者之間的紐帶，企業的信息需要店員傳遞給消費者。

因此，在購買現場，當顧客面對眾多的商品猶豫不決時，顧客往往將店員當成專家和顧問，店員的一兩句評價，或一句簡單的提示和介紹，就可能對顧客的購買行為產生決定性的影響。

就拿消費者購買藥品為例，據有關數據表明，50%的消費者對自己所需的藥品不瞭解；30%的消費者雖然瞭解所需藥品，但對品牌缺乏瞭解；另外 20%的消費者品牌忠誠度也不是很高。整體來說，近一半的消費者在購藥時，會因店員的介紹而改變主意。

所以，越來越多的企業把店員當成自己的「第一推銷員」，都想方設法來提升店員的促銷力，爭取把自己的產品作為店員的第一推薦目標，讓自己的產品爭取到更多的推薦機會。為此，企業要經常性對店員是否積極推薦產品進行審視。其內容包括：

⑴店員是否願意推薦本品牌？

⑵店員是否充分瞭解本品牌特點及使用方法？是否清楚瞭解產品對消費者的利益？是否瞭解本品牌與其他競爭品牌的區別與優勢？

⑶是否瞭解陳列的技巧？

⑷導購促銷員與店員是否有良好的溝通，是否建立起了良好的客情關係？是否對店員進行了適當的激勵。

通過以上方面的審視，充分評估店員在終端對本品牌的推薦是否起作用，並進行相應的策略性調整。

3. 對店員的促銷激勵

零售商店店員，除了從雇主處得到應得的正常薪金之外，還可以獲取企業的銷售獎勵。銷售獎勵是企業為了提升店員的士氣，鼓勵零售商店員的努力銷售而加以設計的，由企業負擔獎勵支出。

啤酒行業對酒店服務員進行激勵，比較常見的做法就是給服務員回扣獎勵(一般稱之為開瓶費)，每銷售一瓶給予一定金額的回扣，以提高其推銷產品的積極性。

例如：「虎牌」啤酒開展了針對酒店服務人員的促銷獎勵活動，只要服務人員向消費者推薦售賣了「虎牌」啤酒後，服務員可憑收集的瓶蓋向虎牌公司兌換獎品。如 12 個瓶蓋可換價值 5 元的超市購物券一張，瓶蓋愈多，收穫愈豐富。

4. 培訓店員

店員產品知識的培訓是一項長期系統的工作，非一朝一夕可以作出效果，而且不能孤立地看待店員培訓，它應該是一個連續的營銷行為，一環緊扣一環並緊密地嵌在營銷計劃之中，必須和其他營銷活動緊密結合。

組織店員培訓，主要是把產品知識通過廣告傳播時受眾的無意注意轉為店員有針對性的有意注意，充分利用店員的注意力和時間，讓其記住你產品的特點、優點和利益點，並學會把產品介紹給其他潛在顧客。

例如：「陽光教育計劃」是史克在 OTC 領域設立的一個長期培訓項目，該項目由史克和中國非處方藥物協會共同策劃和執行，面向站在藥品銷售行業第一線的廣大藥店店員，旨在幫助他們提高業務素質。

培訓所涉及的知識包括常見病的診斷，非處方藥藥物品種及使用，相關法規及行業規範，櫃檯銷售技巧，陳列理貨及藥店基本管理知識等。

培訓分為三個重點，每個學習過程分為三步：第一步，遠程學習。參與者收到史克公司郵寄給他們的培訓資料後，進行為期二至四週的自學。第二步，面授座談。在自學完成後，史克會在展開培訓的城市安排面授培訓會，即安排一個約 3 小時的座談研討會，由非處方藥物協會派出專家到場，講授課程相關知識，解答疑難問題，並與大家討論座談。第三步，參加筆試。學員必須參加所有三個重點的三個步驟的學習並筆試合格，方能得到由非處方藥物協會頒發，在藥監局人事教育司備案的《藥店店員資質證書》。

「陽光教育計劃」取得了很好的店員培訓效果。店員不僅掌握了更多的專業知識，還接觸到了銷售技巧、藥店管理等領域的知識，開闊了眼界，增強了能力，從而可為消費者提供更專業、更週到的服務。

46 為何要對零售店員加以培訓

店員教育是指將產品的相關信息傳遞給店員，使店員熟悉產品知識，以期在櫃檯銷售中增加該產品推薦率的一種促銷方法。

以在藥局販賣的 OTC 藥品的銷售為例，由於藥品是一種特殊的商品，具有一定的功效作用和適用範圍，在用法和用量方面也有明確的規定，這就要求藥店店員熟悉並掌握這些產品知識，從而準確解答消費者的詢問並能將產品正確推薦給消費者。店員對某產品的特點和宣傳要點則主要是通過店員教育來認知的，店員教育成為店員獲取產品知識的重要途徑，可見藥店店員教育是 OTC 藥品重要的藥店促銷工作。

店員教育的方式多種多樣，可由藥店代表在對藥店日常拜訪中採取「一對一」或小規模店員教育會來進行店員教育；也可以一個區域市場為單位(通常是在一個城市內),採取電影招待會或店員聯誼會(或店員答謝會)的方式開展店員集中教育;還可以有獎問卷的方式逐店進行店員教育。為使店員樂於接受店員教育並取得良好效果,無論採取何種形式的店員教育,要求做到場面活躍、氣氛熱烈、內容精簡、重點突出,時間以控制在 30 分鐘內為宜,並要發小禮品。

店員教育的目的是為了融洽公司與零售藥店的關系,使店員熟悉產品的知識,以提高產品的店員推薦率。從消費心理分析來看,消費者在去藥店購買藥品前有三種不同的心理狀態:一種心理狀態是消費者已經清楚決定購買什麼產品和什麼品牌的產品,如消費者已決定購買江中牌複方草珊瑚含片;第二種心理狀態是消費者已經決定購買某一類產品,但尚未決定買何種品牌的產品,最終選擇那種品牌到藥店現場再作決定。如消費者決定買一種能解決咽喉不適的產品,但未決定買那種品牌的產品,可能買江中牌複方草珊瑚含片,也可能買桂林產的西瓜霜噴劑,還可能買金嗓子喉寶或其他品牌產品;第三種心理狀態是消費者尚未考慮買那些產品,到了藥店再說。

參照食品和百貨業的統計:至少有 66%的消費者屬於第二和第三種心理狀態,他們要到售點現場再作出購買的決定,而購買決定往往受店員推薦和產品陳列的影響。第一種心理狀態的消費者又會怎麼樣呢?調查表明,隨著社會的進步,物資不斷豐富,消費者選擇的機會越來越多,對品牌的忠誠度也就越來越低。進藥店前準備買某種品牌產品的消費者,在店員的熱情推薦下,很可能改變自己原來的購買決定。尤其是在新產品上市的初期,品牌概念尚未建立,消費習慣尚未形成,此時店員的推薦比產品陳列對消費者購買決定的影響更大。通過對 A 市 30 家藥店 180 名消費者的隨機抽樣調查表明,有 70%的消費者接受了店員推薦的產品。由此可見,店員推薦率對藥店銷售影響甚大，已成為衡量藥店促銷成效的一個重要指標。

小型店員教育包括「一對一」的店員教育和小型店員教育會議，是藥店代表的工作之一。適時成功地開展小型店員教育是藥店代表的基本技能。「一對一」的店員教育通常在某藥店的目標櫃組中出現新的臉孔時進行。新臉孔的出現可能是藥店新增了營業員，也可能是其他櫃組人員調換。到一個新崗位的店員，相對其他店員而言，對所在櫃組的產品大多不太熟悉，他們比較樂意接受外界帶來的產品信息，此時及時對他們進行店員教育效果較為思想。「一對一」的店員教育，要注意避開營業的高峰時間而選擇比較空閑的時候進行。地點可以選在藥店的一角或櫃檯前。將產品知識介紹完後應留下書面資料並請對方有空時閱讀，最後送給禮品並致謝，給對方留下一個良好的第一印象。

當發現本公司的產品在某一藥店的銷量與該藥店所處的環境、藥店的規模、實力明顯不符時，或該產品在此藥店中銷量明顯低於競爭產品，而產品無論在品牌、陳列、宣傳力度和價格體系等方面都不比競爭品種遜色時，往往可以從店員推薦率上找到答案，此時及時召開中型店員教育會是解决這一問題的正確途徑。開好小型店員教育會的前提是與藥店維持良好的關係以取得藥店經理或櫃組長(班長)的支持。公司安排店員教育費用，除資料、禮品費用外，應給藥店代表提供一定數量與藥店經理、櫃組長(班長)的交際費。召開小型店員教育會議需事先徵得藥店經理或櫃組長(班長)的同意，並與之商定會議的時間、地點、參加的人數等等。大多數藥店實行的是兩班輪換工作制，小型店員教育的時間可選擇在兩班店員交接班時，可約好接班的店員提前 20 分鐘到達，先對這一批店員進行店員教育，然後換另一班，如能請店經理或櫃組長(班長)出面協調好兩班的工作，同時進行則更好。地點由店經理或櫃組長(班長)安排，通常是安排在店經理辦公室或藥店會議室。參加的人員應包括：店經理、櫃組長(班長)、目標店員，如有藥店導購員、採購員、坐堂醫生也可邀請。

小型店員教育會的程序一般是：歡迎致謝後，介紹產品知識，然後安排一些有獎搶答或趣味游戲等活動，目的是加深店員對所介紹的產品知識的印象，最後發放資料和紀念品，並請店員朋友多推薦該產品。

47 零售店員的培訓項目

常見的幾種店員培訓形式有，店員集中授課培訓、有獎問卷、一對一店員培訓、新產品認知推廣會，或通過店員聯誼會來進行店員培訓。

1. 店員培訓項目

店員集中授課培訓操作細節如下：

①企業介紹，可以放映介紹本企業歷史、未來和經營理念等情況的碟片或幻燈片以及其他宣傳資料；

②產品介紹；

③針對零售市場銷售品種，進行公司產品及相關背景知識介紹，強調產品最重要的若干賣點(有兩三個就足够了)；

④店員如何做好終端工作。如：怎樣讓進店的顧客都有所消費？怎樣增强店員推薦的信服力？怎樣佈置櫃檯上的產品陳列等；

⑤零售商管理知識；

⑥產品促銷活動的操作辦法。

如能在培訓之前將所要培訓的內容和部分店員事先溝通，明白他們的需求，會取得更好的效果。

2. 產品知識培訓

產品知識培訓的關鍵是讓店員記住產品知識，可把本企業產品知識創造性地編成店員容易記憶的方式，方便店員記住培訓內容。下面幾點可以借鑒：

①生動活潑有趣是首要條件。把產品知識編成順口溜，在培訓時進行現場記憶比賽。把產品功能和特點通過圖片來進行說明。

②最好是用手提電腦配上電腦投影儀，把授課內容編排成幻燈片來講課，編排生動有趣，可提高店員興趣。

③通過與店員一起分析產品特點、優點，最後把產品賣點(利益點)總結出來。關鍵是用普通消費者就能明白的語言來說明產品的賣點(即消費者購買的理由和購買後得到的利益)。

3. 培訓技巧

在培訓活動中，為能調動店員的參與積極性，在形式上可採取有獎問答、競猜等活躍氣氛的手法。在介紹產品前，可先告知參會店員有獎問答的基本情況，以使他們能注意聽講。為了進一步加强店員對產品知識的記憶度，可把要培訓的產品知識設計成各種問答題，最好能挑出產品最强的賣點、最能打動顧客的說法來提問，在講授中間或者結束時現場進行有獎搶答，答對者即可獲得禮品一份。提問時，盡可能事先讓業務員弄清各店店員的名字，點名來提問，效果會更好。

注意店員回答一般不可能十分準確，培訓者操作時要大聲重覆正確答案，以便經過重覆使店員記住產品知識。

有獎問答應由終端業務員來完成，一是加深終端業務員給店員的印象，二是獎品由業務員發給店員時，店員會感激業務員，以後業務員開展終端拜訪工作就容易多了。

小禮品是加強企業和店員關係的一個重要方法，不可沒有，否則會影響其以後來聽課的積極性。培訓完後凡來參與者每人發放小禮品一份。記住不可在講課前發放，否則個別人會提前退場。小禮品的選擇標準有兩條：新穎、有趣和實用，價值不一定很高。

4. 有獎答卷法

⑴有獎答卷目的

通過有獎答卷，讓店員熟悉產品知識。店員要正確回答答卷上的問題，就會看相關的宣傳資料，以找到正確答案，然後把答案填寫在答卷上。通過這兩個過程，可把店員對宣傳信息的無意注意轉化成有意注意，從而讓店員記住產品的特點和相關知識。

⑵有獎答卷設計

①答卷圖案設計：有趣、有吸引力，店員拿著即不願放下，最好是彩印。

②答卷問題設計；題型有填空、選擇、問答題三種。可以設計成雙面，一面是產品知識說明，一面是問卷，這樣方便店員找尋答案。

⑶有獎答卷法操作技巧

①產品知識宣傳資料必須與有獎答卷同時發放，如是雙面印刷，則一面是產品知識，一面是答卷，一次發放即可。

②有獎答卷發給銷售和有可能銷售自己產品的店員，不可一個店所有人都發放答卷。

③答卷發放後三天到一週內，業務員要督促店員填寫，並一再說明肯定都有獎品或禮品。並且要在一週內派人員自己收回，時間長了

店員可能忘記或者丟了答卷。也不可讓店員自己寄回，否則回收率很低。如果實在人手不夠，就把寫好的郵寄地址和貼好郵票的信封，隨同答卷一同發給店員。

④回收時相同字體的答卷(一人多卷)視做無效，以防止一人填寫多張答卷的現象，未完成答卷的也做無效處理。

例：華夏公司舉辦餐飲業經理人培訓班

華夏公司發現餐飲酒樓是目標群體消費乾紅最主要的場所，而酒樓的樓面部長和經理在客人點菜的同時就可以有效地向客人介紹酒水。如果這個群體能够成為「華夏葡園」幹紅口碑傳播的中堅力量，將大大增加產品銷售的機會，並可以節約更多的傳播資源。

同時，華夏公司還瞭解到：一方面，對於在高檔酒樓工作的員工來說，這一群體面臨著非常大的競爭壓力，他們需要不斷地進行自我的提高和突破，以便有更大的發展空間；另一方面，對於高檔酒樓來說，他們也非常希望自己的員工能够快速成長，從而給客人提供更好的服務。

於是，華夏公司超越了一般酒業公司那些庸俗的公關行為，聯合餐飲協會，推出了「餐飲業職業經理人培訓班」，面向酒樓的樓面部長和經理進行免費的培訓和教育。他們邀請香港知名的培訓講師系統地進行紅酒知識、管理技能和溝通技巧等方面的培訓，對於成績合格者還頒發結業證書。同時，通過舉行培訓班，華夏公司還建立了 70%以上高檔酒樓的餐飲部長和經理的檔案。此終端公關的創新，給華夏葡園在主力通路的銷售起到了很好的推動作用，使華夏葡園在高檔酒樓形成了良好的口碑傳播力量和銷售態勢。

⑷有獎問卷

有獎問卷是指將產品知識以問卷的形式請店員問答並給予獎勵的一種常用而且簡單易行的店員教育方式。有獎問卷可以選擇一家藥店單獨進行，也可以選擇數家或數十家或更多的藥店在同一時期較大範圍地進行，還可以配合「一對一」的店員教育、小型店員教育會、電影招待會、店員聯誼會、店員答謝會等店員教育形式一併進行，以達到更好的店員教育效果。

有獎問卷通常是將產品知識印在正面，圍繞產品知識及提醒店員推薦的產品宣傳要點歸納成 4～5 個小問題(如同時介紹 2 個或 2 個以上的產品則加倍)，並將問題印在背面。問題的答案要明確、簡捷、易答、易記憶，可以設計成選擇題供店員選擇。問題一般包括產品的品牌、作用、特點、服法等方面的知識。問卷中還可以視需要作一些銷量、廣告效果、價格意見等方面的調查。還應將獎勵規則、獎品名稱印在問卷的醒目位置。

以下是江中製藥集團公司為配合在某市召開的一次店員答謝會而設計的有獎問卷內容：

表 47-1 有獎問卷內容

1. 活動公告

茲定於___月___日在___影院舉辦江中製藥店員答謝會，歡迎光臨！

參加對象：凡持有江中製藥公司邀請函的藥店店員。

現場搶答，輕鬆得獎：具體獎及獎品見現場海報，機會多多，獎品多多，抓緊準備，不要錯過。

佳片有約，一睹為快，屆時將上映___國故事片《　　》(________主演)。

此次活動解釋權歸江中製藥________公司，聯繫電話：××××××。

2. 真實填寫，幸運在手

填好卷後，投入現場抽獎箱，將抽出若干名獲獎者，具體現場海報。

姓名：________　身份證號碼：________

店名：________　聯繫電話：________　地址：________

⑴本店「草珊瑚含片」的價格為＿＿元/盒，批號為：＿＿每月大約銷售＿＿盒。

⑵本店「江中健胃消食片」的價格為＿＿元/盒，批號為：＿＿每月大約銷售＿＿盒。

⑶你認為何種宣傳方式更有效？

□活動　□張貼畫　□條幅　□立體桌牌　□宣傳冊

⑷你對我們的建議是：

＿＿＿＿＿＿＿＿＿＿＿＿＿＿＿＿＿＿＿＿

3. 現場搶答，輕鬆得獎

A 1. 新一代草珊瑚含片：

[1] 無糖配方　[2] 有糖配方

A 2. 無糖草珊瑚含片更

[1] 有利於治療咽喉炎　[2] 有利於治療食道炎

A 3. 大片草珊瑚含片更適合於

[1] 成人　[2] 兒童　[3] 老人

A 4. 江中健胃消食片是

[1] 純天然中藥製劑　[2] 西藥製劑

A 5. 江中健胃消食片的特點

[1] 健胃　[2] 消食　[3] 健胃加消食

B 1. 新草珊瑚含片的特點是什麼？

B 2. 無糖草珊瑚含片為何更利於治療咽喉炎？

B 3. 江中健胃消食片適用於那些症狀？

B 4. 江中健胃消食片為何最適用於兒童？

問卷的發放及獎品的兌現：由藥店代表將印有產品知識、問題、獎勵規則、獎品名稱的宣傳資料(問卷)發給目標店員，請店員在熟悉產品知識之後限期填答好，在藥店代表下次拜訪該店時收回。問卷收回後，根據問卷中規定的獎勵規則或採取幸運抽獎的方式，或採取評獎的方式確定獎勵等級，若以評獎的方式則 5 個全部答對為優秀，一等獎；5 個對 4 個為良好，二等獎；5 個對 3 個為及格，三等獎；其餘為紀念獎。選購獎品應以美觀、實用為原則。由藥店代表負責發放並設計好表格請店員簽收。

⑸獎勵兌現

①獎勵面要廣，可設置三到五個層次的獎勵標準，獎勵以價值相等的實物為主，這樣，相同數目的獎勵金額可以提供更多的物品。此外，凡是認真填寫了答卷的店員，都可獲得一份紀念品。

②發獎地點可選在一個公共場所，如露天廣場等，場地佈置和通知店員可以參照店員講座培訓的方式來操作。

③發獎現場還可以再次講解產品知識和開展現場有獎問答活動。

④發獎時可以做些技巧處理，一是儘量把大獎發給賣自己產品多的店以及相應櫃檯的店員，以促進其更積極地推薦產品，二是要盡可能發給到現場的人員。

例如：雲南白藥公司先把店員集中起來進行培訓，當然目的是讓店員掌握豐富的產品知識。但對店員進行培訓已不是什麼新招，不僅雲南白藥在做，其他企業也同樣在做，此舉早已司空見慣。

那麼，如何才能保證培訓效果呢？如何才能提高店員瞭解產品的積極性呢？雲南白藥的做法就很有創意。雲南白藥開展了一個「神秘客人」的活動，在培訓之後，公司就會派一個店員不認識的人到目標藥店詢問該產品的情況，如果該店員能够正確回答所有的問題，幾天後就會收到公司的一份禮品。「神秘客人」的活動刺激了店員對產品進行瞭解的積極性，同時也促使店員接待好每一位咨詢該產品的顧客，因為說不定這位顧客就是那位「神秘客人」哩。

5. 店員培訓案例

在新產品上市的初期，為了配合新產品的上市，爭取在較短的時間內讓同一城市中絕大多數店員瞭解某一產品，通常採取電影招待會、店員聯誼會或店員答謝會的形式對店員進行集中教育。

前者是以電影和紀念品吸引店員在同一時間到電影院，利用電影放映之前開展店員教育。後者多在歲末年初或節假喜慶之日邀請店員參加聯誼會，活動中主持人巧妙地將產品知識穿插於節目之中，從而達到店員教育的目的，如：關於產品知識的有獎猜謎、關於產品知識的有獎競答、專家現場答疑等。以電影招待會的形式開展店員集中教育的優點是：實施難度較小、現場容易控制、計劃準備的時間短。缺點是：店員上座率低(與電視的普及和電視節目的豐富有關)。以店員聯誼會或店員答謝會的形式開展店員集中教育的優點是：能較好地增進藥店代表與店員之間的感情、融洽公司與藥店的關係，同時又對店員開展一次別開生面的店員集中教育。缺點是：實施難度較大、節目的製作與編排、會場的佈置與設計、主持人的經驗與水準的要求都比較高，稍有疏漏都可能影響到會議的效果，甚至出現場面混亂而難以控制。

開展店員集中教育活動前，應擬定店員集中教育方案。店員集中教育方案的主要內容包括：目的、形式、時間、場地、參加對象、會議程序安排、費用預算、考評辦法等。店員集中教育的目標主要從店員受教育的人數和效果兩方面作出規定。形式可視情況選擇電影招待會或店員聯誼會。時間應連續安排兩天或兩次，以保證每班店員都能有時間參加。場地應考慮大多數店員的方便，多在城市中心地段選擇，儘量選靠近公共汽車站點、有足夠的自行車停車位的影院或賓館，內部設施要求完備，工作人員配合度高，會場佈置要求親切、大方。參加的對象應包括：店經理、櫃組長(班長)、店員、導購員、藥店坐堂醫生，如果以店員聯誼會的形式，條件還可適當放寬。電影招待會費用應包括：影院租金、飲料、場地佈置、紀念品、獎品等。店員聯誼會費用應包括：場租、會場佈置、禮品、飲料、節目製作費等。店員受教育面的評估可從會議實到人數方面作出評判，店員教育的效果可通過對店員推薦率的調查作出評價，如評估結果不理想，可通過藥店銷售代表進行小型店員教育加以彌補。

下列是 OTC 藥品的店員培訓做法：

經理、朋友們：下午好！

十分感謝大家參加今天的江中感冒止咳顆粒產品介紹會！貴店多年來一直銷售我公司的複方草珊瑚含片和江中健胃消食片產品，並在我日常的工作中給予大力的支持與幫助，首先我要代表江中製藥集團公司和我本人對各位朋友們對江中事業的支持表示衷心感謝！下面請允許我佔用大家幾分種的時間，介紹我公司新推出的又一個 OTC 藥品——江中感冒止咳顆粒(展示樣品)。介紹完之後，我會圍繞介紹的知識提幾個問題，誰先回答正確，將會得到一份獎品(展示獎品)。

江中感冒止咳顆粒是江中製藥集團公司繼成功推出複方草珊瑚含片、江中健胃消食片之後重點推廣的又一個 OTC 藥品。江中感冒止咳顆粒的功能正如該名稱一樣，既能治感冒又能止咳嗽，一舉兩得。對於感冒伴有咳嗽症狀的患者尤其適合。江中感冒止咳顆粒的另一個特點是：純中藥製劑，不含任何西藥成分，安全有效，對於老人感冒、小孩感冒、婦女感冒、身體虛弱的人感冒或咳嗽都非常適合。此產品我公司近期將投放廣告和安排藥店促銷活動。全國統一零售價是 125 元/盒。

下面我提幾個問題，請大家搶答：

1. 江中感冒止咳顆粒是針對什麼病症的？(感冒、咳嗽)

2. 江中感冒止咳顆粒有那兩大特點？(一是治感冒、止咳嗽一舉兩得，二是純中藥製劑，安全有效)

3. 江中感冒止咳顆粒特別適合推薦給那些患者？(一是感冒兼有咳嗽者，二是老人、小孩、婦女和身體虛弱患感冒或咳嗽者)

4. 江中感冒止咳顆粒的零售價是多少？(125 元/盒)

藥店店員集中教育方案

目標：7 月 31 日之前，A 市 200 家納入 OTC 藥品終端管理的 A 級和 B 級藥店中，銷售我公司產品的店員，集中接受一次有關江中複方草珊瑚含片、江中健胃消食片的產品知識教育，使江中集團公司產品在以上目標藥店的店員推薦率保持或達到同類競爭產品中的第一位。

形式：電影招待會。

時間：第一次：2013 年　月　日下午 3：00～5：00；第二次：2013 年__月__日下午 3：00～5：00。視 A 市 7 月份的電影節目安排可在 7 月 1 日至 7 月 31 日之間作適當調整。

人數：A 市所有納入 OTC 藥品終端管理的 A 級、B 級藥店中的，與銷售江中複方草珊瑚含片、江中鍵胃消食片有關的店經理、櫃組長(班長)、店員、藥店導購員。一天安排 600 個、兩天共計 1200 人。由五位 OTC 藥品代表負責邀請。

場地要求：

①地段優先原則；以靠近市中心地段為佳。

②環境優先原則：外部環境要求門口或附近 100 米內有 500 位以上的自

行車停車位，離公共汽車站臺較近，週圍 500 米範圍內無房屋拆遷或建築施工；內部環境要求有能容納 600 人的豪華影廳，內設冷氣機、立體音響，有錄像帶和幻燈投影設施、能提供無線麥克風、能懸掛橫幅。

③服務優先原則：影院工作人員能積極配合我方人員的工作，影院負責人、放影員、設備維修人員、音響師等工作人員能堅守崗位、熱情服務。

④價格優先。

會場安排：

①場外佈置：氣模廣告置於影院前廣場，下懸「熱烈歡迎藥店朋友們光臨江中電影招待會！」和「江中製藥集團公司向各位藥店朋友們問好！」。

②場內佈置：銀屏字幕「熱烈歡迎各位藥店朋友前來參加江中電影招待會！」、「草珊瑚含片產品知識幻燈片」、「江中製藥集團公司感謝您！」交替映出。產品知識每屏停留 3 分鐘，問候語每屏停留 1 分鐘。

③放映室：準備江中企業及產品介紹錄像影帶、相關幻燈資料，播放程序和要求事先向放映員交待清楚。

④入口處：影院入口處有路牌指示：「參加江中製藥集團公司電影招待會來賓由此進場」。大門正上方掛橫幅「江中製藥向各位藥店朋友們問好！」。請店員在入口處簽到並由 OTC 代表為參會店員發放飲料、贈品和紀念品。

店員教育程序：(正式開會前 30 分鐘)客人開始入場、領發飲料和草珊瑚含片贈品和紀念品→場內休息、觀看江中產品知識幻燈→主持人開場白→播放江中企業及產品知識錄影節目→請產品經理或相關醫學專家介紹產品知識→主持人即興提問(答對給獎品)→放電影。

經費預算：共計 11880 元。其中影院場租：3000 元/場×2 場＝6000 元；飲料：1200×1 元/人＝1200 元；會場佈置：橫幅製作 150 元+幻燈製作 250 元＝400 元；紀念品、獎品：獎品電子檯曆 40 只，紀念品為指甲剪五件套 1200 只，共 4000 元；攝影、攝像：攝影 80 元+攝像 200 元＝280 元；草珊瑚含片贈品：1200 盒(公司另發)。

附：邀請函(代入場券)

效果評估：店員集中教育結束後 10 天，再由辦事處組織檢查組對目標藥店的店員教育效果進行檢查評功估。考評採取「神秘顧客」的方式對目標藥店的店員推薦率抽樣調查。店員推薦率未達標及未參加店員集中教育的店員由藥店代表安排「一對一」的店員教育。

電影招待會的店員到會率一般不超過七成，以江中製藥集團公司 2012 年 7 月在 A 市召開的店員招待會為例，單場共發出邀請函 850 張，實際到會的店員為 459 人，佔邀請人數的 54%。提高店員到會率可以從幾個方面考慮：

①精心選好大多數店員喜愛觀看的影片。挑選影片要注意挑選在該城市剛剛上映的國內外有一定影響的，媒體作過一定宣傳的大片、巨片，要考慮藥店店員以青年女性居多的特點，挑選大多女性較為喜愛的家庭生活片，避免選警匪槍戰之類的影片。

②藥店代表在給店員發放電影招待會邀請函時，請藥店經理或櫃(班)長調好班，儘量讓更多的店員能有時間參加會議。

③美觀實用的紀念品對一部分店員來說比看一場電影的吸引力還要大。

④電影招待會規模的設計通常以店員 70%以內的到會率為宜。如計劃召開 700 人規模的電影招待會，則應發出 1000 份邀請函。

歡迎參加	江中製藥集團公司電影招待會 ☆☆☆☆☆	
	《說好不分手》 時間：2013 年 7 月 25 日下午 3：00 地點：×××電影院(乘 2，28，68，101，601，603 路車到××街站下)	幸運抽獎 禮品贈送 有獎問答

48 (案例)業務團隊因應困境的作法

一、日本夏寶(SHARP)公司市場特攻隊的誕生

作者曾擔任台灣聲寶公司的主管，台灣聲寶公司與日本夏寶（SHARP）公司有技術合作關係。曾奉派到日本接受培訓，瞭解到日本夏寶公司在 1966 年受市場打擊後的脫困戰術。

日本的家電製造業，原來每年均可保持 40%的營業成長率，後來，每年平均成長率卻只剩下個位數字，這對家電製造業而言，不啻

是記致命的重擊。根據數據記載顯示，當時日本著名的夏寶(SHARP)公司具有日產 1500 台黑白電視的生產力，而每日銷售量卻不到 100 台，致使該公司每月均有 3 萬多台黑白電視的庫存量。此一低迷的銷售狀況，立刻使股票市場流傳有「夏寶公司營運困難」的風聲，而導致該公司的股票行情一落千丈。若任情況繼續惡化，該公司只有坐以待斃，死路一條了。

這時出任夏寶公司常務董事的關正樹，體會到「產銷均衡」的時代已經結束。不僅是關常務董事，甚至以當時的早川德次社長(該公司創辦人)為首的每一位幹部亦深感苦惱，究竟該如何才能挽救營運頹勢呢？

要解決庫存量的問題，只有一條路可走，就是設法將產品推銷出去；可是，產品就是賣不出去。於是夏寶公司深入分析問題的癥結，發現原因出在日本家電業一貫採行的「產銷分立制度」。

所謂產銷分立制度，即是由經銷商負責產品的銷售工作，而廠商只負責生產工作。這種產銷各自獨立的方式，在景氣良好時，自然毫無問題，但在市場需求銳減時，若製造商仍一味地提高生產量，而實際執行銷售工作的經銷商卻無力突破市場困境，就會造成庫存增加。為了突破這個瓶頸，製造商應該參與銷售行動。

有鑒於此，夏寶公司開始將營運方針轉移至「促使經銷店積極售賣」的重點上。當然，僅憑口頭式的督導及激勵，是不可能有令人滿意的成效的；而以優厚的條件來利誘，也無法長久奏效。那麼究竟應該怎麼辦呢？

經過一番深思熟慮，夏寶決定改變經銷店「坐等顧客上門」的老式經營法，而由公司組織一支市場特攻隊，協助經銷店開拓市場。

二、市場特攻隊的組成

就常理而言，協助經銷店銷售的夏寶市場特攻隊員，應由老練的業務員來擔任，但令人驚訝的是，夏寶竟決定甄選一些毫無銷售經驗的新人來做這個工作。對於夏寶的這項決定，許多同業都抱著悲觀的看法，他們認為這是項必死無疑的冒險行動。

可是，夏寶公司卻有不同的看法。夏寶公司認為，要開拓新的銷貨市場，就必須摒除「有產品就有市場」及「有宣傳就有顧客」的陳腐營業觀念。而這種創新的看法，對深受舊式營業觀念影響的資深業務員，實在很難接受。因此，為了貫徹「市場特攻隊」的理想與目標，夏寶公司決定選用毫無市場行銷經驗的生手，來擔當此項重任。

原則確立後，主管單位立刻在工廠、辦公室、研究室等工作場所張貼人事通告，說明組織特攻隊的原因與目的，並招募有意從事業務推廣工作者。然後，由各部門主管將應徵者的數據送交高級主管，並安排應徵者與高級主管面談事宜。

經過各階級主管審核後，夏寶公司選出第一梯次市場特攻隊隊員 47 名，他們皆來自業務部門以外的工作單位，其中最年輕的還不滿十九歲，最年長的是三十歲的隊長柳弘。隊員的學歷幾乎全是高中畢業，大學畢業者僅有柳弘隊長與另一名隊員。

綜觀隊員們的個人資料，無法找出任何與業務有關的端倪，更看不出有何特殊的人才。然而，時至今日，該第一梯次的市場特攻隊員，均已躍升為指揮幹部，在公司內擔任重要職位。

當時夏寶公司決定選用這四十七名隊員，實在是冒了很大的危險。因為這四十七名入選的隊員，幾乎全是不安於工作的「異類」，甚至有幾位是常在勞資爭議中高呼「加薪」的硬漢。

將這批「異類」集合起來，組成市場特攻隊，是巧合還定刻意的安排呢？對於這個問題，恐怕很難有人能夠回答了。若說此一安排確屬偶然，則對夏寶公司而言，這實在是個幸運的偶然。若此一安排屬於刻意做法，則夏寶公司大膽用人的魄力，實在令人佩服。

事實上，夏寶公司甄選隊員時，並非毫無根據。因為入選的隊員，雖屬「頑馴不羈」的異類，他們的精力卻很充沛，意志也很堅強。最重要的是，這批人的心中，都希望能有一分真正適合自己的工作，藉以發揮個人的潛能。這分自我追求、自我實現的工作意志與信念，正是擔任行銷工作的首要條件。

一位第一梯次的特攻隊員，回憶當時報名特攻隊的心情說：「當時不僅主管鼓勵我試試看，連我自己也想藉此測試一下個人的工作潛能。因為我一直不滿自己的工作表現，所以那次嘗試的成功與否，對我個人的工作發展、職務去留及自我肯定，均有決定性的影響。於是，我抱著背水一戰的心理，決心放手一搏。」

這種不顧一切、孤注一擲的決心，不僅是這些隊員被採用的原因，也是市場特攻隊日後成功的最大因素。

受命擔任第一梯次特攻隊隊長的柳弘，他的情形較為特殊。柳弘在就讀大學時，即主修電器工程學，後來他一直在夏寶公司的技術研究與維護保養部門工作，並曾參與東京世運會的衛星轉播工作。在受命出任市場特攻隊隊長職務時，他是無線事業部第一計劃課課長，負責策劃該公司黑白電視之生產與銷售。因此，他對於夏寶堆積如山的庫存品，一直耿耿於懷。

基於這種心理，柳弘時常自問：「倉庫中堆積如山的存貨，都是我所設計的產品，這責任難道不應由我來承擔嗎？」

當時，柳弘儘管自責，卻對推銷工作極端排斥。他認為推銷員做的都是甜言蜜語，吹噓不實的事情，這並不比小偷、扒手高明多少。因此，他肯定地告訴自己，絕對不做這種工作。

但是，上級主管卻認定柳弘是最適當的隊長人選，於是向他表示：這項工作絕非普通的推銷工作，它負有開拓市場與重建顧客信心的使命。因此，擔任這項工作的人，必須有高度的工作熱誠與責任感，而你正具備這兩項工作條件。更重要的是，借著這項工作，你可以發揮個人特殊的智慧與才華，為公司固定的行銷模式辟出一條生路。」

幾經考慮之後，柳弘終於拋棄自己的成見。全力投入特攻隊的行列。這項決定對於三十歲的柳弘而言，實在是其人生與事業的轉捩點。而這項決定是否正確，當時就連柳弘本人也無法確定。不過，經過十三年的磨煉，他終於證明自己的決定是正確的。

三、市場特攻隊的工作內容

隊員人選決定後，夏寶公司的市場特攻隊，在 8 月 16 日正式出擊了。每位隊員依照指示前往各指定經銷店，展開實際促銷活動。

市場特攻隊的第一項促銷任務是「電視機健康檢查服務」。這是針對各經銷店營業範圍內的客戶進行家庭訪問，藉以發現顧客家中的電視是否有汰舊換新的必要，或顧客本身是否有增購的意願，從而開拓電視機更廣泛的市場。

進行該項訪問工作時，如果有完整的客戶數據做參考，則工作能夠進行得比較順利。然而，當時的經銷店根本就沒有客戶數據，因此隊員們只好誤打妄撞地挨家挨戶拜訪。如此漫無頭緒的訪問，對於有滿腔熱誠卻全無推銷經驗的特攻隊隊員，實在是項高難度的挑戰。

不僅如此，隊員們在進行家庭訪問的同時，還必須克服另一道障礙，也就是讓經銷店主充分瞭解市場特攻隊的存在意義。因為有很多經銷店主認為市場特攻隊是在做無甚意義的客戶拜訪工作，並不能幫他們開拓市場。

為了避免此種誤會發生，夏寶公司特別發給每位經銷店主一本「市場特攻隊工作概要介紹」的小冊子。在這本小冊子中，明白地揭示出市場特攻隊的成立宗旨，並希望店主們能給予隊員充分的協助。

此外，小冊中還有隊員的工作履歷、家庭狀況、興趣嗜好、健康情形及優缺點等事項，可幫助店主瞭解並接受隊員。

市場特攻隊的工作內容，包括下列四項：

1. 電視機的健康檢查服務

2. 顧客的訪問與開發

3. 顧客固定化

4. 電器使用指導

這些工作內容，對於習慣坐等顧客上門的經銷店主，實在很難理解。甚至有些店主，將這些年輕力壯、缺乏推銷經驗的特攻隊員，當成是夏寶公司派來幫忙自己處理店務的打雜小弟。

例如，一位被派往關東地區的特攻隊員，當他到達指定的經銷店時，正好遇到店主在裝修店面。店主一見幫手來了，也不管當時已是晚上 8 點，立刻命令該隊員開始打掃地板。由於正在整修店面，地板上滿上木層、垃圾，根本無法用掃帚或拖把清理乾淨，必須用抹布沾上亮光劑，一塊一塊地慢慢擦。待這名隊員將全店的地板都清理完畢，已是第二天淩晨三時了。不僅如此，店主還將這名隊員安排在最裏面的一間小屋，當隊員要前往自己的房間時，發現必須穿過睡滿店員的寢室，為了不吵醒別人，他只好幹坐在地板上，睜著雙眼等待天亮。

另外，還有一名隊員，在到職的第一週內，只忙著打掃倉庫；加上那家經銷店的店主還兼賣天然氣和煤炭，有時甚至必須幫助店主運送筒裝瓦斯。這名隊員回憶當時的情形說：「那時只要店主吩咐我做什麼，我一定任勞任怨地全力以赴，不過有時候也會自問『我到底是來做什麼的呢？』。」

諸如上述情形，若換成是經驗豐富的資深業務員，絕不可能如此任由店主支配。但是毫無經驗的新人，卻會任勞任怨地苦幹，這就是他們的優點。不過，特攻隊員有時也會自問「自己到底在做什麼？」，但想到「盡己所能，達成目標」的工作信條，就會將這些不快拋置腦外了。

誠如前述的兩名特攻隊員一般，其他的隊員也都必須花費大約一個月的時間，才能讓店主認同個人熱誠、樸實的工作態度，進而協助自己進行客戶訪問工作。

可是在進行客戶訪問工作時，亦有許多困難。例如，如何面對初次見面的顧客。夏寶公司的電視機檢查服務，雖然和其他公司的售後服務是同樣的內容，但夏寶的代售經銷店從未實行過這種服務，因此這突來之舉，引起顧客的懷疑，而對隊員多加盤問。面對顧客的這種態度，許多隊員會因為缺乏經驗而緊張起來，甚至手心出汗。

「我是誠心來替您的電視機做免費健康檢查的，請讓我有替您服務的機會。」隊員雖然心中非常緊張，但想起自己的任務，又力圖鎮靜地回答顧客。靠著這種耐性與勇氣，特攻隊員敲開了一扇又一扇的大門，進入顧客家裏為他們檢查電視機。

在市場特攻隊出發執行任務前，夏寶公司曾針對電視機的機件保養、修理等技術性問題，做了一個月的密集式訓練，但訓練課程內容僅限於夏寶公司自己生產的電視機，而有許多客戶用的卻是其他廠牌的電視。結果，經常發生隊員望著客戶的電視機，卻不知該從何處著手的尷尬場面。

有些隊員硬著頭皮，著手進行檢修工作，卻鬧得笑話百出。例如，有一位隊員想卸下客戶電視機前的護目玻璃鏡，以便清理內部的映象管，沒想到卻怎樣也卸不下來。原來，那位客戶的電視是三洋公司的產品，在卸下護目鏡前必須先用手向上推一下才行，而該隊員根本不知道這項要訣，只是一味地又拉又扯，結果把玻璃鏡弄破了。為了表示負責到底，這名隊員立刻趕往銷售零件的店鋪，買了一面新的玻璃鏡還給顧客。

顧客對於這名隊員勇於負責的服務態度，產生極大的好感，因此當隊員建議買一台新的電視時，顧客竟毫不考慮地同意了。

就是這股熱心、誠懇、實事求是的工作態度，使得市場特攻隊突破了種種的困難，完成各項既定目標。

從夏寶市場特攻隊的做法來看，我們可以得知兩項事實，一項是推銷員的傻勁與耐力重於個人經驗，另一項則是誠信的態度重於推銷技巧。

在推銷的領域中，初學者的傻勁與耐力，往往能建立起良好的人際關係，這對推銷工作有著莫大的幫助；另外，誠信的態度能贏得顧客的信賴，可以突破銷售瓶頸。這兩項事實，皆可由夏寶市場特攻隊縱橫日本家電業十三年的輝煌成果，獲得完全的印證。

四、市場特攻隊的工作成果

在全體隊員的通力合作下，市場特攻隊終於贏得各經銷店主的好感與信賴。許多原本將隊員視為打雜小弟的店主們，經過二個月的相處與觀察後，都異口同聲地讚歎道：「這些隊員真能幹」或「夏寶公司竟然有這麼傑出的人才」。

這種反應，真是夏寶公司的一項珍貴收穫。因為沒有經銷店的向心力，夏寶的營運狀況無法改善。而經銷店主們對於特攻隊的讚賞，正顯示出他們已逐漸恢復對夏寶公司的信任。

隊員之所以能贏得店主的讚賞，主要是因為夏寶的戰術運用得當。在市場特攻隊奉派出擊之前，每位隊員皆接到明確的指示，要他們為「奉派前往的經銷店努力工作」，而不要只為「夏寶公司努力工作」。

例如，有位特攻隊員，奉派前往一家組織龐大、代理多家廠牌的家用電器經銷店服務。雖然這家店裏的廠牌很多，但夏寶的隊員卻秉持著「為經銷店工作」的信念，對所有廠牌的商品均一視同仁，盡力做好各項服務。

由於一般的售貨員只針對自己公司的產品做好服務，而對其他公司的商品不予理會，因此這名特攻隊員的做法顯得十分突出。該家經銷店的店主，在仔細觀察這名特攻隊員一段時間後，決定在該店的朝會上，當眾表揚他的傑出表現。

特攻隊員與經銷商相處融洽，這無異是替夏寶公司重新贏回經銷店的信賴，而這份信賴，對於在危機邊緣掙扎的夏寶公司頗有助益。

特攻隊的銷售成果，可從當年 11 月 10 日的電波新聞報，一篇標題為「推銷成功率高達 45%的夏寶市場特攻隊」的報導中得知。這篇報導的內容如下：

「自今年的 9 月 8 日起，夏寶實施新銷貨促進員制度，此種新制度稱為市場特攻隊(原名為 attack team of market 簡稱 ATOM)。

由於施行效果顯著，該公司決定自 11 月起，增加 10 名隊員，並展開第二次市場突擊行動。

夏寶市場特攻隊的成員，由在該公司連續工作三年以上的員工組成，並以每班五名學員的小班制教學法，施以嚴格推銷訓練，然後派往各經銷店，以實際訪問的方式深入瞭解顧客的需求。第一次的突擊區包括北海道、東北、東京、名古屋、歌山及九州等區域，總共動員四十七名隊員。此次的主力銷售產品為電視，在僅僅一個月的工作期間內，隊員們共訪問了 8500 名客戶，其中有 44.7%的顧客已經簽約訂貨，成功率真是高得驚人。

這篇報導中所強調的成功率，就今日的觀點而言，或許並不十分特殊，不過在當時家電業一片不景氣的情況下，此一成就已是奇跡。其後，電波新聞報分析夏寶公司的經營策略，其內容如下：

「透過這項市場特攻隊的新計劃，夏寶公司得到了三項新的體認：　瞭解訪問式推銷的必要性。　重新調整經銷店的經營模式。深入瞭解顧客的需求，並藉以提升銷貨成功率。……」

事實上，夏寶市場特攻隊出擊的主要目的，除了要提高銷售量外，還要深入瞭解經銷店的實際需要，並針對其需要給予適當的協助。就這二點來看，夏寶市場特攻隊的責任實在非常艱巨。

在瞭解夏寶市場特攻隊工作成果後，也許有人會反問，如果該公司當初選用有經驗的推銷負擔任特攻隊員，情形又會是如何呢？或許，資深的隊員能在危機中充分發揮其推銷技巧，但他們能像那些毫無經驗的新人，表現出極度的熱情與幹勁嗎？答案應該是否定的。

相信每一位從事推銷工作的人，都曾有過這樣的經驗，就是當自己剛開始獨立作業時，每賣出一件物品，都會非常興奮，然而隨著經驗的累積，逐漸覺得推銷只是一件例行工作，便不再為自己的表現沾沾自喜。所以，當一個推銷員步入感情麻痹、思想僵化的階段，就不會像新人一樣，將熱情完全投注在工作上，自然工作難有突破了。

所以，對於自視為經驗豐富的推銷老手而言，夏寶市場特攻隊的成功實例，實在是一記當頭棒喝。

五、市場特攻隊的訓練方式

自從夏寶市場特攻隊的輝煌戰果披露後，這支隊伍立即成為家電用品經銷店的「希望之神」。日本全國各地的經銷店，都希望特攻隊員能儘快進駐該店，以挽救每況愈下的銷售力。從各地洶湧而至的求援案件，至次年春季，已達鼎沸之勢。

夏寶公司為因應各地經銷店的需求，便制定一套整體性的特攻隊訓練計劃，以強化隊員的工作熱誠，確實達成「振衰起弊」的工作目標。

市場特攻隊的訓練計劃，每年分夏、冬兩季進行。訓練期間，每位隊員均要接受各種不同的磨煉。這種訓練的目的在強化隊員們同舟共濟的合作精神，並以此激勵隊員們的工作意願、鬥志與實踐的決心。

夏寶公司的經營主管，非常重視特攻隊的訓練計劃。只要隊員們有集會時，社長、專務董事及常務董事等最高級主管，必定列席與隊員們交換意見，其目的在讓隊員們感受到公司的重視與關心，藉以增強他們對於公司的向心力。

六、市場特攻隊的道場訓練

在市場特攻隊的訓練課程中，有一項極為特殊的「道場訓練」，是在基本動作的「形」式上，將「魂」和「心」灌注進去。

所謂「道場」，即古代講經修行、習武練功的地方。市場特攻隊以道場二字做為正式訓練的名稱，旨在強調其訓練的正統意義。

市場特攻隊的道場訓練，事實上就是德育、智育、體育的加強訓練。換言之，也就是智、仁、勇的訓練。以下便是市場特攻隊的道場入門須知：

1. 受訓隊員一律以××隊員稱呼，以強化隊員的團隊意識。

2. 隊員不可只重視理論課程的學習，必須將理論與實際行動合而為一。

3. 隊員對於研習課程內容必須全盤領會？

4. 隊員必須發揮互助合作的精神。

5. 隊員必須盡全力將自己的「心」與「魂」貫注於基本動作上，即借著有形的基本動作訓練，將市場特攻隊的精神，融注於隊員的心中。

為了強化隊員的自我約束精神，以發揮道場訓練的最大功效，市場特攻隊訓練總部特別制定了九項研習戒律：

1. 隊員必須絕對服從領隊的指示。

2. 訓練期間，隊員無分年齡大小、職位高低，一律以研習生身份參加訓練課程。

3. 隊員務必嚴格遵守研習規則。

4. 訓練期間，隊員一律禁止擅自離開訓練中心。

5. 訓練期間嚴禁飲酒。

6. 研習課程進行中，嚴禁吸煙。

7. 隊員一律參加體操、跑步等體能訓練。

8. 隊員的身體如有不適，應盡速通知領隊。

9. 隊員嚴禁任意騷擾他人。

此外，夏寶市場特攻隊訓練總部，並特別制定了「基本動作七訓」，以加強隊員對基本動作的認識與重視，其內容如下：

1. 凡事萬物必有基本，「立正」的姿勢是一切姿勢的基本。

2. 基本動作是一切動作的根本。

3. 基本動作是——只要肯幹，不論貧富，不論任何人，不論從何時開始，都能做到。

4. 如能深入領會基本動作，則顧客的抱怨、工作上的失敗都將消失於無形。

5. 基本動作能使顧客產生共鳴，進而創造忠實的愛用者。

6. 基本動作雖然誰都會做，但愈演練愈有深度。

7. 基本動作是「初步」，同時也是「最高境界」。

七、市場特攻隊的禮儀訓練

在市場特攻隊的集訓中，有一項禮儀訓練，並定有詳細的「禮儀規範」，其內容如下：

(一)對經銷店主的禮儀

1. 稱呼店主為「社長」。

2. 迎合店主之所好。

3. 聆聽店主的辛酸歷程《開創經銷店的辛酸史》。

4. 平時多與店主做情感交流。

5. 遵守店內各項規則，做其他店員的表率。

6. 充當店員與店主間的溝通橋樑。

(二)對經銷店主之妻的禮儀

1. 注意生活上的細節，如幫助清理、整頓店面。

2. 注意禮貌。

3. 幫助照顧小孩。

(三)對年輕的經銷店主之禮儀

1. 坦誠與店主溝通，進而成為其得力的助手。

2. 盡力幫助店主之妻解決所有困難。

(四)與店員交往的禮儀

1. 注意日常生活的禮節。

2. 牢記對方姓名。

3. 注意言談技巧。

為了讓隊員能清楚地瞭解自己的做法是否正確，市場特攻隊總部訂定了隊員自我省察的標準，其要點如下：

1. 勿與經銷店人員有過分親密的關係，否則會無法就事論事地工作。

2. 牢記自己的言行舉止，代表了夏寶公司的形象。

3. 不論是與經銷店或店員交往，均須確立自己應有的立場。

八、頌揚團隊精神的「市場特攻隊之歌」

由於市場特攻隊總部的全力支持，加上隊員們的工作熱誠，使得市場特攻隊成為一支充滿團隊意識的戰鬥隊伍。

每當隊員們分別派駐各個經銷店時，柳隊長會不辭辛勞，親自前往各工作據點，與隊友們共同擔負市場開拓的第一線工作，並為隊員們加油、打氣。因此，隊員們特別為他編了一首歌，其內容是：

「我們的足跡踏遍全國。

別問市場景氣如何，只要努力，只要努力。

別問工作順利與否，只要努力，只要努力。

我們有想不完的事情、做不完的工作，

就連超級特快車也要嘆服我們的衝勁、幹勁。

若問我們的大家長是何人，他就是柳隊長。

（齊喊）想到每兩個月才能見他一面，真叫人期盼。」

另外，隨著市場特攻隊的聲名大噪，夏寶公司決定擴大特攻隊的人事編制，特攻隊增加了 25 名新隊員，4 月增加了 29 名新隊員。為了配合隊員人數的增加，夏寶公司特別為隊員們訂制了識別徽章與隊服，使每位隊看起來更為精神抖擻。另外，在同年夏季，夏寶特請專人編寫了一首「市場特攻隊之歌」，歌詞中強調隊員們的團隊意識，其內容如下：

「同志們，讓我們將全部生命奉獻給工作的夥伴。

同志們，我們是對明天充滿無限希望的工作夥伴。

同志們，不要再孤軍奮鬥，讓我們緊握雙手共創前程。」

在每節歌詞之後，均加上一句「市場特攻隊、市場特攻隊，我們是市場特攻隊。」從這首「市場特攻隊之歌」的歌詞中，可確知市場特攻隊的確是一支具有強烈團隊意識的機動化部隊。

九、市場特攻隊的能力開發訓練

夏寶公司為有效提升市場特攻隊員的工作能力，於特攻隊成立的次年 7 月，將全體隊員分為兩批，分別在高野山與高尾山兩地進行集訓。此後，該項集體研習訓練，每年分夏、冬兩次進行，並成為市場特攻隊的例行訓練。

參加研習訓練的每位隊員，每天清晨的第一件工作就是馬拉松長跑。然後隊員們分別在額頭上綁好纏頭巾，齊聲吶喊：「只要肯做，必能成功。」每位隊員都必須盡己所能，扯開嗓門大喊數次。

接著是朝會，全體隊員首先齊唱「市場特攻隊之歌」；齊唱結束後，開始另一項全長兩公里的跑步訓練。跑步訓練完畢後，隨即展開以講師為中心的集體討論課程，由於隊員們都相當踴躍發言、專心討論，因此就寢時間常延至深夜。

在一般人眼中，該研習訓練的各項課程，簡直就是不可思議。例如，每天清早隊員們聲嘶力竭地喊口號，唱隊歌，無異一群即將出征的軍人，因此當時的傳播媒體即常嘲諷市場特攻隊的訓練法。

然而，這都是以偏概全的偏差看法。市場特攻隊的整套訓練法，實有其振奮隊員精神的作用。因為當人們專注於某一件工作時，他的精力會完全集中在這項工作上，更重要的是，在心神合一的狀態下，個人的潛能會如江河般地源源湧出。換言之，市場特攻隊的訓練計劃，自有其知性化的深層意義。即借著肉體的折磨，提升隊員的工作意識，增加隊員的勇氣。

另外，市場特攻隊集訓的目的，也希望將「推銷基本四原則」深植於隊員心中。這四項基本原則是：

1. 知道自己在賣什麼
2. 知道自己推銷產品的特點
3. 知道推銷的方法
4. 知道吸引顧客注意力的要訣

借著這項基本原則訓練，可使推銷員的推銷工作成為一種本能的反射動作。即推銷員在拜訪顧客之前，便將自己的開場白、介紹詞，甚至顧客可能提出的各種問題，一一列於心中，待實際面對顧客進行推銷訪問時，便可不假思索地說出一整套有系統的推銷詞。

不過，此種推銷技巧的訓練與啟發，一如運動訓練，需要反覆不斷的練習，才能達到效果。換言之，應該讓隊員們有許多實際練習的機會。基於這項考慮因素，市場特攻隊的研習訓練，必定在結訓日，讓每位隊員至推銷工作現場，實際進行操作演練。該項演練稱為「現場推銷訓練(Field Sales Training)」。此項訓練的目的，是讓隊員們有獨立思考的機會，進而啟發隊員們潛藏的工作能力。因為在現場推銷訓練中，隊員們將遭遇各種不同的挫折與難題，為了克服這些難題，隊員們必須盡己所能、挖空心思想出解決之道。

十、現場推銷訓練的實施步驟

第一步：推銷範圍與夥伴的決定

1. 決定推銷範圍——選定協力經銷店，並在該店的經營範圍內進行推銷活動。

2. 訂立推銷援助計劃——由隊員們協助甚至代替經銷店進行客戶訪問工作。

3. 選定工作夥伴——現場推銷訓練以二人為一互助小組，彼此相互勉勵，以消弭孤獨感。

4. 訂立現場訪問程序表——由互助小組的兩人，同時進行推銷訪問，並隨時交換心得。

第二步：準備推銷訪問的必備工具

包括推銷區域地圖、顧客數據卡、名片、推銷品目錄、商品價目表、訂購單、收據、印花稅票、筆記用具、計算器、印章及印泥等。

第三步：查證推銷地區的特性

向經銷店的店主或負責人，詳細查證推銷區的各項特性，例如人口、戶數，生活水準、電視普及率、各廠牌電視佔有率、廠牌知名度及各廠牌的競爭狀況等。

第四步：出發前的儀式

舉行出發前儀式的目的，在激勵隊員的士氣，以提高現場推銷訓練的成果。

1. 表明意願——表明參加現場推銷訓練的決心。

2. 自我期許——自定訪問戶數與成交台數，並登記在訪問預定表中。

3. 出征誓詞——表明出征前的決心。

第五步：現場推銷訓練的實施

施行方式同於一般的推銷活動。

第六步：期中檢討

1. 期中報告：

內容包括訪問戶數、成交台數等工作進度。

2. 經由顧客訪問收集情報：

(1)為何被顧客拒絕？(由此探究推銷失敗的原因)

(2)成交的狀況與顧客態度如何？其中成功的關鍵何在？

(3)商品普及情形如何？

(4)最強的競爭對手是那個廠牌？

(5)顧客對公司方面有何不滿？

3. 收集夥伴的要求：

(1)是否有人希望調換工作區域？

(2)希望持續二人小組的工作方式？或喜歡獨立作業？

⑶是否需要公司援助？

4. 指示事項。

⑴增加訪問戶數是提高銷售量的最佳快捷方式。

⑵必要時可濃縮推銷詞。

⑶過濾顧客的要求，確立自己的工作方向。

⑷注意顧客所提出的問題。

⑸從訪問過的顧客中，挑出有再度訪問必要者，並於一週內進行再度訪問。

第七步：結束現場推銷演練

1. 成果報告——報告工作成果。

2. 將工作成果填入「訪問成果記錄表」中。

3. 表揚成績優良的推銷工作小組。

第八步：反省會(提交工作感想報告)

對於個人工作成果，應該詳細檢討、反省，並改進不足處。

經過上述八個步驟的演練，市場特攻隊的現場推銷訓練即告結束。

由上述各項訓練步驟中。可得知其目的在藉實際的推銷工作，讓隊員們皆能瞭解推銷工作的本質。換言之，這項實際訓練，即是將①全數客戶訪問→②過濾出需再度訪問的客戶→③發掘銷售對象→④重點式再度訪問→⑤完成交易，這一連串基本推銷技巧與觀念，深植於每位隊員心中。

十一、市場特攻隊的培訓

隨著夏寶市場特攻隊的聲名遠播，許多經銷店紛紛要求成為特攻隊的推銷實習店。而夏寶本身也認為「現場推銷訓練」的時間應該延長。因此，在經銷店及夏寶兩方面皆有需求下，夏寶公司決定每年選擇一重點地區，進行隊員的集體特訓。

於是在 7 月，夏寶公司以九州的一處山莊為基地，開始首次的集體特訓。

為什麼夏寶會選擇北九洲島為第一次特訓地區呢？這是因為當時有另一家家電製造商，在北九洲島地區全力展開市場攻擊行動，影響到許多夏寶公司的經銷店。為了安撫各經銷店的不安，並展示自己強大的銷售力，夏寶決定以北九洲島為特訓營的開始。

夏寶公司的這項特訓計劃，立刻引起傳播媒體的注意；各報社均以顯著的版面，報導市場特攻隊的特訓計劃。例如，朝日週刊即有一篇標題為「神風特攻隊重現——不怕死的夏寶市場特攻隊」的報導。其內容摘錄於下：

兩百名隊員，每個人在額頭上綁著纏頭巾；清晨八時，他們列隊齊喊：「只要肯做，必能成功，如果不做，永無成功！」隊員們的喊聲，如排山倒海而來。這批用盡全力吶喊的隊員們正接受嚴格的軍事訓練。

市場特攻隊員們，每日清晨六時半起床，隨即至集合場報到、點名，遲到者必須對全體隊員報告遲到原因。然後實施賽跑、發聲的早操訓練。每位隊員都必須大聲反覆朗誦「請進」、「謝謝光臨」等店員接待詞。

早餐過後，隊員乘巴士前往小倉市的經銷店，並開始朝會。

首先是服裝檢查，檢查項目包括了頭髮、襯衫、指甲、襪子及鞋子等。接著實行「口號訓練」。每位隊員必須大聲背誦氣「一、我要打破舊記錄，不達目的絕不甘休。二、我要與同事互助合作，對組織竭盡忠誠。三、……」等信條。這些工作信條，令人連想起戰時的軍事口號。

在訓練期間，隊員們依年資分為兩組，一組為資深老隊員，一組為入隊一、二年的青年隊員。資深組的隊員，主要學習「以計數管理為基礎的經銷店指導要領」，而青年組隊員，則實際從事顧客訪問工作。

在朝會上，青年組隊員還須將前日工作成果，向全體隊員報告，並同時提出個人當日的工作目標。報告結束後，由各組代表聲明出發之決心，隨即解散。解散後，各組隊員分別前往各經銷店工作。

抵達經銷店後，隊員們立刻整隊，再重覆一遍工作報告；在與店主招呼後，即開始進行一天的工作實習。每天的推銷工作，均須持續至晚上十時，中間只有午、晚兩餐的用餐休息時間。

對於這項研習訓練，柳弘隊長信心十足地表示：「我們的訓練計劃，雖然極為嚴格，但仍有人性化的一面。二次大戰後出生的新生代，完全生活在放任的民主主義社會中，對自己的前途難免彷徨，而無法確定人生的方向。可是我們的特訓計劃卻可激勵人心，協助年輕人重新拾回人生目標。因此在接受訓練之初，或許有些人會因不適而心懷怨憤，但最後都能心懷感激的接受。」的確，接受特訓訓練的青年組特攻隊員，幾乎全是二十歲左右的高中畢業生。這批年輕人均有著強烈的責任感，他們將接受考驗視為理所當然，對於逃避訓練、白領薪水的行徑則視為奇恥大辱……

該項北九洲島特訓計劃所選定的出擊據點，都是店內庫存有大量夏寶牌產品的經銷店，夏寶公司與經銷店均想藉這次特攻隊的出擊，大幅提升營業額。但是，青年組的首日工作成果卻是一敗塗地。每位隊員都在天色已晚後，才拖著沉重的腳步，垂頭喪氣地回到宿舍。

當這項慘敗的工作成果，傳到夏寶公司營業部長及北九洲島經銷處長耳中時，他們馬上臉色大變，高聲下令道：「明天，資深組隊員也出發推銷。」

該項命令立刻使隊員們如臨大敵，於是各工作小組趕緊連夜檢討當日的得失，並恪遵教訓訂立隔日的工作計劃。從隊員們面對失敗的反應，可得知特攻隊的隊員，均非面對失敗即束手無策的消極者，而是能從失敗中記取教訓、努力克服困難的積極者。

當時，每位隊員都抱著「全力以赴，任務為先」的決心，準備為明天的任務投注全力。因為，對青年組的隊員而言，這是一雪前恥的良機；而對資深組隊員而言，這是自我測試五年學習成果的機會。

第二天是個豔陽高照的大晴天，隊員們精神抖擻地出發訪問。雖然如同前日一樣，遭受顧客拒絕的情形仍然很多，但特攻隊員絕不輕言放棄，只要稍有成交的希望，即使是一天跑十幾趟也在所不辭。這種鍥而不捨的精神，終於贏得輝煌的戰果。

1969 年 7 月 12 日的電波新聞報，即針對市場特攻隊這次的出擊行動，做了深入的報導。該篇「市場特攻隊的旋風式出擊」的內容如下：

「夏寶公司的市場特攻隊總部，將散佈於全國各地的特攻隊員集合於北九洲島市，進行本年度的夏季特訓研習會。該項研習從 7 月 23 日開始，至 8 月 2 日結束。這項特訓研習的目的，是為了讓特攻隊員們從家電業界的現況、市場行情，接洽顧客的技巧與顧客心理等各種不同角度，來瞭解推銷訪問的有效做法，以提升隊員們的實踐能力。

特訓研習以集體食宿的方式進行，即讓來自北海道、關東甲信越、東北、東海、北陸、近畿、四國、九州等九個地區的隊員，共同生活在一起，以強化團隊精神。

全體隊員一律在早餐後，約 7：40 左右，在小倉市的經銷店門前集合，然後一一報告個人當日的工作目標，隨即分頭展開一天的工作。從隊員的工作目標報告中得知，每位隊員一天平均訪問 40～50 個客戶，營業目標為 40～50 萬日圓，總計全體隊員的一日總營業額為 1500 萬日圓。這項預估成果，使得市場特攻隊的特訓行動，對同業界造成如同原子彈般的震撼。」

十二、經銷店的推銷研習會

隨著市場特攻隊編制的擴大，其工作性質已由「推銷」轉變為「指導」。因為夏寶公司的各地經銷商，均希望夏寶能將特攻隊的訓練方式與技巧，推廣至各地的經銷店，以提升店員們的素質。

為了因應經銷店的要求，夏寶公司決定針對一般經銷店的銷售人員，進行一項推銷研習活動；而負責指導的講師正是市場特攻隊員。

這項研習活動的方式，全部與市場特攻隊的例行訓練相同，期限則為三天兩夜。研習人員一律於六點半起床，然後是一連串的柔軟體操、馬拉松長跑及口號訓練。八點半用早餐。

早餐過後，學員們開始研習「推銷四原則」的實踐要領，其中包括推銷的訴求重點、推銷技巧、推銷熱誠等。此外，每位學員還須領悟「看、觸、嘗、懂、買五步推銷術」，因為這五個步驟是推銷成功的要訣。

除了理論課程外，學員們還須接受基礎推銷用語訓練。兩名學員一組，反覆演練「歡迎光臨」、「請稍等一會兒」等服務用語，直至完全熟練為止。

接著是學員們的自我突破訓練，目的在幫助學員摒棄害羞、膽怯、意志不堅等心理障礙。至於其訓練方式，則為一個口令一個動作的機械化訓練法。例如，當講師說「哭」，全體學員立刻「哇、哇」地大哭。起初學員們大多是裝腔作勢的假哭，可是哭著哭著就一把鼻涕，一把眼淚地哭成一團。相反地，若講師說「笑」，學員們便會笑得人仰馬翻。

白天有緊張的訓練課程，晚上還須分成幾個小組，分別進行專題研討。通常這項熱烈的小組研討會，均會持續至深夜，然後學員們才就寢。

參加推銷研習會的學員，大多數都比講師年長，在這種情形下，年輕的特攻隊員有能力平服年長的學員嗎？

這項疑問對市場特攻隊的訓練單位，絲毫沒有構成任何威脅。因為這項研習訓練的目的，是借著專心一致的反覆訓練，激發個人潛在的特殊才能；而學員在全力投注於訓練課程時，根本無暇顧及年齡與輩份等旁枝細節。

有一位參加推銷研習會的年長學員即表示：「坦白說，一開始看到比自己年輕的後生晚輩站在講臺上發號施令，心中的確很不是滋味。可是，經過了一整天的緊湊訓練，腦子裏都被課程填滿了，根本不會再想到這些瑣事。這三天的訓練，使我對自己的工作有了新一層的認識，我的工作態度也趨於積極。總之，這項研習訓練，不僅啟發了我從不自知的工作能力，更使我對未來充滿信心。」

除了一般的研習訓練外，受訓的全體學員也須與市場特攻隊員一樣，在結訓日進行現場推銷訓練。被動的售貨到底與主動的推銷不同，雖然學員們平日有很豐富的售貨經驗，但卻從未進行訪問推銷，因此每位學員都對現場推銷訓練留下了深刻的印象。

另外，市場特攻隊訓練總部，也規定每位學員在結訓前，要交一份心得報告。結果，每份報告均不約而同地表示，該訓練是個人有生以來所受的最嚴格訓練，更是讓自己獲益良多的訓練。以下是其中兩位隊員的訓練心得報告。

「這三天的訓練體驗，真是筆墨難以形容。

三天的訓練課程，看似很長，實則晃眼即逝。在這三天中，總覺得有做不完的工作、學不完的知識，即使是休息時間也不敢輕易放過。更重要的是，我學會了自我管理。從今以後，我絕不容許自己做些沒有意義、浪費時間或逃避責任的事。

如今，訓練即將結束，我的內心充滿了不舍之情，我多麼希望這項研習訓練能長久持續下去。

可是，想到自己的任務，我的內心便又充滿了勇氣。我要以全新的姿態出現在我的工作崗位上，相信日後的工作必定會更順利、圓滿。」

「雖然三天的訓練課程已經結束，但我心中卻充滿了依依不捨之情。

在參加研習之初，我對訓練的方式極為排斥，但在即將離開的此刻，我的內心卻只有『感謝』二個字。這是因為推銷研習會去除了我過去的頹唐消沉，重新賦與我活力與勇氣，這真是我一生的收穫。

另外一項收穫是，我體認到團結的重要性。當工作陷入困境時，唯有全體工作夥伴大家一條心，才能突破困境，一齊邁向成功之路。

我衷心感謝市場特攻隊員們的指導。」

從這兩篇具代表性的感想文中，可看出每位參加研習的學員都滿載而歸。最重要的是，市場特攻隊的精神已融注於這些學員心中，待他們回到自己的工作崗位後，必能確實發揮特攻隊精神，努力開拓更廣大的消費市場。

十三、市場特攻隊的出征誓詞

為了幫助隊員們肯定自我，夏寶公司總管理部設計了「出征誓詞」激勵法，讓隊員們在出發工作前，全體大聲朗誦「出征誓詞」，以激勵每位隊員的工作決心與戰鬥意志。

市場特攻隊的「出征誓詞」，寫在一面用白綿布做的旗幟上。在這面白旗的正中央，用朱紅色油漆寫著「同志」兩個大字，下面則是一行行墨色的「出征誓詞」，誓詞內容如下：

刺骨的寒風吹個不停
我們的手已凍僵
寒氣逼得淚水在眼眶中打轉
熾熱的陽光發射灼人的熱力
豆大汗珠如斷了線的珍珠般灑落
雙手不停拭汗卻仍舊濕透了衣襟
手上的重擔彷佛要壓斷我的手臂，
背上的荊棘痛了我的皮膚
我咬緊牙關、昂首闊步
步步踏上通往顧客家的階梯，
夜幕已籠罩我的四週

路上的行人正加快腳步踏向歸途
這正是家人圍坐共進晚餐的時刻
我們到底為了什麼
必須這樣終日不停奔忙
左思右想、百思不得其解
但是我們若不全力以赴
勢必淪為一無所有的失敗者
現在這一刻
夥伴們都正在加緊努力
同志們，全力以赴啊，不能懈怠啊！

十四、市場特攻隊的推銷程序

除了苦幹實幹的精神，精密的計劃也是市場特攻隊成功的另一項原因。夏寶公司制定了一套標準推銷程序，借著調查→分析→展開行動來提高隊員的工作效率。以推出的電子爐為例，其顧客調查分為下列三個步驟：

第一步驟：顧客購買力的判斷

1. 顧客是否擁有自用轎車、鋼琴等高價位商品？
2. 顧客是否去年才新購冰箱？
3. 顧客是否無須負擔任何長期性高額貸額？
4. 顧客是否在兩年前就已購買了彩色電視機？
5. 顧客是否為夏寶公司的忠實客戶？

第二步驟：顧客職業的判斷

1. 餐飲業

2. 理髮、美容業

3. 農業

4. 醫療業

5. 普通薪水階級

6. 管理職務

7. 自由業

8. 自營工商業

9. 工人

第三步驟：顧客家庭狀況的判斷

1. 顧客是否使用電子爐來解凍食品？

2. 顧客是否為即將應考的孩子準備宵夜？

3. 顧客是否準備為女兒辦嫁妝？

4. 顧客是否需要為家中幼兒溫牛乳？

5. 女主人是否需要一個烹飪的好幫手？

6. 男主人是否喜歡在睡前喝兩杯熱燒酒？

7. 顧客是否為每天須同時準備中式(稀飯)、西式(麵包)兩種早餐，而覺得爐子不夠用？

8. 顧客是否因家人起床時間不同，而必須將做好的早餐保溫？

9. 女主人是否常因先生遲歸，而必須將晚餐重新溫熱？

10. 顧客家中是否有人從事粗重的工作，而必須準備點心補充體力？

11. 顧客家中是否常有親友來訪，必須準備豐盛的菜肴？

12. 男主人是否常因太太不在家而必須親自下廚？

13. 女主人是否常因忙於家務而忘了廚房小燒煮的食物？

14. 女主人是否因自己是職業婦女，而沒有餘暇為家人準備餐點？

15.顧客是否與推銷員或經銷商熟識？

調查了顧客的需求後，特攻隊員以其中可能購買的客戶為對象，積極展開促銷活動。

在精密的計劃與積極的行動下，特攻隊員的電子爐促銷活動創下了輝煌的業績。當時，隊員一天平均訪問十位准客戶，竟然有七位表示願意購買，而其中的五位甚至當場簽訂購買契約。

另外，根據 9 月 28 日家電新聞的報導，東商組世田谷分公司向夏寶公司購買了 1000 台電子爐，同時獲得了市場特攻隊的全力支持。其購買動機可由這篇報導中獲知：

「東商組世田谷分公司，本月向夏寶公司購買 1000 台電子爐的代銷權，並請夏寶市場特攻隊工作小組，全力配合進行促銷活動。世田谷分公司負責人青柳分店長，非常樂觀地預估這次的促銷活動，將可達到 100%的全額銷售目標。

世田谷分公司的青柳分店長並且表示：這次與夏寶公司的合作行動，並非本公司的首度嘗試。本公司以前曾與其他家電製造廠商合作銷售吸塵器、冰箱、彩色電視、照明器具等多項產品，並有實際銷貨數字記錄。這一次，本公司基於①夏季銷售情況不佳，急欲找尋新的合作夥伴；②重新評估電器經銷店的經營方式；③配合顧客需求等三項考慮因素，決定與夏寶公司合作，代銷該公司生產的電子爐。……」

東商組世田谷分公司共有 120 家連店，其中有 20 家參加了這次的電子爐促銷活動，平均每一家商店負擔 50 台電子爐的銷售量。

市場特攻隊在將近一個月的促銷活動中，擔任支持與指導銷售的工作。其成果可由下篇的報導中證實：

「據青柳分店長表示：『這促銷的結果簡直令人不敢相信，有些

我們以為根本不需要電子爐的顧客，竟也買了。我現在才知道，任何事未付諸行動前，不能妄下定論。在進行本次促銷活動前，我們曾預估，光是收集顧客的各項數據，就必須花上一個月，但在市場特攻隊的配合下，卻只用了兩個星期的時間。更令人驚訝的是，在以電話聯絡方式收集顧客數據時，就已賣出 20 台電子爐。而在實際進行促銷期間，甚至有一家連鎖店創下了 68 台的最高銷售記錄。』……」

夏寶市場特攻隊創下了如此輝煌的成績，完全是因為它的推銷程序正確所致。而這次的行動表現，不但引起同業界的矚目，更使得夏寶成為各家電經銷商爭取合作的對象。

如今，夏寶市場特攻隊的人數已超過三百人，而這支常勝部隊的每一項做法，都成為其他公司的模仿對象，這真是夏寶公司的最大榮譽。

心得欄

臺灣的核心競爭力，就在這裏！

圖書出版目錄

下列圖書是由憲業企管顧問（集團）公司所出版，以專業立場，為企業界提供最專業的各種經營管理類圖書。

1.傳播書香社會，直接向本出版社購買，一律 9 折優惠，郵遞費用由本公司負擔。服務電話（02）27622241 （03）9310960 傳真（03）9310961

2.付款方式：請將書款轉帳到我公司下列的銀行帳戶。

・銀行名稱：合作金庫銀行（敦南分行） 帳號：5034－717－347447

公司名稱：憲業企管顧問有限公司

・郵局劃撥號碼：18410591 郵局劃撥戶名：憲業企管顧問公司

3.圖書出版資料隨時更新，請見網站 www.bookstore99.com

經營顧問叢書

13	營業管理高手（上）	一套
14	營業管理高手（下）	500 元
16	中國企業大勝敗	360 元
18	聯想電腦風雲錄	360 元
19	中國企業大競爭	360 元
21	搶灘中國	360 元
25	王永慶的經營管理	360 元
26	松下幸之助經營技巧	360 元
32	企業併購技巧	360 元
33	新產品上市行銷案例	360 元
46	營業部門管理手冊	360 元
47	營業部門推銷技巧	390 元
52	堅持一定成功	360 元
56	對準目標	360 元
58	大客戶行銷戰略	360 元
60	寶潔品牌操作手冊	360 元

72	傳銷致富	360 元
73	領導人才培訓遊戲	360 元
76	如何打造企業贏利模式	360 元
78	財務經理手冊	360 元
79	財務診斷技巧	360 元
80	內部控制實務	360 元
81	行銷管理制度化	360 元
82	財務管理制度化	360 元
83	人事管理制度化	360 元
84	總務管理制度化	360 元
85	生產管理制度化	360 元
86	企劃管理制度化	360 元
91	汽車販賣技巧大公開	360 元
97	企業收款管理	360 元
100	幹部決定執行力	360 元
106	提升領導力培訓遊戲	360 元

112	員工招聘技巧	360 元
113	員工績效考核技巧	360 元
114	職位分析與工作設計	360 元
116	新產品開發與銷售	400 元
122	熱愛工作	360 元
124	客戶無法拒絕的成交技巧	360 元
125	部門經營計劃工作	360 元
129	邁克爾·波特的戰略智慧	360 元
130	如何制定企業經營戰略	360 元
132	有效解決問題的溝通技巧	360 元
135	成敗關鍵的談判技巧	360 元
137	生產部門、行銷部門績效考核手冊	360 元
138	管理部門績效考核手冊	360 元
139	行銷機能診斷	360 元
140	企業如何節流	360 元
141	責任	360 元
142	企業接棒人	360 元
144	企業的外包操作管理	360 元
146	主管階層績效考核手冊	360 元
147	六步打造績效考核體系	360 元
148	六步打造培訓體系	360 元
149	展覽會行銷技巧	360 元
150	企業流程管理技巧	360 元
152	向西點軍校學管理	360 元
154	領導你的成功團隊	360 元
155	頂尖傳銷術	360 元
156	傳銷話術的奧妙	360 元
160	各部門編制預算工作	360 元
163	只為成功找方法，不為失敗找藉口	360 元
167	網路商店管理手冊	360 元
168	生氣不如爭氣	360 元
170	模仿就能成功	350 元
171	行銷部流程規範化管理	360 元
172	生產部流程規範化管理	360 元
174	行政部流程規範化管理	360 元
176	每天進步一點點	350 元
181	速度是贏利關鍵	360 元
183	如何識別人才	360 元

184	找方法解決問題	360 元
185	不景氣時期，如何降低成本	360 元
186	營業管理疑難雜症與對策	360 元
187	廠商掌握零售賣場的竅門	360 元
188	推銷之神傳世技巧	360 元
189	企業經營案例解析	360 元
191	豐田汽車管理模式	360 元
192	企業執行力（技巧篇）	360 元
193	領導魅力	360 元
198	銷售說服技巧	360 元
199	促銷工具疑難雜症與對策	360 元
200	如何推動目標管理（第三版）	390 元
201	網路行銷技巧	360 元
202	企業併購案例精華	360 元
204	客戶服務部工作流程	360 元
206	如何鞏固客戶（增訂二版）	360 元
208	經濟大崩潰	360 元
209	鋪貨管理技巧	360 元
210	商業計劃書撰寫實務	360 元
212	客戶抱怨處理手冊（增訂二版）	360 元
215	行銷計劃書的撰寫與執行	360 元
216	內部控制實務與案例	360 元
217	透視財務分析內幕	360 元
219	總經理如何管理公司	360 元
222	確保新產品銷售成功	360 元
223	品牌成功關鍵步驟	360 元
224	客戶服務部門績效量化指標	360 元
226	商業網站成功密碼	360 元
228	經營分析	360 元
229	產品經理手冊	360 元
230	診斷改善你的企業	360 元
231	經銷商管理手冊（增訂三版）	360 元
232	電子郵件成功技巧	360 元
233	喬·吉拉德銷售成功術	360 元
234	銷售通路管理實務〈增訂二版〉	360 元
235	求職面試一定成功	360 元
236	客戶管理操作實務〈增訂二版〉	360 元
237	總經理如何領導成功團隊	360 元
238	總經理如何熟悉財務控制	360 元

239	總經理如何靈活調動資金	360 元
240	有趣的生活經濟學	360 元
241	業務員經營轄區市場（增訂二版）	360 元
242	搜索引擎行銷	360 元
243	如何推動利潤中心制度（增訂二版）	360 元
244	經營智慧	360 元
245	企業危機應對實戰技巧	360 元
246	行銷總監工作指引	360 元
247	行銷總監實戰案例	360 元
248	企業戰略執行手冊	360 元
249	大客戶搖錢樹	360 元
250	企業經營計劃〈增訂二版〉	360 元
251	績效考核手冊	360 元
252	營業管理實務（增訂二版）	360 元
253	銷售部門績效考核量化指標	360 元
254	員工招聘操作手冊	360 元
255	總務部門重點工作（增訂二版）	360 元
256	有效溝通技巧	360 元
257	會議手冊	360 元
258	如何處理員工離職問題	360 元
259	提高工作效率	360 元
261	員工招聘性向測試方法	360 元
262	解決問題	360 元
263	微利時代制勝法寶	360 元
264	如何拿到 VC（風險投資）的錢	360 元
265	如何撰寫職位說明書	360 元
267	促銷管理實務〈增訂五版〉	360 元
268	顧客情報管理技巧	360 元
269	如何改善企業組織績效〈增訂二版〉	360 元
270	低調才是大智慧	360 元
272	主管必備的授權技巧	360 元
274	人力資源部流程規範化管理（增訂三版）	360 元
275	主管如何激勵部屬	360 元
276	輕鬆擁有幽默口才	360 元

277	各部門年度計劃工作（增訂二版）	360 元
278	面試主考官工作實務	360 元
279	總經理重點工作（增訂二版）	360 元
282	如何提高市場佔有率（增訂二版）	360 元
283	財務部流程規範化管理（增訂二版）	360 元
284	時間管理手冊	360 元
285	人事經理操作手冊（增訂二版）	360 元
286	贏得競爭優勢的模仿戰略	360 元
287	電話推銷培訓教材（增訂三版）	360 元
288	贏在細節管理（增訂二版）	360 元
289	企業識別系統 CIS（增訂二版）	360 元
290	部門主管手冊（增訂五版）	360 元
291	財務查帳技巧（增訂二版）	360 元
292	商業簡報技巧	360 元
293	業務員疑難雜症與對策（增訂二版）	360 元
294	內部控制規範手冊	360 元
295	哈佛領導力課程	360 元
296	如何診斷企業財務狀況	360 元
297	營業部轄區管理規範工具書	360 元
298	售後服務手冊	360 元

《商店叢書》

10	賣場管理	360 元
18	店員推銷技巧	360 元
29	店員工作規範	360 元
30	特許連鎖業經營技巧	360 元
35	商店標準操作流程	360 元
36	商店導購口才專業培訓	360 元
37	速食店操作手冊〈增訂二版〉	360 元
38	網路商店創業手冊〈增訂二版〉	360 元
40	商店診斷實務	360 元
41	店鋪商品管理手冊	360 元
42	店員操作手冊（增訂三版）	360 元

43	如何撰寫連鎖業營運手冊〈增訂二版〉	360 元
44	店長如何提升業績〈增訂二版〉	360 元
45	向肯德基學習連鎖經營〈增訂二版〉	360 元
46	連鎖店督導師手冊	360 元
47	賣場如何經營會員制俱樂部	360 元
48	賣場銷量神奇交叉分析	360 元
49	商場促銷法寶	360 元
50	連鎖店操作手冊(增訂四版)	360 元
51	開店創業手冊〈增訂三版〉	360 元
52	店長操作手冊（增訂五版）	360 元
53	餐飲業工作規範	360 元
54	有效的店員銷售技巧	360 元
55	如何開創連鎖體系〈增訂三版〉	360 元
56	開一家穩賺不賠的網路商店	360 元
57	連鎖業開店複製流程	360 元
58	商鋪業績提升技巧	360 元

《工廠叢書》

5	品質管理標準流程	380 元
9	ISO 9000 管理實戰案例	380 元
10	生產管理制度化	360 元
11	ISO 認證必備手冊	380 元
12	生產設備管理	380 元
13	品管員操作手冊	380 元
15	工廠設備維護手冊	380 元
16	品管圈活動指南	380 元
17	品管圈推動實務	380 元
20	如何推動提案制度	380 元
24	六西格瑪管理手冊	380 元
30	生產績效診斷與評估	380 元
32	如何藉助 IE 提升業績	380 元
35	目視管理案例大全	380 元
38	目視管理操作技巧(增訂二版)	380 元
46	降低生產成本	380 元
47	物流配送績效管理	380 元
49	6S 管理必備手冊	380 元
51	透視流程改善技巧	380 元
55	企業標準化的創建與推動	380 元
56	精細化生產管理	380 元
57	品質管制手法〈增訂二版〉	380 元
58	如何改善生產績效〈增訂二版〉	380 元
63	生產主管操作手冊(增訂四版)	380 元
65	如何推動 5S 管理（增訂四版）	380 元
67	生產訂單管理步驟〈增訂二版〉	380 元
68	打造一流的生產作業廠區	380 元
70	如何控制不良品〈增訂二版〉	380 元
71	全面消除生產浪費	380 元
72	現場工程改善應用手冊	380 元
75	生產計劃的規劃與執行	380 元
77	確保新產品開發成功（增訂四版）	380 元
78	商品管理流程控制(增訂三版)	380 元
79	6S 管理運作技巧	380 元
80	工廠管理標準作業流程〈增訂二版〉	380 元
81	部門績效考核的量化管理（增訂五版）	380 元
82	採購管理實務〈增訂五版〉	380 元
83	品管部經理操作規範〈增訂二版〉	380 元
84	供應商管理手冊	380 元
85	採購管理工作細則〈增訂二版〉	380 元
86	如何管理倉庫（增訂七版）	380 元
87	物料管理控制實務〈增訂二版〉	380 元
88	豐田現場管理技巧	380 元
89	生產現場管理實戰案例〈增訂三版〉	380 元

《醫學保健叢書》

1	9 週加強免疫能力	320 元
3	如何克服失眠	320 元
4	美麗肌膚有妙方	320 元
5	減肥瘦身一定成功	360 元
6	輕鬆懷孕手冊	360 元
7	育兒保健手冊	360 元
8	輕鬆坐月子	360 元

11	排毒養生方法	360 元
12	淨化血液　強化血管	360 元
13	排除體內毒素	360 元
14	排除便秘困擾	360 元
15	維生素保健全書	360 元
16	腎臟病患者的治療與保健	360 元
17	肝病患者的治療與保健	360 元
18	糖尿病患者的治療與保健	360 元
19	高血壓患者的治療與保健	360 元
22	給老爸老媽的保健全書	360 元
23	如何降低高血壓	360 元
24	如何治療糖尿病	360 元
25	如何降低膽固醇	360 元
26	人體器官使用說明書	360 元
27	這樣喝水最健康	360 元
28	輕鬆排毒方法	360 元
29	中醫養生手冊	360 元
30	孕婦手冊	360 元
31	育兒手冊	360 元
32	幾千年的中醫養生方法	360 元
34	糖尿病治療全書	360 元
35	活到 120 歲的飲食方法	360 元
36	7 天克服便秘	360 元
37	為長壽做準備	360 元
39	拒絕三高有方法	360 元
40	一定要懷孕	360 元
41	提高免疫力可抵抗癌症	360 元
42	生男生女有技巧〈增訂三版〉	360 元

《培訓叢書》

11	培訓師的現場培訓技巧	360 元
12	培訓師的演講技巧	360 元
14	解決問題能力的培訓技巧	360 元
15	戶外培訓活動實施技巧	360 元
16	提升團隊精神的培訓遊戲	360 元
17	針對部門主管的培訓遊戲	360 元
18	培訓師手冊	360 元
20	銷售部門培訓遊戲	360 元
21	培訓部門經理操作手冊（增訂三版）	360 元
22	企業培訓活動的破冰遊戲	360 元
23	培訓部門流程規範化管理	360 元
24	領導技巧培訓遊戲	360 元
25	企業培訓遊戲大全（增訂三版）	360 元
26	提升服務品質培訓遊戲	360 元
27	執行能力培訓遊戲	360 元
28	企業如何培訓內部講師	360 元

《傳銷叢書》

4	傳銷致富	360 元
5	傳銷培訓課程	360 元
7	快速建立傳銷團隊	360 元
10	頂尖傳銷術	360 元
11	傳銷話術的奧妙	360 元
12	現在輪到你成功	350 元
13	鑽石傳銷商培訓手冊	350 元
14	傳銷皇帝的激勵技巧	360 元
15	傳銷皇帝的溝通技巧	360 元
17	傳銷領袖	360 元
18	傳銷成功技巧（增訂四版）	360 元
19	傳銷分享會運作範例	360 元

《幼兒培育叢書》

1	如何培育傑出子女	360 元
2	培育財富子女	360 元
3	如何激發孩子的學習潛能	360 元
4	鼓勵孩子	360 元
5	別溺愛孩子	360 元
6	孩子考第一名	360 元
7	父母要如何與孩子溝通	360 元
8	父母要如何培養孩子的好習慣	360 元
9	父母要如何激發孩子學習潛能	360 元
10	如何讓孩子變得堅強自信	360 元

《成功叢書》

1	猶太富翁經商智慧	360 元
2	致富鑽石法則	360 元
3	發現財富密碼	360 元

《企業傳記叢書》

1	零售巨人沃爾瑪	360 元
2	大型企業失敗啟示錄	360 元
3	企業併購始祖洛克菲勒	360 元
4	透視戴爾經營技巧	360 元
5	亞馬遜網路書店傳奇	360 元

6	動物智慧的企業競爭啟示	320 元
7	CEO 拯救企業	360 元
8	世界首富　宜家王國	360 元
9	航空巨人波音傳奇	360 元
10	傳媒併購大亨	360 元

《智慧叢書》

1	禪的智慧	360 元
2	生活禪	360 元
3	易經的智慧	360 元
4	禪的管理大智慧	360 元
5	改變命運的人生智慧	360 元
6	如何吸取中庸智慧	360 元
7	如何吸取老子智慧	360 元
8	如何吸取易經智慧	360 元
9	經濟大崩潰	360 元
10	有趣的生活經濟學	360 元
11	低調才是大智慧	360 元

《DIY 叢書》

1	居家節約竅門 DIY	360 元
2	愛護汽車 DIY	360 元
3	現代居家風水 DIY	360 元
4	居家收納整理 DIY	360 元
5	廚房竅門 DIY	360 元
6	家庭裝修 DIY	360 元
7	省油大作戰	360 元

《財務管理叢書》

1	如何編制部門年度預算	360 元
2	財務查帳技巧	360 元
3	財務經理手冊	360 元
4	財務診斷技巧	360 元
5	內部控制實務	360 元
6	財務管理制度化	360 元
8	財務部流程規範化管理	360 元
9	如何推動利潤中心制度	360 元

分類

為方便讀者選購，本公司將一部分上述圖書又加以專門分類如下：

《企業制度叢書》

1	行銷管理制度化	360 元
2	財務管理制度化	360 元
3	人事管理制度化	360 元
4	總務管理制度化	360 元
5	生產管理制度化	360 元
6	企劃管理制度化	360 元

《主管叢書》

1	部門主管手冊（增訂五版）	360 元
2	總經理行動手冊	360 元
4	生產主管操作手冊	380 元
5	店長操作手冊（增訂五版）	360 元
6	財務經理手冊	360 元
7	人事經理操作手冊	360 元
8	行銷總監工作指引	360 元
9	行銷總監實戰案例	360 元

《總經理叢書》

1	總經理如何經營公司(增訂二版)	360 元
2	總經理如何管理公司	360 元
3	總經理如何領導成功團隊	360 元
4	總經理如何熟悉財務控制	360 元
5	總經理如何靈活調動資金	360 元

《人事管理叢書》

1	人事經理操作手冊	360 元
2	員工招聘操作手冊	360 元
3	員工招聘性向測試方法	360 元
4	職位分析與工作設計	360 元
5	總務部門重點工作	360 元
6	如何識別人才	360 元
7	如何處理員工離職問題	360 元
8	人力資源部流程規範化管理（增訂三版）	360 元
9	面試主考官工作實務	360 元
10	主管如何激勵部屬	360 元
11	主管必備的授權技巧	360 元
12	部門主管手冊（增訂五版）	360 元

《理財叢書》

1	巴菲特股票投資忠告	360 元
2	受益一生的投資理財	360 元
3	終身理財計劃	360 元
4	如何投資黃金	360 元
5	巴菲特投資必贏技巧	360 元
6	投資基金賺錢方法	360 元
7	索羅斯的基金投資必贏忠告	360 元

8	巴菲特為何投資比亞迪	360 元

《網路行銷叢書》

1	網路商店創業手冊〈增訂二版〉	360 元
2	網路商店管理手冊	360 元
3	網路行銷技巧	360 元
4	商業網站成功密碼	360 元
5	電子郵件成功技巧	360 元
6	搜索引擎行銷	360 元

《企業計劃叢書》

1	企業經營計劃〈增訂二版〉	360 元
2	各部門年度計劃工作	360 元
3	各部門編制預算工作	360 元
4	經營分析	360 元
5	企業戰略執行手冊	360 元

《經濟叢書》

1	經濟大崩潰	360 元
2	石油戰爭揭秘(即將出版)	

經營顧問叢書 　　　　售價：360 元

營業部轄區管理規範工具書

西元二〇一四年三月　　　　初版一刷

編著：黃憲仁　李立群

策劃：麥可國際出版有限公司（新加坡）

編輯：蕭玲

校對：劉飛娟

發行人：黃憲仁

發行所：憲業企管顧問有限公司

電話：（02）2762-2241　（03）9310960　0930872873

電子郵件聯絡信箱：huang2838@yahoo.com.tw

銀行 ATM 轉帳：合作金庫銀行　帳號：**5034-717-347447**

郵政劃撥：**18410591　憲業企管顧問有限公司**

登記證：行政業新聞局版台業字第 6380 號

本圖書是由憲業企管顧問（集團）公司所出版，以專業立場，為企業界提供最專業的各種經營管理類圖書。

圖書編號 ISBN：978-986-6084-90-4